博物文库·生态与文明系列

ADAPT: HOW HUMANS ARE TAPPING INTO NATURE'S SECRETS TO DESIGN AND BUILD A BETTER FUTURE

向大自然借智慧

仿生设计与更美好的未来

[美]阿米娜·汗
(Amina Khan) 著

梁志坚 译

北京大学出版社
PEKING UNIVERSITY PRESS

著作权合同登记号　图字：01-2017-5798

图书在版编目（CIP）数据

向大自然借智慧：仿生设计与更美好的未来/（美）阿米娜·汗著；梁志坚译. —北京：北京大学出版社，2022.10

（博物文库·生态与文明系列）

ISBN 978-7-301-33217-7

Ⅰ.①向…　Ⅱ.①阿…　②梁…　Ⅲ.①仿生－普及读物　Ⅳ.①Q811-49

中国版本图书馆CIP数据核字（2022）第139486号

书　　名　向大自然借智慧——仿生设计与更美好的未来

XIANG DAZIRAN JIE ZHIHUI——FANGSHENG SHEJI YU GENG MEIHAO DE WEILAI

著作责任者　［美］阿米娜·汗（Amina Khan）著　梁志坚 译

策划编辑　周志刚

责任编辑　周志刚

标准书号　ISBN 978-7-301-33217-7

出版发行　北京大学出版社

地　　址　北京市海淀区成府路205号　100871

网　　址　http://www.pup.cn　新浪微博：@北京大学出版社

微信公众号　通识书苑（微信号：sartspku）

电子信箱　zpup@pup.cn

电　　话　邮购部 010-62752015　发行部 010-62750672

编辑部 010-62753056

印 刷 者　北京中科印刷有限公司

经 销 者　新华书店

880毫米×1230毫米　A5　11.375印张　267千字

2022年10月第1版　2022年10月第1次印刷

定　　价　72.00元

目录 CONTENTS

第三编　系统建筑

第四编　可持续发展

在道格拉斯·亚当斯（Douglas Adams）的五卷本《银河系漫游指南》（*The Hitchhiker's Guide to the Galaxy*）中，海豚是继老鼠之后第二聪明的物种，而我们人类只能屈居第三，在智力上逊色于浑身毛茸茸的以及身上长鳍的优异物种。

在这部小说中，那位平凡的主角阿瑟·邓特（Arthur Dent）霉运连连，他的经历似乎竭力揭开了我们人类有时觉得不安与不堪面对的一个事实：我们人类其实可能并不像我们所想象的那样聪明。我们通常设法不去面对这种感觉，唯恐因此而引起反思。

然而，回避真相往往给我们带来风险。在银河系漫游的这片世界里，人类是如此的无能，他们不顾海豚一再疯狂地发出的"地球即将毁灭"的警讯，对海豚的跳圈和尾巴快速旋转不予重视，将其视为一项独特的水上杂技表演。

显然，这部经典的科幻小说犯了个致命的错误。就各种物种的智力而论，人类的智力在排名上或许要远远靠后。

我是在位于洛杉矶的加利福尼亚州科学中心陪伴小学生们时

产生这种不安的感觉的。作为一名供职于《洛杉矶时报》(*Los Angeles Times*)的科学作家，我十分期望能给孩子们留下深刻的印象。在“奋进号”(Endeavour)航天飞机前，我给那些眼睛睁得大大的学生讲述与这艘太空飞行器的宇航员们见面的故事。当一名女孩把她的手指伸进“触摸池”冰冷平静的水中，朝着池里的一只海星伸过去时，我装作一副无动于衷的样子。然而，随后在涟漪之下的一个形状颇为怪异的物体引起了我的注意。在宝石般绚丽的海星和慵懒的海胆之间有一个奇特的紫黑色螺旋状物体，与我的手掌一般大小。

“这是一颗鲨鱼卵。”水池后的那名义工告诉那个由我照看的8岁女孩。

我挺直身子往前倾，几乎将那个小女孩挤开。在鹅卵石之中有一颗我所触碰过的最大、最奇怪的螺旋状物体，其光滑的锥状条纹呈螺旋式缩小，直至成为一点，外壳坚硬却不乏弹性，像是在浴盆中浸泡过一个小时后的指甲。

我从未见过任何长得跟它一样的东西。从鱼类到鸵鸟，任何动物产的卵都是圆的。其平滑的曲线分散了力量，最大程度地避免了破裂。动物的卵不该是方形、三角形或任何其他非常尖锐的形状。然而这种卵的外观——我父亲的工作台便散乱地放着呈这一形状的螺丝钉——让鲨鱼能够将其尚未孵化的幼鲨楔入暗礁里，从而使得捕食者因难而退。这是一个使用了数百万年的工程设计，只是这种工程设计的肇始者并非人类。

这真是令人汗颜，人类总以为自己是处于创造力金字塔顶端的生物——是地球上各种美丽、强壮、平庸、古老、奇异的生物中的智者。任何令人惊奇的事物都是我们凭空臆造出来的。

但实际上我们在许多方面都滞后了。我们根本就不是大自然的对手。早在40亿年前，大自然在发明创造方面就远远超过了我们，而且远远超乎我们的想象。

在几年前的一个流体动力学会议上，我就意识到这一巨大的差距。一个貌似无趣的话题结果是一点都不枯燥无味。成千上万名研究者聚集在加州的长滩，一起来探讨金花蛇的空气动力学以及“牙齿”锋利的鲨鱼皮[①]的奥秘。

从与会者对蜂鸟直升机与蚂蚁的爬行模式谈论中，我了解到科学家们正越来越多地转向生物界去获取灵感和教益——试图通过了解那些显而易见的不可思议之物以找到一些前所未知的工程奥妙。这完全不是什么新鲜事。善于观察的人类在过去确实已经从大自然这本书中抄袭到一两个窍门。乔治·德·梅斯特拉尔（George de Mestral）从自己所养的狗的毛皮上拔下几根附着力很强的芒刺。他惊讶于这几根芒刺超强的黏着性，通过显微镜观察到它们上面一圈又一圈的钩子，由此发明了我们当今生活中无处不在的魔术贴。莱特兄弟（Wright brothers）通过对鸟类的观察，设计出了具有革命性的翘曲翼，如此一来，他们的飞机可以像地球上天然的飞行者们一样安全地转向。

然而在我们的文明中，这些却被视作寥寥无几的几个孤立的亮

① “‘牙齿’锋利的鲨鱼皮”（sharp-toothed shark skin）：这里的“牙齿”，指的是鲨鱼皮上锯齿状的微小鳞片。这些鳞片由密度超过骨骼、硬度足以划破金属的牙质构成。鳞片顶部被包以一层光滑的珐琅质，让它们除具备坚硬这一特性外，还充当了一件柔软的锁子铠甲，用于阻止藤壶和寄生虫接近。——译者注

点。自从19世纪工业时代高歌猛进起，我们人类在很大程度上把大自然视为某种将要驯服、需要加以改造、进行蹂躏、不予理会，甚至予以摧毁的东西。我们通过把东西做得更大，消耗更多的能源和资源，从而解决了大多数技术性问题。无论如何，这给我们带来了不少的成果。然而经过几个世纪的肆意消耗，我们在生态和生产上几乎走进了死胡同，我们已濒临工程学的某种极限，再也没有唾手可得的果实可摘了。有待解决的问题——在医学、建筑学和计算机信息处理科学等方面的问题——都非常复杂与棘手。此外，我们在不断地耗尽各种原材料，不断地毒害我们的环境。这种粗暴而又野蛮的方式曾经成就了我们，而今却让我们难以为继。

于是研究者们已经开始——至少如此——将注意力投向大自然是如何达到我们迄今仍难以企及的高度的。生物学家们已经开始意识到，他们对自然界的探索可以应用到其他领域。与此同时，工程师们已经注意到，生物学家们可能掌握了物理学上许多十分棘手的问题的答案。这种思维模式近几十年来已经成为一种主流，它拥有一个名字：仿生设计。

在本书中，我们将遇见来自不同学科的科学家，他们聚集在一起向生物学习，从而突破了人类工程能力的极限。我们将从非常小的尺度（植物细胞光合作用的化学）跨越到非常非常大的尺度（生态系统的原理）。本书将基于材料科学、 运动力学、系统建筑学和可持续性这四个主题而分成四个部分（编）。每章将探讨一个已有了诸多新发现的领域，以及随着人们详细检验大自然是如何胜过我们现有的各种技术，这一领域将会有什么样的其他发现。在这本书里，我们将思考所有的这些实例，进而探讨如何借鉴大自然的这些发明创造来提高我们人类的科技水平，从而使我们人类把更多的东西做得更好而不是做得更大。

当科学家们在实验室和现场进行突破性的研究时，我将追随他们。我将和科学家们一起，通过显微镜研究墨鱼外皮的纳米级特性。我将前往圣盖博谷（San Gabriel Valley），美国国防部高级研究项目署的工程师们在那里测试下一代的人形机器人。我将与一群生物学家和工程师一起前往纳米比亚，他们每个人都有独特的理由去研究星罗棋布于大草原之上的那些高达6英尺[①]的白蚁丘。

“仿生设计”（bioinspired design）这一概念源自“仿生学”（biomimicry）这一术语。珍妮·班亚斯（Janine Benyus）1997年所著的同名书《仿生学》（*Biomimicry*）将许多研究者的这种跨学科的理念变得清晰而明确。根据2010年圣地亚哥动物园（San Diego Zoo Global）委托撰写的报告，在15年中，以2010年不变价美元来计算，仿生学每年为美国贡献了高达3000亿美元的GDP，给全世界带来了1万亿美元的效益。它也可以减少各种各样的自然资源的消耗并减少二氧化碳的污染，从而为我们大家节省了5000亿美元的开销。“仿生学可能会成为重大的经济游戏规则改变者。”该报告的作者写道，“其商业用途在未来的岁月中将极大地改变不同产业所占的比例，并最终影响到经济的各个方面。”

而今，我们意识到，大多数的新发现并不来自对大自然不分青红皂白地盲目仿效，而是来自对它的研究，从而一清二楚地获悉其至为隐秘的奥秘。自然界的不同领域都有着许多无法解释的神秘现象，而科学家们对这些现象的理解充其量也只是模模糊糊的，

① 1英尺≈0.3048米。——译者注

最糟糕的是甚至有可能错得十分离谱。杰弗里·斯佩丁（Geoffrey Spedding）是南加州大学的一名工程学教授，他说："你若不研究自然的秘密，你就会彻底地错过一个奇迹，并且完全将它弄错，而不是只错了一点点。"

经过密切的关注，研究者们一路走来，获得了举世瞩目的深刻见解。壁虎的脚牢牢地贴在墙壁上，根本就不需要任何的黏合剂，而只是靠微弱的范德华力（van der Waals force）① 相互作用。蛇类只需改变自身绳状的身体就能飞行。芸扁豆不让臭虫在叶子上面爬行，根本就无须使用任何杀虫剂——其叶子上面密密麻麻地布满尖利的钩刺，这种钩刺迄今尚无法通过人工合成材料来复制。

这些发现似乎显得不可思议与神奇，它们对于我们这个资源日渐耗竭的世界愈发来得重要，我们需要学会可持续地生活，减少使用刺激性的化学物质，减少废物的产生。第一步是了解其他生物数十亿年来是如何极其成功地做到这一点的。

一些研究者已在以各种革命性的方式进行研究——他们打破生物学与工程学之间的壁垒，发现他们之间可以互相学习。这是一个前沿性的研究，正在产生一些举世瞩目、可能改变世界的研究结果。

在那次改变思想的物理学会议之后的几年中，我曾写过科学家们是如何借鉴座头鲸的多节鳍以制造更好的风力涡轮机，以及如何

---

① 范德华力（van der Waals force）：又称范德瓦耳斯力。指分子间非定向的、无饱和性的弱相互作用力。它产生于分子或原子之间的静电相互作用，有三种主要来源，即电子运动产生瞬时偶极矩形成的色散力、极性分子间产生偶极矩并相互吸引，以及极性分子的永久偶极矩间相互作用的取向力。——译者注

将水母作为人类心脏的模型进行研究。也有研究者借鉴蚁群来进行交通管理，通过研究生物体来更好地进行城市的规划。

所有这些都需要研究者打破自身所从事的学科领域固有的思维禁锢，与本领域之外的研究者进行沟通。这也适用于不同的领域，从纳米技术到城市规划，而且它还影响了从医学到建筑学等无数项研究与应用领域。正是因为所涉及的学科和规模的巨大跨度，要找到一些可供研究者和发明者们遵循的指导原则，以便他们能探究出仿生的解决方案并加以应用，始终是一项挑战。

效率是大自然多种形式与功能的强大驱动力，也是仿生工程学的主要优点。演化过程中有些最惊人的创新之所以出现，是因为生物需要处理有限的资源，或试图在恶劣的环境下求生，或赋予现有的生理“怪癖”以全新的功能。（鸟类就是这样开始起飞的——它们的羽毛曾经不过是恐龙的装饰与保暖材料。）

这就是生物似乎比我们更了解流体动力学的奥秘，以及在纳米尺度上更像一名技术娴熟的建筑师的原因。所有这些以及其他领域的大自然的专长将继续在本书中不断地出现，贯穿始终。

如果需求当真是发明之母的话，那么大自然便是所有的发明者之母。虽然大自然没有造出轮子，但它可以造出一颗相当不错的螺丝钉来。仿生工程学的爱好者们说，窍门就在于采取在大自然中所见到的策略并加以借鉴——也许甚至还可以在它们的基础上加以改进。

如果你留心的话，你能从自然界学到的东西是惊人的。我无数次阅读《银河系漫游指南》，由于我做冲浪运动，因此海洋的魅力对我来说有时似乎是司空见惯的。但我最近才知道，我原来并没有真正意识到海豚的智商到底有多高。

一天早晨，在佛罗里达，当我和其他的一些冲浪者奋力冲过扑面而来的激流，我看见两只海豚在一刹那间跃出水面。我想，我们只是看到它们的身体跃出水面，却根本不去关注它们为什么跃出海面。随后一阵巨浪向我们打了过来——是任何短板冲浪者都不敢冲的巨浪。

海豚们面朝着海滩排成一行，随着浪峰将它们的身体托起，它们鼻子朝下倾斜，任由浪潮驮着它们不断前进。我惊讶得嘴巴张得大大的。它们是在冲浪——就像是一群极其老练、经验丰富的职业冲浪运动员一般。而且它们一点也不费劲，连一根手指头都不用动——要是它们像我们人类一样有十根手指头的话。

就在两只海豚跃起时，另一只海豚从它们的上方跃过。它们做出这样的动作，只是为了揭示点什么。

或许它们正试图发出一个信息。不过我非常确定它们所发出的应该不会是有关灾难的警讯，而是大致如下的信息："我们见过海草冲浪，它们的冲浪技术可是比你们这些菜鸟来得强。"

但要是我们关注到海豚、鸟类以及大自然中其他的生物正在告诉我们的信息，我们也许能够及时地找到拯救大自然以及我们自己的方法。

第一编　材　料

第一章　欺骗心灵的眼睛

——士兵和时装设计师可以向墨鱼学什么

第二章　柔软却又强硬

——人们怎样从海参和鱿鱼身上得到启示，发明了用于外科植入物的新材料

Part I MATERIALS

第一章　欺骗心灵的眼睛

——士兵和时装设计师可以向墨鱼学什么

一阵子弹不断地撕裂空气朝着你防弹装备少得可怜的柔软身体直射过来，对你此刻的生死有着强大的决定性影响。到底发生了什么事？这些子弹是从哪里射过来的？我要怎么藏起来？

这样的事情如果只发生一次，那可能只是时机不好，不幸与死亡擦肩而过。然而当子弹总是三天两头，从不同的地方射向你，问题就变了：为什么总是发生这种事？你开始更深入地寻找答案。噩运开始更像是由一种糟糕的图案所导致的。

正是这种糟糕的图案让美军士兵一直不断地差点被杀死，陆军少校凯文·“基特”·帕克（Kevin “kit” Parker）如是说。帕克是哈佛大学的一名生物工程与应用物理学教授，但二十年前他还是一个南方小伙子，正在研究生院攻读学位，他中途决定从军。他在 1992 年时完成了基本的训练，并在 1994 年被任命为一名军官。

“在我的家庭或我的家乡，服兵役比较普遍。因此，你知道，如果你观看全美汽车比赛协会（NASCAR）的赛事活动，你非常容易受到其动人的广告的影响，于是你便报名参军了。”帕克大笑着说道。

在加入陆军预备队后，帕克在 2002 年至 2003 年间以及在 2009 年两次在阿富汗服役，2011 年他还两次参与了一项被称为“灰色小组”的特殊科学咨询任务。2009 年那次派驻阿富汗的服役期尤为艰苦，7 个月时间里，帕克所在的部队似乎无法避开激进分子。无论他们去哪里，他们的军队总是不断地遭到激进分子的枪击。

“那是一趟十分艰苦的战斗之旅，不时有人朝我开枪。”帕克说道，“有一天，我和几个阿富汗国家警察一起出去。我们在山另一侧的荒漠平原上。那里没有任何植被，光秃秃的什么也没有——我正看着我的衬衫，上面有这种……蓝绿色的像素化图案，我看着我周围的泥土思忖着：‘我十分突兀地戳在这里，非常引人瞩目！’”

问题就在于他们制服上的迷彩。他们的制服以其通用的迷彩图案（UCP）而闻名，这一通用的迷彩图案是在 2004 年推出的，前后历经了好几年，投入了 50 亿美元开发费用才最终推出。这种以蓝色与绿色为基调进行像素化设计的迷彩图案试图一劳永逸地打造出一种全地形的服装，从而减少对多种制服的需求。然而，事与愿违的是，这种迷彩图案根本就不能与所有的环境融合，这种“适合在所有环境中隐身”的制服使得这位陆军少校和他所率领的士兵在贫瘠的岩石地貌里显得非常醒目。

“这是一项由预算来驱动的决策，而不是由科学来驱动的决策。”帕克说道。

那日随行的有位战地摄影记者，帕克打量着他那一身蓝色制服的身体，突然有了一个可怕的发现。那位战地摄影记者给帕克拍摄了一张单膝着地的照片，正是这张照片在他回国后给他带来了灵感。

“我要做的就是回顾我在战争中的照片。我看到了那张我单膝跪在沙漠中的照片。”帕克说道，“这简直就相当于我在自己的头顶上高举着一个大大的标语牌，上面以阿富汗的普什图语书写着‘向我开枪’几个字。”

帕克不是唯一遭遇这个问题的人。这款迷彩服使驻阿富汗的美军士兵容易成为攻击目标；而且在2009年，这个问题终于传到了如今已故的前美国众议院议员、来自宾夕法尼亚州的约翰·穆萨（John Murtha）的耳朵里。据传闻，约翰·穆萨是在前往乔治亚州的本宁堡参观时听士官兰杰斯（Rangers）说的。反复的研究表明，这一通用迷彩图案居然低于预期水准。一份由位于马萨诸塞州纳提克的美国陆军纳提克士兵研究、开发和工程中心（NSRDEC）所主导的特别报告显示，其他四种迷彩图案无论是在丛林、沙漠还是在以市区为背景设置的测试中，表现都要优于这种通用迷彩图案16%～36%。这四种中至少有一种，被称为战术背心，从2002年起一直在用。这意味着，军方其实完全没有必要花50亿美元来研发通用迷彩制服。

根据多则新闻报道，问题不仅仅是颜色或像素问题（像素技术已用于其他好几种较为成功的迷彩图案上）。问题还出在图案的比例上。不仅仅图案太小了，而且还存在一种被称为“等亮度”的现象。也就是图案的各种颜色靠得太近，掺合在一起，当从远处看过来时，整个图案形状十分显眼。至于通用迷彩图案，由于其浅色调的色彩，身着这一迷彩制服的士兵轮廓会呈现出浅色的剪影，使他们在背景中很容易被看到。换言之，这种制服使得美军士兵更容易被发现，因而更不安全。

由于公众和了解内情者对通用迷彩制服的强烈反对，军方把复合迷彩图案作为临时的替代图案用在驻阿富汗美军的制服迷彩面料上。据报道，2015 年，一种类似于复合迷彩图案的新图案问世。然而，当提到研发新的、有效的军事伪装时，帕克说道："我们仍然没有解决好这个问题。"

帕克认为，必须用一种更为高明的方法来达到伪装效果，而不要老想着一劳永逸，用一种迷彩图案包办一切伪装方式。在结束第二个服役期归国之后，这个问题一直悬在他的脑海里。于是，在 2009 年的秋季，大概是在他还乡后的两个月，帕克接到了伊芙琳·胡（Evelyn Hu）打来的一个电话。伊芙琳·胡是哈佛的一位光学物理学家，她邀请帕克参加由国防部高级研究计划局（DARPA）资助的一个项目。国防部高级研究计划局是美国国防部下属的一个机构，在 20 世纪六七十年代促成了互联网的诞生，现今依然在为那些尖端的、前瞻性的研究提供资金。然而伊芙琳·胡的研究对象是墨鱼。这是一种在地球上生存了至少 5000 万年的古老物种；一种样子不讨人喜欢的海洋生物——至少在美国是不讨人喜欢的——而且不像它的近亲章鱼和鱿鱼那么出名。

然而，尽管墨鱼或许不像其拥有八条腕足的堂兄弟那样出名，但它在许多方面并不逊色，这其中就包括它的智力及其不可思议的身体形状改变和外皮颜色深浅变化。这种动物能够在大约 300 毫秒的时间内改变其身体的颜色。伊芙琳·胡想要和一位名叫罗杰·汉伦（Roger Hanlon）的海洋生物学家合作。罗杰·汉伦是位于马萨诸塞州伍兹霍尔的海洋生物实验室[①]的研究员，是头足类动物（这类动物包括了墨鱼、鱿鱼、章鱼和鹦鹉螺）习性研究方面最重要的一位专家。帕克发现，汉伦的办公室恰巧就在附近。

“我说，你知道吗？我正好就在这里。我刚好就要走到那边去找那个家伙。”帕克说道。这三位科学家与其他几位同事合作，即将发表一篇关于墨鱼表皮内纳米级颜色变化机制的论文。

帕克在造访海洋生物实验室图书馆时接到了伊芙琳·胡打来的电话。该图书馆的门口挂着一块有点讽刺意味的铭文：“研究大自然，不要研究书。”这话是路易斯·阿加西（Louis Agassiz）说的，他是一位具有开拓性的生物学家，海洋生物实验室正是在他的推动下建立起来的。这句话正是汉伦最喜爱的语录之一。他经常应用这句话，开玩笑地为自己的研究习惯辩护。

“当然，这是我从象牙塔跑到外面的世界去潜水的借口。”汉伦说道。

某种意义上，这算是个有点低调的说法。在其大约 35 年的职业生涯中，这位生物学家已经进行过约莫 5000 次的蛙潜。从澳大利亚到南非到加勒比海，每一处都留下了他蛙潜的身影。（他最喜欢的蛙潜地点包括：西太平洋密克罗尼西亚的帕劳群岛，西印度群岛中的小开曼岛。）但一旦回到实验室，他便有一大批捕捉来的墨鱼，他和同事们可以每天研究它们的隐身技能与聪明。

---

① 海洋生物学实验室（Marine Biological Laboratory）：1888 年成立，位于美国马萨诸塞州法尔茅斯镇的伍兹霍尔（Woods Hole），是世界著名的生命科学研究及教学中心。——译者注

我正坐在他位于马萨诸塞州伍兹霍尔海洋生物实验室的办公室里。这个实验室是一处位于海角的研究工作站，就在夏天去玛莎葡萄园岛度假必经的码头所在的那条街道上。这是12月里一个寒冷、晴朗而又宁静的一天。金黄色的微光打在那座被人们称为鳗鱼池的封闭海港上。从汉伦的办公室窗户看出去就是大海，我们的视野不时地被摆在窗台上的一个带老虎斑纹的鹦鹉螺的螺壳打断。书架上的书籍按一定的主题排列：视觉与艺术；视觉生物学；神经技术；蝴蝶；此外，还有一本有着严肃标题的巨无霸图书，它那双倍宽度的书脊上横印着“迷彩材料”。

当我指着它时，汉伦解释道：“一本有趣的书。写书的那家伙靠服装发了大财。”

汉伦在海洋伪装方面可谓是一个多才多艺的人才，但他主要研究各种各样的头足类动物——不同种类的鱿鱼、章鱼和墨鱼。当我问他最喜爱什么时，他笑了，几乎有些惊讶。“欧洲墨鱼格外的漂亮。”他说道，“我们的实验室里就有这种欧洲墨鱼。我用它做了大量的研究，它真的是一种灵巧的动物。”

墨鱼作为章鱼的“近亲”，在美国一直鲜为人知。它们分布在欧洲、亚洲、澳大利亚和非洲沿海海域，不过在美洲沿海海域似乎也有分布。与其“近亲”鱿鱼一样，它们有八条腕和一对触手[1]。亚里士多德赞美它们色彩斑斓的内脏。在他所在的那个时代，这种动物因它们的墨汁而受到珍视，它们体内的这种墨汁就跟章鱼和鱿鱼的

---

① 原文如此。据译者考证，通常的说法是墨鱼共有十条触腕，第三、四对腕之间有一对是专门用来捕捉食物的触腕。——译者注

一样，每当遇到强大的敌人时就从体内喷射出去，将周围的海水染黑，挡住敌人的视线，以便乘机逃之夭夭。长期以来它们都被称为“海洋里的变色龙”，因为它们能够将自己的身体与周围的环境融合在一起。

“这些动物还通过非常特别的、就像变色龙那样改变其颜色的能力来掩人耳目。”英国博物学家、演化论创始人查尔斯·达尔文（Charles Darwin）在其 1860 年所著的那部具有开创性的《小猎犬号航海记》（*The Voyage of the Beagle*）[①] 中写道。

你可能无法想象世上还会有任何一种比墨鱼更神秘离奇、更超凡脱俗的生物。它没有脊椎，在其球状的眼睛里有着 W 状的瞳孔，厚厚的、外观松软的腕足从其脸上伸出去。它凭借身体周围短裙状的褶边到处游动，但它在游动时是推动自己的身体反向移动以逃避捕食者。它那张多腕的脸，看上去就跟霍华德·菲利普斯·洛夫克拉夫特（H.P.Lovecraft）[②] 的怪诞恐怖小说里虚构的邪神克苏鲁（Cthulhu）的相貌一样，或者像是最近重播的“邪典”[③] 电视剧《神秘博士》（*Doctor Who*）里的那位外星人渥德人（Ood）[④]。

---

① 原文如此，这里可能是作者笔误。该书创作于 1831—1836 年间，出版于 1839 年，讲述的是达尔文以博物学家身份参加小猎犬号环球勘探工作的见闻，为后来生物演化观念的形成打下了基础。——译者注

② 霍华德·菲利普斯·洛夫克拉夫特（1890—1937 年），美国恐怖、科幻与奇幻小说作家。——译者注

③ “Cult”这个英文很难找到恰到好处的中文翻译，有人将之译为“邪典”。作为一种文化现象，它大抵是指一种怪异的品位，只有少数偏锋的圈子会喜欢。——译者注

④《神秘博士》一剧中的虚拟角色，是一种用心灵感应进行沟通的人形种族，来自寒冷的渥德星球。样貌丑陋却本性仁慈善良。渥德人曾经被奴役和剥削，但在博士和堂娜（Donna）的努力下，最终获得了自由。——译者注

如果你认为人类与金枪鱼之间没有多少相似点的话，不妨细想如下这一点：至少这两者都有脊椎。作为头足类动物中的一员，墨鱼这一物种分支在家系图中与真正的鱼类这一分支距离甚远。人们认为，头足类动物这一非常善变的动物类群（该类群包括诸如章鱼和鱿鱼等善于改变颜色的动物），是地球上最聪明的无脊椎动物类群。

近代头足类动物世系首先出现在五亿多年之前，甚至比鲨鱼还要早。它们演化自所谓的“软体动物”——这一生物类群现存的成员包括毫不起眼的蜗牛和蛤蜊，它们本质上就是一块肌肉，外面套个壳而已。

时至今日，软体动物大家族甚至还包括这样一些没头脑的生物，那么墨鱼又是如何从这个大家族演化而来的呢？答案也许就在于外壳上。也就是说，如今的它已经不再像之前那样有外壳了。软体动物名称的由来，就在于它们有着一层富含钙的保护壳——“软体动物”（mullusk）一词源自拉丁语中的 *molluscus*，意思是“由一层薄薄的外壳保护着”。然而这层外壳在为它们易受伤害的肉体提供十分高效的防护措施的同时，也是它们的一种负担。因此在它们演化进程的某一时刻，头足类动物抛弃了外壳，成为海洋中机动性极强的捕猎动物，在海洋中四处觅食。与鱿鱼或章鱼不同的是，墨鱼有扁平的椭圆状内壳层，叫做墨鱼骨，里头充满了分层的腔室。前部的腔室充满气体，而后部的腔室注满海水；依靠调整气体和液体的比例，墨鱼能够调整其墨鱼骨的密度，从而随着它游动的深度变化而调整其浮动性。如此一来，墨鱼想要四处活动并保留在漂浮状态，就可以节省大量的能量。（墨鱼还凭借其平缓的节奏而节省了能源。

它们常常躺在海底，用腕将沙子翻起来，覆盖住身体，把自己藏起来不让其他生物看到。）

然而，这一演化的代价却使它们少了一层外壳，这就让它们成为海洋中其他食肉动物最爱的捕猎目标。它们基本上可以说是一袋子会移动的肉品，一份预先打包好的装满蛋白质的快餐。总之，是一份唾手可得的食物。

章鱼、鱿鱼这两种抛弃了外壳的头足类动物也同样惨遭这种容易遭受攻击的弱点，因此这些浑身肉乎乎的生物也就演化出了一种颇具独创性的防护体系：如果在遭到攻击时你无法保护自己，首先千万不要引起任何不必要的关注。在游动时一定要避免让别的动物们注意到。因此它们已经演化出这种高度特化的伪装来，这种伪装如果不是发生在阳光下，乍看过去似乎可以与海底的任何一种颜色相匹配。这并不是头足类动物所独有的能力——其他动物，诸如变色龙等，也能够因应其情绪的变化而变化，但极少有动物可以做到像头足类那样变化多端。头足类动物能够改变其颜色，改变复杂的图案，这就使得它们无论是身处覆盖着沙子的海底，还是在一大串波动起伏的巨型海藻之中，都能很快地融入周围的环境。不仅如此，它们甚至可以改变皮肤纹理以匹配周围的环境，无论周围是凹凸不平的沙质海床还是锋利的礁石。

当汉伦带着我穿过门厅来到墨鱼所在的那间实验室时，我亲眼看见了这一点。他的同事肯德拉·布雷施（Kendra Buresch）就在那里，整个房间里满是哗啦哗啦的流水声，听起来似乎有好多个水龙头正在哗哗地放着水。几个池子远处的池壁边缘漂浮着墨鱼所喷出的一道道的墨汁，池子里的水在高速循环着，就跟在海洋环境中差不多。池子里的那些墨鱼要比我所预想的还要小，大约只有我的一只手那么大，不过与我所想象的一样可爱。（“墨鱼”一词在我听来就和“搂抱鱼”差不多，这并没有给我带来什么伤害。[①]）

当然，这些家伙对搂抱并不感兴趣。随着布雷施的走近，其中的一只墨鱼举起它的一对腕足在空中挥舞着——酷似乞食状。（不过后来汉伦告诉我，它做出这种反应是因为受到惊吓或者觉得受到威胁。）墨鱼这种动物显然很有个性，布雷施伸出一个手指，搁在水面说道。墨鱼注视着她的手指头，其后背上浮现出两道与后背等长的黑色波浪线，而且变得越来越浓；这两道波浪线让我想起了雕刻在小提琴上的那两道流线形的 f 孔。墨鱼盯着布雷施那根扭动着的手指的时间越长，那两道墨线条便变得愈加浓黑——就好像有人拿着一支粗头水性记号笔给一道细线条填色似的，结果颜色渐渐地往线条外渗出。

“就这样，这些墨鱼的身上便有了迷彩图案。它们寻找猎物时，常常便会有这样的迷彩图案。”布雷施说道，“我只是不想让它紧盯着我看。是的，我就是不喜欢它紧盯着我！”

说到最后一个字眼的时候，布雷施的声音猛然升高了两个 8 度。与此同时，那只墨鱼再也忍受不住，只见它的一对摄食触手猛然抓了过来，一把抓住她的手指头。布雷施连忙缩回手指头，而墨鱼也松开了自己的触手所吸住的东西，它背上的那两条墨黑色的线条从前往后渐渐消退，很快就消失了。

---

① 墨鱼的英文 cuttlefish 与搂抱鱼（cuddlefish）读音差不多，仅仅是词语中的 [t] 与 [d] 存在清、浊辅音的差别。搂抱鱼是电子游戏《美丽水世界》中的虚构动物。——译者注

我非常想试试，但上过一次当之后的墨鱼再也不受骗了。布雷施在它的跟前舞动着手指，确保那只墨鱼可以看到。那只墨鱼琢磨了一番眼前的情形，它后背上一道道墨汁抽了上来，不过很快便消失不见了。（墨汁的抽出与消失并不完全同步，因此其效果看起来有点像斯蒂芬・科尔伯特[①]来回抖动眉毛。）

于是我便在那只墨鱼的一个同伴跟前扭动手指。那个小家伙似乎更加好战。只见两道黑线浮了起来，它飞快地伸出藏在有着 4 对腕足的脸部背后的触手，柔软的吸盘缠绕住我的手指。我感觉十分的怪异，但并不很难受。我在琢磨该怎么描述我的这种感受。触手在缩短，让它看起来像是整只墨鱼朝着我的手扑过来一样，我感到非常着迷。然后我注意到，布雷施和她的同事斯蒂芬・森福特（Stephen Senft）（他大约在此前一分钟走了进来）朝我大声警告。

我缩回了手指，可是那只墨鱼还是不肯放过我；我将手指收回，离开了水面，期望它能放开我。然而在这一刻，它的触须却是那么的短，依然不顾死活地紧紧吸附着我的手指，舍不得放弃这近在咫尺的美餐。因此我便在不经意间将它拉出水面。由于受到惊吓（抑或是由于重力），最终它支持不住了，这才松开我的手指，扑通一声掉回浅池里。

研究人员明显松了一口气，并且还有一点震惊。森福特说，他以前逗弄过墨鱼，但从来没有像我这样差不多把手指变成墨鱼的

---

① 斯蒂芬・科尔伯特（Stephen Colbert）：美国当红政治讽刺节目的主持人，主持风格机智幽默、辛辣无情，曾四次获艾美奖。——译者注

零食。

“它们有一张锋利的小嘴。”森福特轻描淡写地说道。（据测量，其近亲生物鱿鱼的嘴是已知的最坚硬的全有机材料之一，如果不是最坚硬的话——相关细节我将在下一章中阐述。）与此同时，我为自己打扰到这只可怜的墨鱼而感到十分不安。我问身边的这几位科学家，我是不是让那个小家伙受到了创伤。

“没事。”布雷施说道。

依赖色彩进行伪装的动物常常利用色素分子。这些色素分子吸收了绝大多数的光波波长，而只反射极少的可见光谱。皮毛为黄色、红色和褐色 / 黑色的大多数动物可以很好地应用色素分子进行伪装——特别是哺乳动物，它们的色素受限于它们的毛发所产生的色素色。我们在孔雀明艳的宝蓝色羽毛上所见到的那些彩虹色和蓝绿色则是结构色。要知道，孔雀羽毛上形成了一种纳米级的表面，这一表面虽然不会吸收光线，但会将入射的光波波长反射成我们肉眼所见的绿色和蓝色。

有些动物，比如变色龙，可以随意地改变颜色。那些无法得心应手地改变其外观的动物，倒是可以通过某些大面积的图案，如令人惊恐的假眼点、欺骗天敌眼睛的老虎斑纹——即使这些图案是静态的——很好地扰乱对方的眼睛，从而达到不受伤害的目的。

墨鱼利用了所有这些色素和策略。它可以产生出红、黄和褐色等色素；它能够产生带蓝色的绿色色素，甚至是白色的色素。不仅如此，它还可以像那些永久性地拥有这些伪装色的动物那样，利用这些色素灵巧地使用各种伪装来欺骗各种捕食者或被捕食者。

在布雷施转向一个蓝色的防水布帐篷——其实这是一个冰钓小

屋——并将帐篷的拉链拉开时，我看到其中一个正在发生作用的图案。帐篷里有个儿童泳池大小的透明塑料水池，在池中，在一个大号比萨饼大小的黑盒里，一个外表覆盖着黑白相间棋盘格图案的小圆盒旁紧挨着一只袖珍型的墨鱼。

布雷施慢慢地走了进去，抓住那个黑白相间的盒子。为了不惊吓到那只墨鱼，他的动作缓慢得简直是煞费苦心。那只小动物的图案开始发生变化，其背部的左侧——最靠近布雷施伸过去的那只手的一侧——突然间浮现出一个黑色的斑点来。与此同时，右侧也浮现出一个黑色的斑点。这两个黑色的斑点类似于我们在蝴蝶的翅膀上、鱼的后背上所见到的那种巨大的"眼点"，其作用在于吓唬或者迷惑迎面而来的捕食者，令其误以为自己看到的是其他动物的脸。

"它想要骗我，因此故意把自己弄得很吓人。"

布雷施将那个方格里的小玩意儿拿在手上，连忙后退。于是那只墨鱼身侧略微有点歪着的斑点便完全消失了。她把蓝色帐篷的拉链重新拉上。她将在这个冰钓小屋隔壁的电视屏幕上监控这只墨鱼，她正等着看这只墨鱼是否会改变图案。既然关键的视觉线索——覆盖有黑白相间棋盘格图案的小圆盒——已经拿走了，剩下的唯有沙质的基底（substrate）。

从视觉上看，一只墨鱼的生活环境十分杂乱。汉伦指出，水中有着尖利的岩礁、漂浮的海藻、枝丫繁茂的珊瑚，以及舞动着胳膊的海葵、快速游动的鱼群和缓慢爬行的螃蟹——总之，水中有着各种各样令人难以置信的形状与动作。大量的信息需要接收，没有办法一一匹配。它就像是视觉上的"鸡尾酒会效应"：不妨想象你自己身处某个社交聚会，如果你想去听周围同时在交谈的所有会话，你会失去理智的。你应该只是选择你所听到的最有意义的对话，紧紧抓住这条线索不放，而忽略身边那些刺耳的嘈杂声。

墨鱼在极其复杂的生存环境里做到了这一点。它们把注意力集中在某一特定的视觉线索上，然后把自己伪装得与该视觉线索协调一致。而研究人员想要弄明白它们对哪些视觉线索反应最为强烈，即哪些视觉线索墨鱼认为是最重要的。这就是为什么将那一个外表覆盖有棋盘格图案的小盒子安放在那间蓝色的冰钓小屋的沙质基底中，紧挨着那只墨鱼。

在实验室对面几英尺开外的地方是一些大比萨饼般大小的圆圈，上面有着各种不同的图案。我粗略地瞥了几眼，其中一个图案是棋盘格图案，而且图案大小也和那个外表覆盖有棋盘格图案的小圆盒子一样，另一个图案则是纯灰色的。这些人造的“基底”悄然铺在了黑色小池子的底部，于是科学家们就能弄清楚墨鱼是否对它们身下的地面或者那些凸出的显眼之物（如有棋盘格图案的小盒子）做出反应。

这些薄板状的防水基底上面的棋盘格图案有大有小，因为研究人员想要弄清楚，究竟要多大规格的图案才会让墨鱼认为该把自己后背的中心部位变成亮白色的正方形。在几英寸之外，其他三个随机的像素化图案呈扇形展开，形成不同层次的对照。这一切多少让我想到了“数字化迷彩”，这可是部队迷彩问题上争论的中心。

布雷施还在池底安放了一些简单的、看起来像是沙滩的旧图片。结果，墨鱼并不在意它们所处表层的质地，哪怕池底的表面和木板一样平，它们仍然对它做出反应。(考虑到它们的皮肤具有令人难以置信的纹理生成特性，我觉得这一点更加了不起。不过，这一点留待后面再谈。)

墨鱼不仅对那些图案有反应，它们还设法去模仿周围的物体，布雷施说道。她回想起汉伦和其他几位同事所做的一个颇有创意的小实验来：科学家们将一只墨鱼单独放进一个泪珠状的水箱里，水箱中还有一根人造的水草，放在靠近圆形箱壁的地方。那只墨鱼会朝着那棵假绿植游过去，举起腕足，靠近假绿植末端处呈弯钩状，得意扬扬地模仿起分叉的海藻来。这一点在自然环境中早已有传闻报道：人们见过不同种类的鱿鱼和墨鱼在洋流里挥舞着腕足，模仿周围起伏的海藻。这使得从背景中分辨出它们更加困难。

墨鱼的这一惟妙惟肖地模仿海洋灌木的动作确实可爱，而它背后有着更深层的几何学原理。接下来科学家们又进行了一个简装版的实验，他们把图案放置在泪珠状水箱的箱壁上，想看看它们会如何反应。在所有的案例中，水箱的底面都是纯灰色的，而箱壁则全都衬上粗大的黑白条纹。有时条纹是垂直的，有时是水平的，有时又是倾斜的。接下来科学家们发现，水箱里的墨鱼竟然伸出腕足，试图沿着这些线条的方向运动：绷直腕足呈水平线图案，向上伸直腕足呈垂直图案，或者倾斜着腕足呈对角线图案。

然而，尽管墨鱼对这些简单的二维图案有反应，它们还能够将它们的表皮变成精致的三维结构以适应周围的环境。墨鱼还能像章鱼那样将它们的表皮伸展出许许多多小分枝，这些小分枝上还可以长出许多更小的分枝来，直到整个身体看起来像多刺的珊瑚碎片。

它的确很了不起，汉伦说道，而且还有几分神秘。他们知道，它就像是肌肉性静水骨骼①那样发挥作用，与你的舌头功能类似——你的舌头一端固定住，另一端自由活动，而它只不过就像你的舌头在末端变成了两个分叉的小舌头。

不过，这并不是布雷施在她的工作中所关注的。在撤掉了冰钓小屋中墨鱼所处水池下方的平面图案后，她一直都在给墨鱼一点时间平静下来，然后检查它是否调整了身体上的那些斑纹。把近旁那个外观像棋盘格图案的小圆盒子拿掉后，布雷施预计墨鱼身上的图案将不再是高对比度的黑白格子，而是沙子的色调。不过，她必须检验一下才敢确定。

此时此刻，你也许会认为墨鱼简直可称得上是伪装大师，因为它能够将自己与周边环境完美地融为一体。在这种情况下，最好的伪装必然就是这种完美的隐身衣；这种隐身衣不会让穿衣者变成透明的，但可以让它与周围环境完全融为一体，不断地随着环境的变化而变化。对于人造迷彩问题而言，这听起来确实像是一个吸引人的解决方案——它将解决美国军方的通用迷彩图案问题，士兵无须

---

① 肌肉性静水骨骼（muscular hydrostat）：是一种特殊的骨骼，是静水骨骼的一种。有别于刚性骨骼，静水骨骼（hydrostatic skeleton）是以液压支撑身体的生物结构，它由被膜和多层肌肉包围着的、充满不可压缩体液的小腔室组成，它能够产生力，进行动作和改变组织刚度。由于结构特殊，它能够使身体形状产生较大变化，但体积很难被压缩。肌肉性静水骨骼没有充液腔室，而是由在三维方向上紧密排列的肌肉纤维束和胶原纤维素结缔组织阵列而成。这种致密的组织同样基本不可压缩，并能使身体形状产生较大变化。人的舌头其实是包含舌内肌与舌外肌的八块不同肌肉的集合体。舌肌属于横纹肌，和人体的其他肌肉不同，舌肌没发育出可支撑的硬骨，而是相互交织，建立了一个灵活的腔式组织，形成了“肌肉性静水骨骼”，这与章鱼的触腕和大象的鼻子相似。——译者注

更换原有的迷彩服就能够适应黄褐色的沙漠和苍翠繁茂的森林。然而，只需稍加思索，你马上就会发现这个主意不可行。首先，我们需用使用一台巨大的计算机来处理视觉环境，把它分辨出来，然后用在迷彩服的布料上。这样一来成本将十分昂贵，而且实施起来也不现实。只有当你运动缓慢或者站在原地时，迷彩服才能真正发挥作用。毕竟，要是你站在一棵树前面，然后朝一侧移动几英寸，除非你的迷彩面料立即全方位地调整迷彩图案，否则的话，对于一个正在寻找你几乎没有任何防御力的身体的狙击手来说，在那一瞬间，你看起来就像是一个显眼的黄褐色目标。

没有任何两个环境是完全一样的。并且事实上，从不同的角度看，没有一个环境是完全一样的。对于墨鱼来说，幸运的是，伪装并非真的仅仅是与其所处环境相似（当然，与所处的环境相似有助于伪装）。不妨想想老虎身上的条纹。这些黑色的条纹不仅有助于老虎与周围环境中的阴影融合在一起，而且还有助于打碎其身体轮廓——要知道，各种动物，包括人类，在观察外物时主要是寻找其全身的轮廓。这就是老虎的条纹在靠近踝关节的地方戛然而止的缘故——这样就使得老虎更难被快速地辨认出来。

墨鱼不得不欺骗一系列捕食者（大型鱼类、潜鸟、鲨鱼和海豹等）和被捕食者（鱼、蟹和软体动物等——各种美味的小动物）。它们在夜间能看见东西，有些能看到紫外线波长的光。对于那些想要了解墨鱼的生物学家和那些想要仿拟墨鱼的工程师而言，幸运的是，墨鱼并非真的想让自己与所处环境看起来完全一样。事实上，汉伦说道，墨鱼真正的才能并不在于它能欺骗你的眼睛，而在于它能欺骗你的大脑。

在观察了包括墨鱼在内的无数种头足类动物对周围环境的反应后，汉伦开始注意到：尽管动物们在进行伪装时使用了很多不可思议的细节，但每一种都不是独一无二的。事实上，大量的伪装图案似乎都可以归结为三个（或者四个）基本模板。因此，在其一到两年的生命周期中，墨鱼虽然会生存在成千上万个略微不同的情景下，但它所使用过的伪装不过三种而已。这种通用迷彩图案怎么会有这么大的功效呢?

这听起来怎么像是在胡说八道?不过，当你知道是怎样的图案时，你就会稍微觉得言之有理。首先，是一个均匀的或呈点状的图案，其反差小，有利于融入平整而漂亮的多沙海底。其次，是斑驳的模板，反差较大而且更加不均匀（想想那些弹珠大小的、亮色与暗色杂呈的鹅卵石吧）。第三种则是研究者们所称的“分裂式”图案：这是一种反差非常大的大比例尺图案——显眼的大型方形图案，其主要特征是墨鱼的背部有一个巨大的白色正方形。这一伪装模板用于反差大的环境（尤其适用于白色的大岩礁），此时墨鱼实际上根本就无法将自己身体的任何部位与周围环境融合在一起。相反，比老虎的条纹更具有欺骗性（且也许更为有效）的伪装方式就是，墨鱼在自己的体内伪装出一个假的身体边际线来。这极大地打碎了墨鱼身体的真实轮廓，使得捕食者或被捕食者在视觉上很难拼凑出墨鱼的身体轮廓。

如果你不相信大脑会如此容易受骗，不妨想想鲁宾之杯[①]。你之前早已见过鲁宾之杯：这一黑白两色的图像看起来既像是一个白色的圣杯，又像是面对面的两个男人的侧影。两者都是你的眼睛所看到的图像的一部分，但你的大脑却不得不做出选择：黑白之间的究竟属于杯子，还是属于那面对面的两个人？凝视图像一会儿，你就会感觉自己的大脑在两者之间不断地转换着。杯子！不，是人！不对，是杯子！如此往复，直到你像我做测试时一样头痛。我们的大脑必须判断要跟哪条线走，因为在大脑中同时保存两个图像非常难。墨鱼的分裂式图案一方面利用其引人瞩目的色彩似乎吸引了我们的注意力，另一方面则利用了我们的大脑想要去寻找其轮廓的习惯。它创造出虚假的边界，迫使我们的大脑错误地将一个物体分开，从而完全忽略了动物的轮廓。

在一个理想世界里，这恰好就是智能型人造迷彩必须要做的，也是通用迷彩图案应该做到的（然而却没有做到，根据美国陆军纳提克士兵研究、开发和工程中心所主导的 2009 年度和 2010 年度的报告）。对我来说，似乎这一图案并没有重视包括墨鱼在内的许多动物所提供的经验教训。对于墨鱼而言，尺寸大小起着关键的作用：图案必须足够大，一块块的拼图也必须足够大，让大脑所见到的只是其中的一两个部分，而不是全部。而这也是军事伪装问题的一部分：图案的尺寸太小了，难以打碎士兵们的轮廓。我个人也在开始

① 鲁宾之杯（the Rubin Vase），也称为“鲁宾壶”，一种提示图底关系的杯状图。人们在画面看到的空间是人还是杯子，完全要看他注视的角度是在图形上还是在背景上，或者说，是看整体还是看局部。由于观点的不同，人们将分别看到不同意义的画面。——译者注

思考，要是他们之前对墨鱼进行过研究，那他们也许早已意识到他们设计的迷彩并不是最佳方案。

不管军事专家对这一课题是否感兴趣，科学家们还在继续研究这一适应自然的伪装方式，仅仅是为了掌握这一基础科学知识。例如，汉伦和同事依然在设法清楚地证明只有三种（或四种）图案。而这需要做大量的工作，他说道。你必须搜集成千上万幅的图像，制定出算法来分析它们，看它们是否全都符合这一模式，或者还存在什么异常值。这是一个庞大的、需要借助数据处理的苦差事，而且难以证明。

但他们正在破解数据，因为这是一个极好的想法。它意味着，无论是哪一类型的动物，从哺乳动物到鱼类和鸟类，所有的视觉捕食者都拥有以同样的基本原理运转的大脑，而且全都可以用一些基本的方法来欺骗它们。这个主意不仅让军事专家感兴趣，而且也让任何一位生物学家感兴趣，他们指望能够了解不同物种的行为，影响它们演化的各种环境因素，以及它们所共同拥有的认知结构。

然而研究人员要做的不只是证明这些基本的图案模板的存在。他们还要弄明白，什么时候墨鱼决定使用某种图案模板，什么时候用另一种模板。毕竟墨鱼的生活环境极其复杂：它可以是一片美丽平坦的沙地，一些五彩斑斓的珊瑚，或者一群巨大的岩礁，这些时候墨鱼就需要把自己巧妙地伪装起来。那么它要选哪种图案呢？了解这种大脑袋的动物的决策流程，将让我们更加清楚，在特定的环境中它应该优先采用哪种伪装。

例如，墨鱼似乎更喜欢与周围环境中的三维物体相协调。将它们放在有浅色岩礁的沙质基质上，它们会径直游向岩礁，而它们的后背便会冒出白色的方格来——尽管它们也可以变化出清一色的沙色图案，在池子里其他地方游荡。

当然了，如果岩礁同样也是沙地的样子，那么它们将瞬间变化出清一色的图案；如果岩礁显得斑驳的话，那它们将呈现斑驳的图案。对于墨鱼来说，优先的顺序似乎应该是与三维物体相匹配，然后是二维垂直方向的图案（例如在自然环境中的海藻或汉伦实验里水池的池壁），最后才是它们身体下方池底的二维图案。

这些都是布雷施正在通过实验来探索的问题，今天这种很不正式的演示也是实验之一。在我离开她的实验室之前，她去查看了一下。在她将那个棋盘格外观的小圆盒从池子里拿走之前，墨鱼径直朝那个小圆盒游过去，并变化出其分裂性的伪装图案。随后她将那个小圆盒撤出来，她预计（之前她已见过多次）墨鱼身上分裂性的伪装图案将慢慢褪去，取而代之以浑然一体的沙色。然而当我们看着监视器时，墨鱼身上分裂性图案的对比度甚至比之前的还要高。

“它们在被人盯着时不愿意合作。”布雷施说道。不知道为什么，我并不觉得惊讶。

知道墨鱼为什么选择某种伪装是一回事，充分了解它是如何做到这一点的则完全是另一回事。这需要一整套完全不同的工具，因为墨鱼的变色能力的奥秘有赖于单个细胞的大小。一旦你弄清楚了支撑快速自适应迷彩的微观机理，你就有一个难得的机会真的去复制它了。接下来，一旦你复制了这些机理，你就可以大量生产那些利用了这些机理的纺织面料。这一最终目标吸引了基特·帕克这样的人，他们从军事的立场来看它的前景。

在这发生之前——无论这是否发生——生物学家们需要知道一个被称为色素细胞（chromatophore）[①]的微型器官，正是这一微型器官使这一系统得以运转。斯蒂芬·森福特等研究人员一直在进行这方面的研究，他给我看显微镜下的一只鱿鱼幼体。那只鱿鱼非常小，个头大概只有一只非常小的蚂蚁那么大；但被固定在一片玻片上，用一种特殊的染料加以染色并放在显微镜的物镜镜头底下，其色素器官（pigment organs）清晰地显露出半透明表皮下的一些黑色斑点。

头足类动物的表皮早已被证实难以研究。经过了几十年艰苦的检测以及显微镜技术的重大发展，科学家们终于有可能掌握那些起作用的纳米级机理。

这座建筑物里有六台显微镜，分布在汉伦、布雷施和森福特从事研究的实验室里。在这次短暂的实地考察旅行之前，森福特来得正是时候，刚好看到那只墨鱼想咬掉我的手指，于是他便把我带离那里，免得我再惊扰那些动物。我们上了楼梯来到实验室的工作台前——他的研究工作大多是在这里做的。就像我之前所说的那样，要弄清楚墨鱼表皮的功能，需要有一套不一样的工具——主要是不同种类的显微镜：有些是传统的显微镜；有些是使用激光的；有些则是利用电子的，从而可以看那些比光波还要小的结构。在他的办公室里，他把一些研究成果调出来：一些大小不一的球体图像，异常的美丽，串在一起就像缠绕在一块儿的珍珠项链。

---

① 色素细胞（chromatophore）：也有称为色素体、载色体或载色素细胞，是两栖动物、鱼类、爬行动物、甲壳动物、头足类动物中的一种含有生物色素的细胞。色素细胞是由胚胎中的神经嵴发展而来，在皮肤色彩和眼睛色彩的形成过程中扮演着重要角色。色素细胞依据白光下所呈现的颜色，可以分为黄色素细胞、红色素细胞、虹色素细胞、白色素细胞、黑色素细胞与蓝色素细胞。——译者注

作为一名科学家，森福特与帕克、汉伦以及哈佛光物理科学家伊芙琳·胡一起工作，想要弄清楚墨鱼表皮这一复杂的物理现象。墨鱼表皮之所以复杂，就在于它由好几层构成，由肌肉和神经来控制那些颜色在身体表层的出现与消退，以及它所呈现的纹理。而且它能在300毫秒内完成这一切。在像变色龙这样的动物中，大脑会通过在血液中浮动的荷尔蒙发出信息，从而能在几秒钟乃至几分钟之内改变其身体的颜色。墨鱼运作得快多了，因为它可以通过神经脉冲把发自大脑的信息发送出去。这些神经非常长，传送的速度非常快，汉伦说道，因为信息是直接从大脑单线传输到肌肉，而不是沿着突触交叉处的神经传递。这些神经与肌肉纤维相连，控制着墨鱼表皮各层中的色素器官（chromatic organs）。

科学家们想要知道神经系统指令的接收端在收到这些指令时发生了什么：墨鱼是如何生成黄褐色的图案来掩饰它们身体的？是如何使用霓虹蓝的色调向雌性墨鱼炫耀的？是如何生成那种欺骗对方的眼睛，让对方失去判断力的白色正方形的？

结果，他们终于弄清楚墨鱼的表皮是通过多层结构的操作做到的。在其他变色动物中，色素细胞基本上只是包含那些充当选择性色彩过滤器的色素。然而，当科学家们把头足类动物的表皮放在显微镜下时，他们却发现，墨鱼的表皮完全不是这样的。其运行更加复杂和精巧。

汉伦说，有个理由让科学家们将色素细胞视为“器官”，而不仅仅是色素过滤细胞。有好几种不同类型的细胞参与到了包括肌肉、神经和色素囊在内的这些结构体的运行过程。就像你衣服上的染料种样，色素吸收了几乎所有射进来的光却只反射某些波长。至于墨鱼这一生物，它有着黄色、棕红色和黑色等色素，每种色素都分布于不同的层次：黄色的色素位于红色色素的上方，而红色的色素则位于棕色色素的上方。

在这三层着色的色素细胞之下的是虹色素细胞（iridophore）[①]，它通过一种完全不同的光学技巧来运作。这些会引起光学错觉的细胞能利用一种被称为反射素（reflectin）[②]的蛋白质，这些蛋白质有一些令人目眩的特性。反射素不会吸收光线，它接受了射过来的光线之后会迫使光线以不同的角度从其表面弹开。这些相互交错的光波彼此互相干扰，产生了所谓的结构光。正是这种原理，你在鲍鱼壳中，或者在蝴蝶的翅膀上，甚至在肉铺白花花的一大块厚厚的肉上见到了彩虹蓝与彩虹绿。各种色素——诸如位于皮肤上层的黄色、红色和褐色色素细胞——都在吸收并以各种不同的角度来反射同样特定的波长。但在色素细胞中，由反射素所构成的血小板却从其表面以不同的角度射出光波。这就是为什么如果你左右摇晃一个荧光物体并不断改变视角，它似乎会变色。正因如此，你将看到一幅眼花缭乱的景象。

墨鱼当然已经学会了如何很好地使用它们色彩斑斓的“调色

---

① 虹色素细胞（iridophore）：也称为鸟色素细胞（guanophore）。这种细胞的色素是由鸟嘌呤所构成，属于构形色，是利用结晶状平板来反射光线。之所以在光照下能形成彩虹般的色彩，是因为光线经过层迭状的平板时产生的绕射现象，而构形的方向决定这些细胞在观察者眼中的色彩。此外，虹色素细胞也利用生物色作为色彩的过滤，经由廷得耳效应或雷莱散射而产生鲜艳的蓝色或绿色。——译者注

② 反射素（reflectin）：又名反光蛋白质，是墨鱼皮肤内存在的一种蛋白质。这种物质可以改变墨鱼皮肤对光的反射方式，从而在几分之一秒的时间内改变其皮肤的颜色，躲避天敌的袭击，或迷惑被捕食者。——译者注

板”。一方面，它们不断变化外皮颜色，其主要目的是把自己隐藏起来，让其他动物看不到自己；另一方面，它们也学会了应用这种技能来麻痹猎物。墨鱼会把自己伪装起来，把自己身体的外皮弄得跟拉斯维加斯的招牌一样五彩斑斓的，好捕捉毫无戒备的螃蟹。倒霉的螃蟹看得目不转睛，乖乖地停留在原地，一动也不动。墨鱼的外皮还照样在闪烁着，缓缓地靠过去，最后将一对触手突然伸出去，抓起那只螃蟹，把它拖回来塞进自己的嘴里。即将来临的死亡从未如此美丽。

现在我们得出了最后的答案：墨鱼表皮的最下层——白色素细胞层——是颜色变化的缘由。白色素细胞的基本任务是产生墨鱼表皮中白色的东西。与那些颜色变化而产生迷幻效果的虹色素细胞比较起来，白色素细胞层看起来更像是香荚兰的颜色，这是最难弄懂的一层，也是斯蒂芬·森福特正在关注的一层。

和虹色素细胞一样，白色素细胞也携带有由奇妙地折叠着的蛋白质——反射素——组成的颗粒。但在虹色素细胞中，这些反射素细胞已变为碟状结构；在白色素细胞中，它们被组装成为球体。于是，白色素细胞便不再像虹色素细胞那样发光、不断转变颜色，而是产生了自然界和人造世界中最白的一种白色。最白的白色意味着什么呢？它意味着比牛奶还要白，意味着比白纸还要白。森福特坐在汉伦办公室上面一层的一个实验台前，拿出一张曲线图来，上面显示着纸张的光谱和墨鱼白色素细胞的光谱。请记住，白光是由所有的可见光谱——从红色到靛蓝色——的颜色构成的。然而那张曲线图却表明，纸张的白色却处处呈急剧的波浪线。这意味着，这些地方少了某些波长，也就是说少了某些颜色。而白色素细胞图表却基本上是平直的，甚至可以说自始至终是平直的——几乎没有，甚至完全没有下降的地方。它包括了几乎所有的波长，而且非常均匀，因此几乎是完全白色的。

森福特对弄清楚白色素细胞究竟是怎么做到这一点的尤为感兴趣。他决定用力将这个代表着白色蛋白质的黑盒子敲开。其中难以理解的包括：为什么有些颗粒呈球状，而其他的一些颗粒像碟子一样呈扁平状？据推测，如果你要制造出全白的颜色，你的颗粒就要全是球状的。然而，事实显然并非如此。森福特和同事们猜测，除了它们所瞄准的方向和它们之间相隔的距离外，这些碟子的存在还有光学方面的原因。森福特说，就他们所知，墨鱼无论如何都不能够像操控那些充满色素的色素细胞那样操控虹色素细胞和白色素细胞。因此，为了产生那些纯白色，那些白色素细胞的大小、形状和分布必须完全安排好。他给我看了他所拍摄的白色素细胞内部的图像，其中呈球状和呈扁平状的那些颗粒相隔只有几百纳米。

“我们不知道一个细胞是一种形状而另一个细胞是另一种形状的原因究竟何在，因为就我们所能看出来的是，它们都来自同一个细胞群。”森福特说道，“因此我们感兴趣的是，进一步研究究竟是什么样的生物化学机理导致其中一些细胞呈球状而另一些细胞呈扁平状。”

既然我们懂得墨鱼表皮的基本组成成分，你也许就会好奇它们是怎样一起工作的。如果这些白色素细胞、蓝色素细胞和绿色素细胞被黄色素细胞、红色素细胞和褐色素细胞遮盖，那么它们又是怎么露出来让别的生物看到的呢？

这些可不像是其他动物——诸如变色蛙——身上的色素细胞那

样只是一个个可移动的色素囊。这是一个自成体系的、复杂的综合机制。在墨鱼的色素细胞里，充满着黄色素、红色素和褐色素的细胞被 18 ～ 30 条肌纤维包围着（肌纤维的条数取决于你所谈论的是上百种墨鱼中的哪一种）。这些肌纤维就像车轮的辐条一样呈向外辐射状，而墨鱼能挤压这些肌纤维，把它们缩短，把色素细胞从一小点拉开来呈一个张大的盘状，所覆盖的表面积一下子扩大了非常多。现在它已经不再是表面上勉强可见的一个非常小的小红点，而是宽阔的一片，扩大到原先大小的 5 倍。如果墨鱼“打开”所有的红色素细胞，它就看起来是红色的。如果墨鱼想要红色素细胞休息，就会让红色素细胞恢复到针尖般大小，那么它的表皮就会披上黄色素细胞，表皮的斑纹就会被沙黄色的色调取代。墨鱼可以飞快地做到这一点——在几百毫秒之内——因此这些图案似乎是飞快地覆盖住动物的身体。这就是为什么我会看到墨黑色的斑点穿过布鲁斯的手指头——正在捕食的墨鱼可以很快地抹掉原有的伪装并重新伪装。

然而我们又是怎么看到虹色素细胞和白色素细胞的呢？从根本上说，这两个装满反射素细胞的色素细胞层总是处于“开启”状态，而且它们主要依靠位于它们上面的那些充满色素的肌肉控制层来遮挡它们，以避免它们被看到。在某些部位——就像墨鱼后背中间的那一片白色的扰乱性的方形图案——白色素细胞的密度比较高，这就使得它们看上去非常的白。

还有，要是你纳闷为什么虹色素细胞不遮挡白色素细胞，嗨，其实研究人员也和你一样纳闷。科学家们还无法确定这些虹色素细胞层的移动在多大程度上受到了控制——他们所知道的是，这些特殊细胞的神经并不像那些装满着色素的色素细胞那样被控制。似乎这些虹色素细胞小板的移动受到神经传递素的控制，因此这种变化的发生在时间尺度上比较长，要几秒或几分钟（不过这已经比变色龙的皮肤变色要快得多了）。

这个问题其实只是他们这一份长长的且不断在加长的问题表中的一个而已。以白色素细胞为例：为什么反射素蛋白质在有些地方呈球状而在另一些地方却呈扁平状？墨鱼的表皮是如何设法将其有限的色素伸展开来，却不会让其颜色变淡？毕竟它把这些色素细胞的大小扩展到它们静止状态时的五倍，在每一点上每个细胞的色素颗粒只有三个颗粒深。然而，其颜色的浓度却与它们原来的一样深。这就是为什么伊芙琳·胡之类的光学物理学家们认为墨鱼的表皮在某种程度上一定是在不断地发出荧光，即生成它自己的光亮。与此同时，有些从事墨鱼研究的科学家对其独有的纳米级的机理有了进一步的了解，尽管还有很多东西我们依然一无所知。

尽管如此，生物学家们在弄清楚墨鱼的生理机能上正在不断取得进展，而这也正是像基特·帕克等工程设计人员对墨鱼感兴趣的原因。想象一下这样一项能力：纺织成的布料可以根据环境改变颜色。帕克的实验室像是一只长着三个头的嵌合体，在这里，学生们不停地忙碌着各种事情，从“把器官切成一小片”到培育出“你自己的肉”，再到制造出“超强度的纤维”。实验室里有台小小的粉红色棉花糖机，帕克的一个博士后实际上是第一次用它来展示纳米纤维可以用成本更低廉的加工方式来纺成。其中有个学生递给我一个钢铁侠玩偶，其躯干和肌肉发达的右小腿用一种看起来像是万圣节前夕私房主人挂在郊外灌木林上的假蜘蛛网的东西厚厚地包裹住。

它摸起来很光滑，而且很有弹性。也许有一天，如果研究人员能够弄清楚如何使用变色化工品或蛋白质的话，他们就有可能用一个类似的纺织设备把它们纺织到布料里头去，帕克说道。

这可是有着极大吸引力的材料，这个奇异的创意在启动之初只有一笔极小的预算（棉花糖机就是个证据），只是到了后来才有人觉得这一概念的验证值得投一些钱。这是一项持久的努力，帕克说。不过他强调，研究经费的微薄促使他和他的研究团队进行创新。需求是发明之母。

这也许也解释了在帕克的实验室里为什么会有如此不同的与生物技术相关的项目在同时进行——他们总是在寻找新的机会，无论是什么方向的。而且这就是帕克认为以墨鱼为基础的技术首先取得进展的将会是在时尚界而不是在战场上的部分原因。

在这点上他可能是对的。这是因为时尚界很有钱，他说道。此时他正带着我走过哈佛校园，前去迎接来自泰国一家公司的一车访问者。这家泰国公司对帕克的合成肌肉研究在造肉产业中的前景很感兴趣。（就像我之前说的，帕克的实验室遍布各处。）当然了，欧莱雅等化妆品公司受到五彩斑斓的蝴蝶翅膀的启发，已经把结构色这项原理用在变色眼影的开发上，他们把这称为“光子化妆品”。

墨鱼之所以能演化出这种令人惊叹不已的伪装能力，也许是为了逃避被捕食的命运，但它也可以用它的这种表皮达到另一层目的：向配偶求爱。雄性墨鱼可以用这种自动匹配的着色能力创造出令人赞叹不已的移动的光带与色带，看过去就像是迅速变幻着的日落景观，粉红色调与蓝色调在它的身体表面交替着反复呈现，令人眼花缭乱。即使它们不是在炫耀，它们也表现出对颜色和图案的超凡的把握（以及一些精明的策略）。澳大利亚麦考瑞大学的生物学家库卢姆·布朗（Culum Brown）在研究显形墨鱼（*Sepia plangon*）时发现，雄性的显形墨鱼会伪装成雌性的同类：雄性墨鱼的身体在朝着雌性墨鱼一侧会呈现一大片色彩斑驳的图案，这是典型的雄性显形墨鱼的特征；而身体的另一侧，即朝着另一只雄性显形墨鱼的那一侧，则是完全呈雌性显形墨鱼的斑马条纹图案！生物学家们认为，显形墨鱼的这一策略让比较小的雄性显形墨鱼在比较大的雄性显形墨鱼注意到之前可以有个难得的机会打动雌性显形墨鱼。如果这都不是一部不错的动物王国浪漫情感电影的背景，那我真不知道什么才是。

正如我之前提到过的，使用变色技能，墨鱼很容易就捕捉到那些惊奇不已的鱼类和螃蟹。登录视频网站“YouTube”并搜寻“墨鱼”或“催眠术”之类的东西，你很难相信这些会是真的。甚至在我无数次观看这些视频时，我都很难弄明白怎么会有动物可以轻而易举地做到这一点。

令人惊讶的是，在这一难以名状的美丽的灯光秀中，各种动物正在利用其用来融入背景的同一种机制来达到相反的目的：从众多不起眼的动物中脱颖而出。同样不可思议的相似之处在于，本是用于军事伪装的方式如今却变成一种时尚的宣言。走在熙熙攘攘的城市街道上，你一定会发现有人穿戴迷彩图案的服饰，将其作为时尚的装饰品，诸如迷彩图案的夹克衫，染有迷彩图案的头巾，沙滩裤、紧身健美裤，甚至比基尼上都印着迷彩图案。（甚至就在某个炎热的夏日，我坐在好莱坞的日落大道的一家咖啡馆写这本书时，有个女孩和她的两个朋友从我窗前经过，只见她下身穿着一件极短的浅色牛仔布短裤，上身着一件绿色的迷彩印花上装——说是上装，其实差不多就是一件具有美化效果的运动文胸。可以这么说，我虽然不想夸大其词，但隐约地意识到，她身上还戴着个肚脐环。）迷彩也许会用来让你融入环境，但也可以用来让你变得非常高调。它发生在自然界，它也发生在人类的时尚中：曾一度用于帮助士兵融入环境的绿色与褐色的斑驳图案如今被平民百姓用来让他们变得更显眼。

时尚似乎有着自己的规则，有自己的内在逻辑，它们至少一年四季都在不断地挑战物理学、经济学乃至美学。然而，它确实与自然世界有一个有趣的相似之处：似乎每年在美学上都会突然出现一种不可思议的突变，其中一些效果很好并会传播开来，而另一些则止步于T型台上。在这方面，无可否认，它其实有点像是物竞天择。服饰就像是人的另一层肌肤，只不过我们没有充分利用它，让它就像墨鱼的表皮一样具有多种功能。大自然非常擅长于让生物的每个部位拥有多种用途，并且让身体的每一部分具备不止一项功能。

参考头足类动物的这些变色技能，帕克教了一个班，班里的本科学生与总部位于洛杉矶的时装品牌商店罗达特（Rodarte）合作，设计了以光纤光线和色彩为装饰的多种交互式服装。三种设计中，有一种对地球的磁场做出了反应，随着穿戴者身体的转动而变化颜色；另一种则是与穿戴者心跳的速度同步，服饰上的光线与颜色随着穿戴者心跳速度的变化而变化；还有一种则是对房间里的音量高低产生反应。其中两件衣服甚至可以用无线电频率“互相交谈”，如果两者的主人都同意的话就可以互换颜色。（这一创意似乎正在流行起来：由IBM公司的人工智能系统Watson和品牌设计师玛切萨［Marchesa］为2016年度纽约大都市时装庆典［Met Gala］推出的一款类似的服装，分析了围绕活动的推特对话者的喜怒哀乐，并相应地调整了服饰的颜色。）

汉伦也对墨鱼的迷彩在时尚方面的应用感兴趣。他说，下个月，有一个高端的、知名的设计师来参观他的实验室，但他不会说是谁。我胡乱猜测说："王薇薇[①]？"但汉伦只是摇了摇头。他不跟我玩这一套。毕竟，时尚行业是一个重要的商业。

总的说来，汉伦对墨鱼的艺术与美学方面感兴趣。他曾和其他人一起给布朗大学和位于犹他州首府普罗维登斯的罗德岛设计学院所开设的同一门课程授过课，将许多专业的学生——除了艺术专业的学生外，还有工程学、神经科学和计算机科学专业的学生——聚集在一起。汉伦分配给他们的重大项目之一，是设计一个二维的背景，任何类型的都可以，然后选一样三维的物体并把它画出来，这样它就可以混入二维的背景中。一名艺术专业的学生用深浅不一的蓝色任意三角形、不规则四边形和其他形状的图案拼接了一块织锦。然后，她又把自己当做一个三维物体，设计了一件衣服，并把自己的脸涂成了一种混乱的天蓝色碎玻璃图案。尽管她很引人瞩目，但她似乎完全融入了背景。在过去的四年里，一直都有住校的设计师不时来她这里，汉伦说她很有可能会在毕业前来海洋生物实验室最后实习一段时间。

"她是如何把自己的脸涂成那种蓝色的？"我问道。

"不，不，不，这么做肯定达不到伪装的目的的！"汉伦说道。（显然，我没听懂她说的。）"你不能将一样的颜色涂在一样的背景上，那会有边缘和影子的——这样的话达不到伪装的目的。你必须得多

① 王薇薇（Vera Wang）：美国著名华裔婚纱设计师。——译者注

想想办法，灵活一点。”

在我们接着往下聊之前，我必须告诉你一件让你感到震惊的事儿：墨鱼其实是色盲！

这绝非虚言。它们精于伪装，可以生成从蓝色到棕色，再到粉色和白色在内的所有色调；无论它们漫游到哪里，似乎都能融入背景。它们的眼睛实际上能看到偏振光——尽管它们看不见颜色。汉伦的团队和其他一些实验室对墨鱼进行了测试，例如，把它们放在一个覆盖着紫色和黄色条纹的水箱里。紫色和黄色的亮度完全一样，因此从技术上讲，这两者之间没有差别；如果你把图像转换成黑白图像，背景看起来就完全是灰色的，根本就没有条纹。

墨鱼对这些条纹根本就没有任何反应。它们的外皮没有浮现出任何一种图案，也没有伸出它们的腕足。什么也没有发生。汉伦和同事们又试了一次，这次是用一个大尺寸的蓝黄相间的棋盘图案。照理，水箱里那些墨鱼的外皮上将浮现出分裂性的白色方块图案来，就像它们在遇到大的黑白相间的棋盘格图案时所做的那样。然而，蓝色与黄色的亮度完全相同，因此墨鱼的表皮并没有呈现出对比的图案来，而是呈现出一种统一的图案，就好像它们所看的水箱表面没有任何特色。

墨鱼的眼睛在无脊椎动物王国里可谓最发达的光敏器官之一，它与我们人类的光敏细胞相差甚大。在视网膜里，我们人类有着被称为“视杆细胞”的光感受器用以接受黑白图案，以及可以分辨出三种不同色素的视锥细胞。然而墨鱼弯曲的“W”形瞳孔后却只有一个受体，最能接收波长为 492 纳米的光，并把它转化为一种海沫绿。（这实际上是研究人员在第二次实验中使用蓝黄相间的棋盘图案的原因：因为蓝色、黄色与绿色重叠，如果可以的话，这就使墨鱼有最大的机会看到这一棋盘格图案。然而实际上它似乎什么都没看见，因此事实似乎更加确凿无疑了。）

这一发现令人感到震惊，原因有二。第一，许多以墨鱼为掠食对象的动物都能看到颜色。所有的掠食动物都是高度视觉化的。嗅觉和声音可能会引导它们朝着正确的方向前行，甚至“触摸”也有用处——短吻鳄和其他的鳄鱼都有压力感应器官，它们可以在浑浊的水里从猎物的运动中发现细微的干扰。然而，当它们逮住一只迅速移动的“食物”时，通常是用眼睛看到猎物的。

第二，汉伦和其他几位研究者一次又一次地看到，头足类动物——尤其是章鱼和墨鱼——是如何让自己与周围的沙子、岩石、珊瑚和海藻的颜色尽可能地一致起来。如果它们真的分辨不出这些颜色，这简直像是大自然和自己开了个残酷的玩笑：完全依赖于伪装的动物居然无法预测其掠食者（或猎物）会看到什么！

不过汉伦并不完全确信墨鱼真的看不到任何颜色。他和同事莉蒂亚·马特格（Lydia Mäthger）、史蒂芬·罗伯茨（Steven Roberts）发现了一些奇怪的现象：视蛋白（视网膜中的感光蛋白）的遗传指令被发现存在于它腹部的皮肤上及褶皱状的鳍上。这种感光蛋白就密集地分布在墨鱼表皮的色素细胞周围。汉伦认为，视蛋白可能与墨鱼那不可思议的与环境融为一体的能力有关，尽管墨鱼是色盲，目前也尚不清楚它的工作原理：视蛋白的蛋白质也调到波长为 492 纳米的光波上，这意味着它可能无法看到除海沫绿之外的其他颜色。但汉伦仍然相信，除了眼睛所见之物外，还有许多眼睛所未见的事情在发生（可以这么说）。这些视蛋白似乎与其他两三种发现于眼睛中的微粒一起集中在构成色素胞器官（chromatophore organs）[①] 的细胞类型中。

“那些装备似乎是用来探测光线的。”汉伦说道。

问题是，他们仍然不能证明这就是正在发生的事情。要将这些眼蛋白与墨鱼的这种行为关联起来，非常难。

不论这一猜想能否得到证实，这一想法引起了约翰·罗杰斯（John Rogers）的注意。他通过美国海军组织的一项基本研究邀请与汉伦会面，并开始全面地阅读他的论文，其阅读的深入程度让这位生物学家感到惊讶和感动。

“我的意思是，很多人说，‘我明白了，我已经明白你所说的’，但他们并没有阅读我的那些论文。因此当他读了我的那些论文，他就明白了我所谈的。”汉伦说道，“在 5 分钟之内，我就知道这家伙真的明白了。”

罗杰斯是厄巴纳 - 香槟伊利诺伊大学的材料科学家和工程师。我之前曾跟他交谈过他所制造的一些装置，这其中包括可应用在皮肤上的电子“纹身”，它可以监测你的心脏、大脑和肌肉的活动。这人知道如何制造在皮肤上工作的电路；因此，发明一些有点类似于皮肤的装置，可以说也许无须另外花费多少时间和精力。他不仅仅发明了一些灵巧的装置，而且也是一个头脑灵活的思想家，对生物学有着浓厚的兴趣。自然，墨鱼也在他的兴趣范围之内。

“墨鱼所能做的那些事情令人觉得难以置信，因此作为一名工程

---

① 色素胞器官（chromatophore organs）：与头足类动物的体色变化有关的结构，是由几种细胞构成的机能单位。——译者注

师，我们实在是惭愧。”罗杰斯说道，“因此很显然，和罗杰·汉伦交谈的话，你马上会意识到，‘我们不可能在任何细节层面上复制这种类型的系统’。”

对于一个在2009年被授予麦克阿瑟天才奖[①]的人来说，这可是一句相当谦虚的话语。那里的人显然认为他对电子产品的未来有着不错的创意。但罗杰斯说，他只是想要从实际出发，考虑他的专业知识能带来什么。

“我们可以在抽象的意义上来思考这个问题。”罗杰斯说，“我们可以思考：什么是整体架构，什么是功能层，它们是如何相互沟通的，要如何将这些创意提取出来，并将它们嵌入我们所知道的系统中。”

这是我们从墨鱼表皮上所得到的：它需要一个非常大的大脑。为了能够控制一种充满如此多神经末梢的皮肤，墨鱼必须拥有大量的神经元，这可能就是为什么鞘形亚纲动物——由墨鱼、章鱼和鱿鱼组成的头足类动物的亚纲——是无脊椎动物中最聪明的。科学家们把墨鱼放在迷宫中，观察它们迅速学会如何通过这些谜一般的空间。而且它们在现实世界中确实能够解决这样的问题。两只身材魁梧的雄性墨鱼为了争夺雌性墨鱼的注意力，就会披上一层五颜六色的伪饰，而体型较小的雄性墨鱼有时会将自己的身体伪饰成雌性墨鱼的样子以接近雌性墨鱼，并与雌性墨鱼交配。（而雌性墨鱼常常会选择与之交配。显然，雌性墨鱼更喜欢聪明的大脑而不是发达的肌肉。）聪明而狡猾的章鱼往往易于得到学者们的青睐，但墨鱼也不赖。

① 麦克阿瑟天才奖（MacArthur genius grant）：美国跨领域最高奖项之一，创立于1981年，为纪念银行生命灾难公司的创始人约翰·D.麦克阿瑟而命名。由麦克阿瑟基金会设立，旨在表彰各领域内具有非凡创造性的杰出人士，奖金为50万美元。——译者注

然而，如果你想要制造出合成的、像皮肤一样的伪装，你不会想要随身携带一个笨重的电子大脑（例如，一台电脑）让这个东西发挥作用。毕竟，要制造出能有效隐身于环境的合成皮肤很难——想象一下，你必须给它匹配上电脑处理器和相机。想象一下，你还必须设计和构建程序，将“大脑”“眼睛”与皮肤连接在一起。想象一下，这一庞大的系统可能因各种情形而崩溃。这是真正建立起一个正在运作中的合成模型的一个基本的障碍。

在阅读了汉伦的那些关于视蛋白的潜能的论文后，罗杰斯意识到：视蛋白为光感应问题提供了一个解决方案。如果你按照汉伦及其同事所预想（但不能证明）的那种方式分布光感应，那么你就不需要仅仅依靠一个中心枢纽来观察环境并做出相应的反应。皮肤本身就可以做一些这样的工作。

“在我看来，这真是个天才。”汉伦说道。“他看着分层，而且尽其所能地以头足类动物的表皮为基础，不过他已经得到了下一个原理。四年来我们一直都在试图证明这一原理，但却一直没有得到确切的证据……而他说：‘不管生物学能不能做到，这是我现在所能做的。’”

罗杰斯和同事们所提出的原型是一种像头足类外皮一样的分层结构。其上层的像素充满了热敏油墨，在较冷的温度下是黑色的，但当温度高于 116 华氏度[①]时就会变清。这就类似于充满色素的色素细胞。在这下面是一层银白色的瓷砖，这层瓷砖就跟墨鱼表皮上的白色素细胞一样，只有当黑色染料被关掉时才看得到。在这一层

① 华氏度（Fahrenheit scale，°F）：一种用来计量温度的单位，华氏度 =32+ 摄氏度 ×1.8。116 华氏度相当于 46.7 摄氏度。——译者注

下面则是一层薄薄的硅电路，可以加热染料层，让它变透明；这些就像是那些将色素细胞打开或关闭的肌肉。而在此之下的是一层感光器（photoreceptor），类似于分布在墨鱼身上的视蛋白。皮肤能够在一到两秒内对在不断变化的视觉刺激物做出反应，从三角形到活动着的方形，再到数字“伊利诺伊大学”的数码标志。整个东西大概只有200微米厚，约是人类头发宽度的两倍，甚至当你把这种皮肤绕成曲面时，它也能工作。目前，该设备只是黑白的，不过罗杰斯说，他们最终肯定能找到让他们的合成皮肤对颜色做出反应的方法。

这些装置的各种用途足以让任何精通技术的企业家垂涎三尺。这么一层薄薄的硅电路板可以应用于军用车辆上，有利于帮助它们融入环境。在家庭和办公室的墙壁上，它可以是一个组合相机和彩色可调的壁纸，也许能对房间里的环境光源做出反应。罗杰斯与他在建筑学院的同事们交谈，他指出，这可能对所有各种表面都有用，而不仅仅是扁平的表面——天花板、桌子和其他各种家具。这项技术甚至可能借鉴并影响电子阅读器和电视屏幕的设计方式。和汉伦和帕克一样，罗杰斯也一直在与芝加哥艺术学院的时装设计教授谈论将这项技术用于时尚和设计的可能性。

“这里的脱节在于，我们不能做一件女装。我们能够做一块一平方英尺的布样。”罗杰斯苦笑道。他的设备大约有一张纸的厚度，而你不能用一张差不多和纸张一样厚的东西去做一件女装。“你知道，她对这一材料大感兴奋，想让我们做裤子之类产品。我们很乐意去做这些东西，但前提是我们得先让几个博士后费尽脑汁、筋疲力尽。”

这一材料离在军事上的应用遥遥无期，而且也不在他的这项研究范围之内，罗杰斯补充说道。他和其他那些正在从事这项美国海军项目的研究人员只是着眼于基础科学；他所创造的这个设备只是在证明一个概念：这种分层、感应、变色的装置是可能的。他的这一装置目前只对黑白两色有感应，但随着时间的推移，多种颜色的组件层会增添进来或进行切换。使用加热电路并不是促使颜色转变的最佳方式，他补充道，因为它浪费了相当多的能量。但这一装置为其他研究人员提供了一种可供他们使用，并在使用过程中不断修改的模块化模板，一种可以继续其基础研究的框架。

然而，所有这些都回避了一个问题：罗杰斯的创新是否可完全视为仿生？毕竟，视蛋白的功能还没有得到证实；如果这不是它的工作原理呢？长期以来人们对什么是仿生，什么是生物灵感，以及它如何用仿生来界定正在进行的科学研究的类型和水平一直在争论不休，这些我们将在后面的章中进行讨论。

汉伦认为，这是仿生。毕竟，导致使用分布式感光器的顿悟完全来自对自然的研究，这位生物学家说道。它是否被证明是百分之百准确，几乎无关紧要。

第二章　柔软却又强硬

——人们怎样从海参和鱿鱼身上得到启示，发明了用于外科植入物的新材料

在一个星期四的晚上，我在商业区的人行道上闲逛。前后用了半个小时才来到位于洛杉矶市中部韩国城中心的这家韩国海鲜店。这里熙熙攘攘、人潮如织，发光的店标上的文字是用四四方方的韩语写的，空气中充斥着香烟的气味。

这家餐馆名为“Hwal Uh Kwang Jang”，意思约略为“生鲜广场”，不由得令人产生“从农场 / 海洋到餐桌”的联想。这是早些时候我的一位冲浪伙伴告诉我的，他是个韩裔美国人。正是这种新鲜的因素让我和朋友们来到这里：当你把活章鱼吞下去的时候，它还在吸你的脸颊；当你把龙虾生吃下去的时候，它的须还会抽动，爪子则被牢牢地绑在一起。

我和朋友斯瓦蒂（Swati）、约翰（John）来这里的目的是品尝一下生海参。对我来说，这可是一个大胆的转变。虽然我非常喜欢日式寿司，但是传送带上传来的蘸着蛋黄酱的三文鱼和黄尾鱼更合我的胃口。

当放在铺着一层碎冰的木盒子里的海参端上来时，我很感激他们只给了我们半份的量。这是一种黑乎乎、略带紫色的褐黑色物体，亮晶晶地呈凝胶状，与整齐地码在海鞘外壳上的亮橙色海鞘切片形成鲜明的对比。海参切片没有通常的生鱼片那种整洁、悦目的切边。我总是觉得，在吃那些生的、未知的东西时，井然有序的处理方式会让人消除恐惧。而端到我们面前的这盘海参切片看起来就像是一堆大致呈圆形的肿块，可能还互相黏在一起，躺在碎冰的面上。

开吃喽。我拿起筷子，试着夹起其中一块滑溜溜的碎片，把它塞进嘴里。它非常柔软，外表有点黏糊糊的，而且非常非常的咸——似乎在咸汤中浸泡过一样。我终于咬了一口，几乎惊呆了：我得嘎吱嘎吱地咬嚼。海参非常硬脆，我几乎就像吃新鲜蔬菜那样咔嚓咔嚓咬下去。这一风味和材质的结合是这般的讨人喜欢与奇特。

我真不知道自己之前是不是曾经吃过如此口感的东西，于是我便在思忖：鸡骨头上的软骨口感很相似，不过相较而言，煮熟的鸡软骨吃起来更柔软、更脆。

约翰问：这是海参的哪一部位？女服务员很有礼貌地微笑着——就像韩国城的许多零售店一样，这里通常不需要讲英语。他用手比画了几次片刀的动作，于是她点点头，用她的手优雅地描述了这个过程：将整条海参从头到尾切开，就像翻开一本书那样将它翻开，把内脏掏出来，然后取出海参里头剩下的东西。

她最后的这个手势证实了一点：我们正在吃的是我来这里想要品尝的东西——海参皮的内层。它具有奇特的属性，因此受到科学家的重视，而韩国人则把它视为美味佳肴。

在海洋里，每种动物都想要咬你一口。海洋的咸水里充满了从蛤蚌到鲑鱼等各种美味的软体生物。为了设法获得食物，鱼和其他有着坚硬骨骼的动物简直是武装到牙齿，这些牙齿牢牢地锁在颚骨上。其他动物，如贻贝和海蜗牛等，为了保护自己免受这种攻击，会用贝壳来武装自己，制造出一个（几乎）不可穿透的堡垒。

然而，并非每一个海洋居民都有贝壳或牙齿。有些海洋居民，比如海参和鱿鱼，似乎错过了这场演化的“军备竞赛”。不幸的是，它们柔软的身体似乎没有足够的装备可以抵御其他海洋居民的攻击。然而，它们却设法在世界各地的海洋中生存、繁衍。这是因为，这些动物，无论在捕食其他动物时还是在遭到其他动物捕猎时，均已具有各种独创性的方法将各种坚硬的元素融入自己貌似柔软的身体中。

掌握这种从坚硬到柔软的转变可不是一项一般的技艺。研究人员在软体机器人技术以及进行外科手术方面一直都未能做到这一点。科学家（和医生）需要柔韧的材料所具有的那种柔韧性，与此同时，他们也需要有坚硬材料的那种结构。这种“智能”材料可以改变外科手术的惯例，为截肢患者研制出更为灵活的假肢，并为大脑提供更安全的、不需要随着时间推移而替换的植入物。

本章将重点讨论某些动物如何在复杂的液态环境中进行这种从坚硬到柔软的转变。这是一项纳米技术的伟业，它们已经运行了数百万年，而且这种伟业还可以帮助医生和生物医学工程师克服一个大问题：如何制造一些可植入人体这一潮湿、柔软、含盐的世界中的新设备而不会造成长期损害。

海参算不上是海洋中的选美王后。这种动物以一种长形管状的、具有清新气味和脆爽口感的蔬菜命名[1]，但看起来更像是一种带有难以启齿的皮肤病的泡菜。它沿着沙层海底爬行；根据不同的种类，它看起来就像一只呈脊状、身体疙疙瘩瘩甚至是带尖刺的巨型海蛞蝓。海参这种动物没有大脑，只是在口腔周围有一圈神经，并且这一圈神经还延伸到嘴巴周围的触手，同时也延伸到整个身体。它贪婪地吞吃着那些掉到海底的腐物，同时延伸出长长的卷须——这是它与海星所共有的管足[2]的改良版。根据物种的不同，这些摄食管足可以是华美、绚丽的，就像是树上的树枝或者神经元的精致末端。

这些海参把它们的摄食臂举起来好捕捉水中的微粒，或者一头钻进海底的沙层中去觅食，然后将干净的沙子排泄出来，覆盖在海床上。或许正是这些垃圾食品赋予了海参浓烈的咸味，使得它们在韩国等地成为一种广受欢迎的美味佳肴。

海参是底栖动物或者说最底层的动物（bottom-feeders），这个词可以准确无误地形容某些类型的人——怂恿索赔的律师、狗仔队、发薪日贷款人。但这个词对于那些无处不在的底栖动物来说却完完全全是个侮辱。的确，海参吃那些死掉的腐物和被丢弃的东西，从

---

① 海参英文名 sea cucumber 意为“海黄瓜”。——译者注

② 管足（tube feet）：棘皮动物水管系统中分出的管状运动器官。每个管足顶端都有吸盘，吸盘有很强的抓握力。管足随着棘皮动物体内管道中水压的变化以及肌肉的运动而运动。管足上部的肌肉收缩，水被压进管足，管足就伸出来；其他细小的肌肉则控制着管足伸展的方向。管足首先是棘皮动物的移动、摄食器官和呼吸器官；另外，管足上分布着神经细胞和神经纤维，因此也起着感觉器官的作用。海参只有腹面的三体区有管足，而背面的二体区则变为大小不同的乳头状突起。围绕海参口腔的触手是管足的变形物。——译者注

尸体到粪便都来者不拒。但这并不是一件坏事。事实上，对海洋来说，这是一项重要的清洁服务。海参能清除水体中和海底里的所有废弃物，然后排泄出美丽、“干净”的沙性基质。它们是海洋中的蚯蚓，并以此方式不断地回收与分解物质，从而净化了海底。

随着近年来对海参的需求不断增加，海洋里的海参数量正在急剧减少，这就意味着海洋中将有更多的营养物质未得到消化。这便降低了水的清晰度——对于那些不得不在那种浑浊的液体中游泳的海洋生物来说，这可能与在都市的雾霾中呼吸一样有损健康。所有这些额外的营养物质都能引发藻类大量繁殖，从而将水中所含的氧气全都吸走，导致鱼类和其他海洋生物窒息而亡。如果没有海参在海底耕耘，海底就会变硬，这就使得其他海底生物无法在那里生存。

海参的确是海洋的清洁工。然而，清洁工通常被称为看管人，而海参的确是在履行这一职责，在照料着它们所生活的海洋。

可悲的是，自然界根本就不懂得感恩为何物。虽然海参的服务造福于海洋中的其他生物，然而许多海洋居民将这种身体柔软、行动缓慢的动物视为方便易食的快餐。海参对捕食者还是有一些防御措施的。有些种类的海参可以从自己的肛门中射出呼吸器官，让它们四处晃动，因为这些黏糊糊的管状物上覆盖着一种类似于肥皂的化学物品，对其他的动物是有毒的。但是它不能在每次感受到威胁的时候就把自己的肺都扔出去——这些器官可能需要数周才能重新长出来。有些种类的海参会钻到沙子里躲避那些捕食者，但这一过程需要耗费很长的时间，而且它们也不能一直都将自己埋在沙子底下。

不像其近亲海星或海胆，海参在其所生活的“鱼吃鱼的世界”

里看起来很不安全，一点抵御外敌的能力都没有。海星用一种由碳酸钙构成的骨板即所谓的小骨（ossicle）来保护自己，这就是它们摸上去如此坚硬的原因[①]。在海胆类动物中，这些骨板互相结合，形成一个坚固的壳，而且其布满全身的尖刺更进一步警告那些捕食者不要靠近。但在海参中，这些小骨似乎已经缩小到接近无用的地步。对于海参来说，如果它想要将自己挤进岩石或一些珊瑚礁缝隙中的一个安全的小角落，那简直是棒极了——实际上它要挤进洞穴里去的时候它可以溶解自己的身体[②]。然而，它的这一独特技能对于抵御剃刀般锋利的牙齿的攻击并不是很有用。

幸运的是，海参有一个秘密的超能力。当它兴高采烈地将水里的碎屑清除掉或者边排泄边从暗礁上一路爬过去时，它的这一超能力并没有彰显出来。当它受到威胁时，也就是说，当它把自己的肺射出体外这一超能力也不起作用时，海参可以变僵硬，从像橡皮泥那样的稠度变成硬塑料。如果你惊讶于一种身体柔软的生物是如何用它那萎缩、退化了的方解石板来控制这一技艺，那你肯定不会孤

---

① 海星是一种“外柔内刚”的海洋生物，其表皮柔软，内部结构却十分坚硬。以面包海星这一印度洋—太平洋地区的常见物种为例，其骨骼由不计其数的、直径只有几毫米的小骨（ossicle）组成。这些由多孔碳酸钙材料组成的小骨与软组织相连，使面包海星能够灵活运动。与此同时，每个小骨又由细密紧致的微晶格构成。这种分支状结构有点像迷你的埃菲尔铁塔，精巧、有序、轻盈又坚固，对机械工程领域新材料的设计具有重要的启示意义。——译者注

② 海参生命中存在自我溶解现象。当海参离开海水时间太长，在 6 ～ 8 小时内，其体壁就会变形，它就会变成一团很稀的像胶水一样的东西。另外，在海参生长 8 ～ 10 年后、生长环境受到污染或干海参接触到油性物质等情况下也会触发自我的溶解。研究显示，海参的自溶是由一系列自溶酶引起的，但是具体的机制还不是很清楚。——译者注

单。几十年来，这个问题一直困扰着一些研究人员，这是因为海参所使用的适应方式与它那些著名的棘皮动物近亲们所使用的适应方式截然不同。

海参没有依赖于其自身已萎缩的方解石板，而是将一种被称为“原纤维”（fibril）[①] 的微小胶原纤维（collagen fiber）[②] 网络嵌入自己的表皮下。这些原纤维连接在一起，形成一个全身性的支架，所起的作用就像是一副保护表皮的锁子甲。当海参的身体处于柔软的状态时，任意一条随机的纤维传递过来的应力都会迅速进入其柔软的基质中，这时它轻而易举地就被尖锐的物体（如牙齿）穿透。但当它们相互连接起来时，其表皮也就有了结构和力量。它有点像建筑的横梁。你摇动其中一根横梁，你就是在摇动所有的横梁，因为力量从一根柱子传到了相连的其他柱子。然而即使所有的柱子被动摇了，这个结构也不会倒塌。当这些硬的元素被连接起来时，应力就会穿过去并被安全地分流掉。

同样的事情也发生在海参的表皮上。海参表皮中的胶原原纤维（collagen fibril）[③] 结合在一起，形成了某种结构，通过这一结构，应力可以安全地转移，而不会弯曲或断裂。

但海参是怎么做到这一点的呢？对于许多海洋生物学家来说，

---

① 原纤维（fibril）：构成纤维的纤维状微细组织。根据尺寸大小可分为大原纤维（直径约 200nm）、微原纤维（直径约为 6 ～ 8nm，长 10 ～ 50nm）和原生原纤（直径约 2nm）。——译者注

② 胶原纤维（collagen fiber）：细胞外基质的骨架成分，由胶原分子有序排列并相互交联构成的纤维，具有很高的抗张力强度。——译者注

③ 胶原原纤维（collagen fibril）：组成胶原纤维的亚单位丝，由三股螺旋的胶原分子通过侧连，有序排列成的直径约 50 ～ 200nm 的纤维结构。——译者注

这是一个令人着迷的话题，但在材料科学领域却似乎不太引人注意，直到一个对海洋生物科学并不在行的凯斯西储大学研究团队在著名的《科学》杂志上发表了一篇论文。在论文中，他们表示，受这种奇怪的海洋生物的启发，他们研究出了一种新材料，它们可以从硬变软，再从软变硬。

对于斯图尔特·罗文（Stuart Rowan）这位凯斯西储大学的教授来说，这个研究项目是一个幸运的意外。他曾是一名聚合物化学家，从事各种各样的工业应用材料研究以及一些不考虑未来用途的理论研究。作为一个在特伦这座距离英国城市格拉斯哥市 35 英里[①]的城镇长大的男孩，他到离家不远、位于苏格兰西海岸之外的岩石池探险过。那些岩石池里满是虾、螃蟹、鱼和呈螺旋状的蜗牛壳，另外，紫红色的海葵、覆盖着藻类的褐绿色石头等则组成了泥土色系的彩虹。但在他所看到的岩石池中没有海参。二十多年后，在俄亥俄州的克利夫兰市，一种奇怪的海洋生物的表皮甚至没有进入他的研究视野。

然而，实际上罗文确实是最适合做这项研究工作的。在他的职业生涯中，他开发了许多种具有动态特性的材料，其中就包括那些暴露在光这样的刺激下仍能进行自我修复的聚合物。在经常将材料视为一经产生就处于静态的而不再发生变化的领域里，罗文开发的这类材料越来越引起人们的兴趣。罗文之所以能做到这一点，是因为他在所谓的“非共价相互作用”（这一种化学过程所要探讨的是原子与原子之间的结合力，这种结合力不像共价键那么强）这一领域是个行家里手。

① 1 英里 =1.609344 千米。

让我们先简单地了解一下吧：共价键通过共用电子把分子聚集在一起；被共用的原子通常是相当中性的[①]，也就是说，电荷之间彼此互相靠近。然而，离子键[②]却是靠一定程度的电荷结合在一起的：一个原子有多余的电子，带负电；另一个原子失去一些电子，带正电。就像在磁铁中一样，相反的电荷相互吸引。这就类似于你餐桌上的食盐，带正电的钠和带负电的氯结合在一起。这些带电的原子或离子实际上并不像共价键原子那样共用电子——它们只是像拼图中的每一片组片那样组合在一起。共价键就像婚姻那样将双方连接在一起——夫妻双方共用彼此的银行账户，共享资源。离子键就像是室友关系——住在一起，但住在不同的房间而且（主要是）各自拥有单独的财产。

（然而这并不是说，共价键总是比离子键更强——这是我在高中时学到的。事实证明，某些离子键比一些共价键要强得多——它只与所讨论的原子有关。）

罗文的研究还包括各种不同的非共价相互作用，这其中大多并不在本书探讨的范围之内。为了本章的目的，我们将要讨论氢键，当一个共价键分子中的电子不能完全一样地进行共用时，就会出现氢键[③]。相反，电子倾向于把分子的一部分环绕在另一个分子之上。

---

① 也大量存在非中性的极性共价键。——译者注

② 离子键（ionic bond）：正离子和负离子靠静电作用相互结合而形成的化学键。离子键与物体的熔沸点和硬度有关。——译者注

③ 氢键（hydrogen bond）：氢原子与电负性大的原子 X 以极性共价键结合时，如再与电负性大、半径小的原子 Y（如氧、氟、氮等）接近，在 X 与 Y 之间，以氢为媒介，生成 X−H…Y 形式的一种特殊分子间或分子内相互作用，称为氢键。所谓电负性（electro negativity）是对元素的原子在分子中吸引成键电子能力相对大小的量度。元素的电负性越大，其原子在形成化合物中吸引电子的能力越强。——译者注

这意味着，一个原子（在这个例子中是氢）更积极一些，而另一个原子（在同一个分子中，与氢连着的）最终会变得稍微消极一些。并且，这些原子会与其他也表现出这种极性的分子产生弱键。

罗文告诉我，非共价键——尤其是氢键——是基本生物过程的基石。它们在 DNA 双螺旋结构的形成过程中起着关键作用；当它们发生突变和重组时，它们允许 DNA 链分开来复制，然后重新组合。它们有助于促进复杂蛋白质的折叠，而复杂蛋白质是细胞生命的主力，是我们身体的分子结构中的砖和瓦。

"非共价键，尤其是氢键有助于 DNA 形成双螺旋结构，它在一定程度上有助于控制蛋白质的折叠。"罗文说道，"它往往是可逆的或动态的——它可以让事物相互接触，但它们很容易分裂。它们虽然只是弱键，但它们足够强大。人们有时喜欢把它们称为魔术贴——它们聚在一起，但很容易分开。"

你可能不喜欢把你的身体的一部分不断地用魔术贴粘贴在一起然后又不断地解开，但这却正在不断地发生，就在此时此刻。它运作得非常好，这对你来说是个好消息。

氢键使身体具有活力去复制，去对变化做出反应，去发出指令。另一方面，合成材料是静态的，一成不变的。钢保持坚硬的状态，橡胶保持柔软的状态，你在这些材料中所看到的唯一变化只是它们将随着时间的推移而降解。但是当氢键被用来制造材料时，它们就会产生一定的活力，否则就不可能具有什么活力了。罗文用他在这些非共价键上的专业知识创造了各种不同的材料："自我修复"的涂层，其非共价键产生断裂，使物质得以流进裂缝来修复它们；

感觉到危险的化学战剂[①]时可以改变颜色的物质；形状记忆高分子材料，可以被扭曲成某种奇怪的形状，但一旦加热就能恢复到原来的形状。它们远不及像皮肤这样有生命力的材料给人以深刻的印象，但它们还是具有一些基本特性：对刺激做出反应，以及具有一定的自我修复能力。

正因为罗文在非共价键方面具有专长，因此他的同事，当时与他同一个系的教授克里斯托夫·韦德（Christoph Weder）才问他是否对一个不寻常的项目感兴趣。韦德从同在一个校园的另一个材料研究部门的同事阿特·霍伊尔（Art Heuer）那里听说过海参的奇怪变形能力。霍伊尔在相对较短的时间里研究过海参外皮的特性，因此他想知道韦德是不是真的能借助其聚合物技能制造出这样的材料。

罗文被深深地吸引住了。他回到实验室，摆弄起各种不同的物质来，但他和韦德被卡住了，因为他们需要一个理由来制造这些材料。它能用来做防弹衣吗？或许可以用来做一个像蝙蝠侠一样的斗篷，关键时候它可以变成一只坚硬的翅膀？一连数月，他们都没有得到答案。这并非是一个无聊的问题，要知道，如果心里没有一个明确的目的，没有一项可以用于军事、医疗或其他商业用途的最终产品，就很难让人们为你的项目提供资金。

答案来自一个意想不到的来源，在一个极不可能的地方：一

① 化学战剂（chemical warfare agent）：指用于战争目的、具有剧烈毒性、能大规模地毒害或杀伤敌方人畜和植物的各种化学物质。其中，神经性毒剂是当前毒性最大的一类化学战剂。化学战剂毒性强、作用快、毒效持久、施放后易造成杀伤浓度或战斗密度，是构成化学武器的基本要素。——译者注

次并没有明确目的的会议，会议的性质似乎已被遗忘在记忆的迷雾中。“或许是工程学院级别的某种研究委员会。”罗文回忆道。一些同事迟到了，为了消磨时间，罗文开始和来自克利夫兰退伍军人医院的科学家达斯丁·泰勒（Dustin Tyler）聊起天来。

“我们在等着人们出现，而且我们只是在闲聊。我告诉他，我们有这种很酷的材料，但我们不知道我们要用它做什么。”罗文说。

泰勒随即回答道：这对皮层植入来说实在是再好不过了。泰勒是退伍军人医院的一名生物医学工程师，在他的职业生涯中他一直在设计和研究各种与大脑交互的方式，尤其是针对截肢患者的大脑交互。对他来说，这种材料的用处是显而易见的。于是，他们之间的合作开始了。

“这是我一生中唯一的一次富有成效的委员会会议。”罗文开玩笑道。当说到开创性研究时，他补充道：“有一半靠的是运气。”

与此同时，令人感到兴奋的是杰弗里·卡帕多纳（Jeffrey Capadona）的加盟。他刚刚完成了在乔治亚理工学院的研究生学位，专攻生物材料的化学法表面修饰，意在使身体更容易接受外科植入物。后来，他随着当时的妻子一起来到了克利夫兰。他当时的妻子在美国宇航局的格伦研究中心找到了一份工作。她到处为他投简历，而他却依然想要弄清楚自己下一步该做什么。从事实业？在专利法领域做点什么？就在这时，克里斯托夫·韦德打电话给他。

“他说：‘我不清楚自己是怎么得到你的简历的，或者说为什么我会有你的这份简历，但似乎你的学术背景对我们想要做的项目真的很有帮助。’”卡帕多纳说道。

此时的卡帕多纳根本就不知道海参是什么，也不知道为什么有人想要使用它。不过他碰巧最近开始有了个业余爱好——在水族箱里养鱼。随着时间的推移，他对研究海参的兴趣越来越大，他把十来只海参放进了他的水族箱里。如今，他的水族箱里养着四只海参（一头黄色的，一头黄色的带有白色的斑点，还有两只暗褐色的），而且它们在清除水中废物方面干得不错，他的水族箱过滤器再也没有被其他生物所产生的垃圾堵塞。

这位年轻的科学家开始检索与验证有关这些奇怪动物的研究文献。他们需要模拟的机理似乎非常简单：悬浮在柔软的基质中的胶原纤维，依照某种神秘的指令彼此锁住，在整个皮肤上形成一个坚硬的支架，让皮肤突然变得坚硬。再次接到指令后，这些纤维会彼此松开，让皮肤放松。

研究人员设想，他们可以通过一些修改来模仿这个行为。首先，为了模拟柔软的海参表皮的柔软，他们使用了一种柔软的聚合物。为了模仿在皮肤紧张状态下使海参表皮变得坚硬的胶原纤维，科学家们使用了纤维素纳米晶[①]。这是一种坚韧的分子，其强度与质量之比是钢的 8 倍。（纤维素纳米晶是一种神奇的材料。据称，比凯夫拉纤维更硬，具有导电性和可生物降解性。它可以用于防弹衣、玻璃窗，甚至可以取代汽车车身的塑料。私营企业和美国政府

---

① 纤维素纳米晶（nano-crystalline celluloses）是从天然纤维中提取出的一种纳米级的纤维素。通常情况下，纳米纤维素（nano-cellulose）分为纤维素纳米晶和纤维素纳米线。纤维素纳米线是长度几微米到几十微米，直径在 100 纳米以下的线形纳米纤维素；而纤维素纳米晶是一种长度几百纳米左右，直径在 100 纳米以下的棒状纤维素。纤维素纳米晶不仅具有纤维素的基本结构与功能，而且还具有纳米粒子的特殊属性，譬如独特的化学、物理、力学性能等，因而成为不同于多晶体和非晶态合金的一种新型材料，具有广阔的应用前景。——译者注

都在尝试以低廉的成本来生产纳米纤维素，从而不必为了获得这种纤维素纳米晶而毁掉大量的林木；美国在威斯康星州建了一个纳米纤维素工厂，这家工厂 2012 年开业时，是世界上第二家具有这种设备的工厂。）

然而，这种硬度并非他们转向纤维素而不是使用胶原蛋白的唯一原因。激活海参胶原纤维的化学过程非常复杂，而且当时人们对此并不完全明白。但是，在纳米晶的形式中使用纤维素使研究小组能够利用氢键，这是罗文非常熟悉的领域。

纤维素是一种碳水化合物，本质上是一串保护植物细胞壁的复杂的葡萄糖分子，它能使苹果变得更脆，使树干变得特别强壮。纤维素纳米晶是由结构化的长链纤维素组成的。就像任何复杂的糖分子一样，纤维素是由碳、氢和氧组成的，其中一些氢和氧被配对并悬挂在分子上。这些配对的氢和氧组成了一个被称为羟基的亚基，它们是使纤维素粘在一起的关键。

这里有一个简短的提示，说明为什么这些羟基非常重要。别忘了，像水这样的分子是由两个氢原子和一个氧原子组成的，但这两种原子在本质上正好相反：氧（含有更多的质子，而且其原子半径很小，因此它的电子靠近质子）把分子的共享电子拉得更紧凑一些，使其负电荷略微增加了一些，这就使得两个氢原子的正电荷略微增加了一些。这就引起了水的表面张力：来自一个水分子的氢将拖住另一个水分子里的氧，因此水可以堆在一个美分的硬币上，越来越高，直到最后屈服于地心引力才流下来。因此我们在所有的糖分子中都可以找到羟基，因为植物通过分解水和二氧化碳来制造糖，然后利用这些成分来构建葡萄糖分子。

所以在一个水分子中，每个原子都在寻找其电性相反的原子：一个水分子中的氧原子在寻找另一个水分子中的氢原子，而一个水分子中的氢原子则在寻找另一个水分子中的氧原子。因为每一个氧原子都能吸附两个氢原子，而两个氢原子又能吸附一个氧原子，这意味着一个水分子可能通过氢键与其他四个水分子连接。（尽管它们并不总是同时全被填满，罗文补充道。）如果水分子是个体的话，那它就好像人群中的每一个人都伸出双臂，两手分别紧紧地抓住其他两个人各自的一条腿。（这当然意味着每个人都能感觉到有两个人抓着自己的腿，正如他们自己也在伸出双臂，两手分别抓住另两个人的各自一条腿一样。）尽管每只手握住另一条腿的握力都很弱，然而这一巨大的、由手臂和腿相互连接在一起的网络出奇地难以解开。[①]

“每一个单键并不是最强的键，但其工作原理就像一个拉链，因为你把它们都沿着链的方向拉下去。在所有这些链条上，你有成千上万个键，甚至或许数百万个键。”卡帕多纳说道，“虽然每个单键存在的时间不长，但由于数量众多，如果其中的一个单键突然间离开了，它会马上回来，而且它的的确确就像一个团队一样在运作着，这就使得它比普通的共价键更为强大。”

这些连接是无序的，但这并不重要：它们成功地创建了我们之前讨论过的那种牢固的脚手架。（在海参的系统中，这种连接也是无序的，但这实际上可能是一个优势。罗文指出，一个随机的网络能够更好地处理来自任何方向的力量。）但是你要如何关闭这些连接，

---

① 此段文字生动地展示了水分子间由于氢键而发生的缔合（association）现象，即同种或不同种分子间不引起化学性质的改变而依靠较弱的键力（如氢键）而相互结合。——译者注

让材料再次变软呢？很简单：水。记住，水是由两个氢和一个氧组成的，因此它本质上是极性的。这意味着，氧这一边是负的，而氢是正的。因此当水流入这个聚合物基体中时，它就会打断在嵌入的纳米纤维素原纤维（nanocellulose fibrils）之间所形成的氢键并插入自身的键。当这种网络被液体有效分解后，这一材料就会变得几乎和它所依附的聚合物一样柔软。（它不能完全像聚合物那样柔软，因为嵌入其中的纳米纤维素即使断开了，也会额外增加一点硬度。）

总之，他们的思路便是如此。在实践中，经过长时间的周密思考之后，他们终于想出如何制造出纳米纤维素原纤维——他们从被囊动物[①]身上提取这种物质。被囊动物也是一种海洋生物，这种生物会利用纤维来构建可扩展的保护鞘——纤维会均匀地分散在聚合物基质中，而不是聚集在一起。当他们意识到他们不能像通常做这种工作时那样使用两种不同的溶剂（一种用于聚合物，一种用于纳米纤维素）时，他们终于取得了重大的突破。诀窍就在于找到一种既能充分溶解聚合物，又能使其中的纤维均匀地分散的溶剂。

结果呢，这种聚合物具有难以置信的硬度。在水的作用下，当水渗入聚合物时，它的柔软度会达到原先的柔软度的 50 倍左右，更重要的是，它会导致氢键纤维素纤维彼此松开。

不过科学家们现在又遇到一个新的问题：一方面他们需要这些材料在安放到位后变得柔软，与此同时他们也需要它在开始时足够坚硬，这样外科医生就可以固定住植入物而不会使其变形，并且

---

① 被囊动物（tunicate）：被囊动物亚门动物的统称。有纵贯体背的神经索，只在尾部具有脊索，身体外包在胶质或近似植物纤维素成分的被囊中，成体形似囊袋的小型海洋脊索动物。如海鞘。——译者注

能稳妥地将其植入大脑。只要添加更多的纳米纤维素，就会使其在“僵硬”的状态下变得更加坚固，但这也意味着，在“柔软”的状态下，这种材料也会相对更硬。科学家们当然不能使纳米纤维素纤维变柔软，因此他们把注意力转移到聚合物上，专注于其玻璃化转变温度①。玻璃化转变温度是非晶态材料的一种特性，或材料中非晶态部分的一种特性。聚合物受热到一定程度时会突然从坚硬状态变得具有弹性，然而这并非熔点，它仍然是固态的；但是所有的非共价键都已经断裂，使得聚合物链能更加自由地运动，进而使材料变得非常柔软。（你不妨亲自体验一下：拿一块口香糖，把它放在嘴里咀嚼，直到它变得非常软；然后在你的嘴里放一块小冰块，你会感觉到嘴里的口香糖尽管仍然充满了你的唾液却变硬了。这仅仅是因为，含在嘴里的冰块把温度降到聚合物的玻璃化转变温度之下。）

正如不同的金属有特定的熔化温度一样，每种聚合物都有自己的玻璃化转变温度。因此，科学家们将一种环氧乙烷的聚合物转变为一种聚乙酸乙烯酯，其玻璃化转变温度略高于 37 摄氏度这一人类自然体温。科学家们利用人体内的热量和水分的共同作用来改变聚合物的状态：水可以将聚合物的玻璃化转变温度降低一点点，因为它可以扩散到聚合物链中，使这些聚合物链更易移动。所以最终的结果是：当这些充满纤维素的聚合物被放入体内，充满了水分并受热升至与体温一样的温度时，它也会急剧软化并膨胀——将纤维素纳米纤维（cellulose nanofibers）推得很远。结果呢？卡帕多纳

---

① 玻璃化转变温度（glass transition temperature）：也称“玻璃化温度”，指非晶态聚合物或部分结晶聚合物中非晶相发生玻璃化转变所对应的温度。其数值依赖于温度变化速率和测量频率，常有一定的分布宽度。——译者注

说，这种聚合物的硬度从 CD 盒的硬度变得和橡皮筋一样软，软了大约一千倍。

从那时起，研究人员一直在用他们的凝胶状植入物在老鼠身上进行试验，观察它们的大脑如何反应，将其与标准的植入电极所做出的反应进行比较。在植入的最初几天内，反应非常相似。这可能是因为大脑对外科手术的创伤所带来的炎症做出了反应。但在 2 个星期之后、8 个星期之后以及 16 个星期之后，大脑的报警系统对受海参启发而开发出来的植入物的反应要比对标准的玻璃装置所做出的反应低得多。

泰勒和卡帕多纳一直在研究如何提高大脑对异物的接受度，而罗文和韦德则一直在考虑使用这种奇怪物质的新方法。并且罗文自己现在也产生了极大的兴趣。他对仿生设计着了迷——他正在寻找其他有助于激发灵感，从而创造出一种新型的变形聚合物的海洋生物。

当今，创造仿生材料的优势在于，人们开始带着想法来找你。这正是两年后发生的事情：有一天，卡帕多纳在退伍军人医院同一办公室的同事提到了一篇关于鱿鱼嘴巴的神奇特性的论文。

鱿鱼，与其近亲墨鱼一样，只不过是一袋长有触手的易受攻击的肉而已，这使它成为其他深海动物垂涎的目标。然而，鱿鱼等动物都是贪婪的捕食者，而且就其实力而言，它们都具备极强的捕猎能力，能够攻击并吃掉各种与它们身体大小相当或更小一些的动物。根据鱿鱼种类的不同，它们的食物可以非常小（虾和其他各种微小的甲壳类动物），也可以非常大（像长尾鳕这样身体伸展长度达几英尺的大型深海鱼）。就许多鱿鱼物种（这其中包括体型巨大、皮卡车般大小的巨型鱿鱼）而言，它们的食物也包括其体型较小的同类。

鱿鱼是如何吞噬如此之大、通常十分可怕的敌人的呢？对于那些毫无戒心的鱼或螃蟹，隐藏于鱿鱼那黏糊糊、长满触手的面孔之下的绝对是一个残酷的意外——一个锋利的钩状喙，状似鹦鹉的喙，其尖端尽管全是有机的（不像人类的牙齿只含部分有机物），却比牙齿还要硬：它不用钙等矿物质来增强其强度。脱水后的喙主要成分是蛋白质、一些色素和几丁质（昆虫外骨骼中所含的物质）。

极少有动物能够打得赢大鱿鱼，它的身体伸展开来可达到50～60英尺长。不过，抹香鲸是打得赢大鱿鱼的动物之一。然而，如果你看一看抹香鲸的胃里面，你就会发现，被抹香鲸吞食到胃里且经过很长时间消化后的那些鱿鱼，它的喙仍然完好无损。可见鱿鱼的喙是何其的坚硬。

鱿鱼的嘴大概是最坚硬的全有机物质吧，它的喙可以撕开肉，咬破坚硬的壳。如果鱿鱼的身体像胶状那么弱的话，它根本就不可能装配有这样的喙。这就像你想要徒手握着一把刀（没有柄）。刀也许能够割破你的目标，但你还没来得及割破目标，你自己的手掌就会先被刀割破了。这就是为什么刀片需要牢牢地固定在刀柄上，为什么牙齿被牢牢地固定在坚固的颌上。这是它们被固定在柔软的肉质外壳上而不会对肉质外壳造成伤害的唯一方式。

保罗·马拉斯科（Paul Marasco）这位前同事把这项研究交由卡帕多纳来负责，他自己则从事医用植入物材料，尤其是截肢患者的假肢植入物材料方面的研究。在腿部残肢上安装某种假肢可以让残障者行走，但却不免有些影响。假肢的坚硬部分并没有连接到骨头上，而是靠一些带子固定在皮肤上。持续的摩擦可能会对皮肤或下面剩余的肌肉带来额外的负担。它会给安装假肢者造成极大的不适，进而可能导致肿痛、感染和进一步的组织退化。

想象一下，如果你能用必要的坚硬的部件制造各种各样的假肢和医疗设备，例如植入血管的支架，但要使其边缘足够柔软，这样它们就能与周围的组织配合得很好。或者你可以把植入物直接附着在骨头上；它在与骨头的结合处可能是坚硬的，而在与皮肤交互的地方是软的。（卡帕多纳说，上次他检查时，这些经皮植入物[①]在美国是没得到许可的。）

“皮肤永远都不会愈合，感染也会渗入皮肤，这就是为什么在美国植入这种植入物是非法的。”他补充说道。

马拉斯科给卡帕多纳看的这篇论文是由圣巴巴拉加州大学著名的生物学家赫布·韦特（Herb Waite）主持的。在克利夫兰研究团队发表其 2008 年海参研究成果的同月，这篇论文也发表在《科学》杂志上。但他们直到现在才看到它。

这篇论文显示，鱿鱼通过利用呈网格化分布的交联蛋白[②]产生一种渐变的力学梯度，从而得以在其柔软的身体内使用其锋利的喙。也就是说，随着鱿鱼的喙逐渐退向鱿鱼的肉，它渐渐地变得越来越软，直到它的底部比顶端软了大约 100 倍。真正坚硬的材料与

---

① 经皮植入物（percutaneous implants）：一端植入体内，另一端暴露于体外的植入物，用于体内外信息和物质传递。——译者注

② 交联蛋白（cross-linking protein）：具有两个或多个肌动蛋白结合位点，能同时结合多条肌动蛋白丝，将它们交联成束或凝胶状网的蛋白质。有些交联蛋白是杆状的，能够弯曲，由于这种交联蛋白形成的网络结构具有相当大的弹性，因而能够抵抗机械压力。有些交联蛋白是球状的，能够促使肌动蛋白成束排列，如微绒毛中的肌动蛋白束就是靠这种蛋白交联的，所以交联蛋白的主要功能是改变细胞内肌动蛋白纤维的三维结构。——译者注

真正柔软的材料相接触根本就没有任何意义，只会导致玻璃电极[①]和柔软的脑组织之间在力学上不协调，而科学家们一直在设法用他们基于海参启发而设计出来的电极来减少这种不协调。

为了找出鱿鱼是如何做到这一点的，圣巴巴拉加州大学的科学家们把美洲大赤鱿[②]的喙（大量的鱿鱼尸体被冲到加利福尼亚海岸之后，科学家们便采集了它们的喙）切成薄薄的横截片，逐一观测它们的梯度是如何变化的。他们发现，鱿鱼喙所含有的蛋白质嵌在柔软的几丁质基质中，这些蛋白质以越来越快的速度交联在一起。这种交联不是海参那样的可逆性的交联——它是设计中的一部分，就像你的指甲的硬度和眼睛的柔软度都是预先设定好了的一样。在它失去水分之后，它的喙没有太多的梯度；但是当它含有水分时（就像在鱿鱼的自然环境中一样），这种梯度就会显著增大。

卡帕多纳意识到，鱿鱼在使用不同的材料和不同的机理来控制各种软硬材料时，仍然使用相同的交联原理来增加强度。这就好像你让一只海参（假设你可以跟海参交谈）尾端的胶原纤维交联率为零，再往前一点点，其交联率为 10%，渐渐地提高交联率，最终在喙的前端使其达到 100%。而后你基本冻住了这些连接，于是它的喙在末端永远保留在柔软的状态，在顶端则呈坚硬的

① 玻璃电极（glass electrode）：以玻璃薄膜作为敏感材料的一类离子选择电极。根据玻璃成分不同，其对离子响应的特性也不同，对氢离子响应的电极称为“pH 玻璃电极”，对钠离子响应的电极称为“pNa 玻璃电极”，等等。——译者注

② 美洲大赤鱿（Humboldt squid）：生活于东部太平洋的秘鲁寒流（旧称“洪堡寒流”），分布在北自加利福尼亚、南至火地岛的大片海域，是一种大型捕食性鱿鱼。重达 40 ～ 50 千克，游泳速度可达 24 千米 / 时，咬合力高达 1125 磅。美洲大赤鱿食性贪婪，食量巨大，人称“红色恶魔”，以同类相残著称。——译者注

状态。

显然，你并不能够让海参这么做。原因有很多：它既听不懂你说的话，也没有能力照你说的去做。这就像让你仅凭思考来绷紧二头肌的单个肌肉纤维一样。但卡帕多纳知道，如果研究小组能够利用纤维素原纤维模拟海参的胶原纤维的交联，那么他们也可以利用纤维素模拟鱿鱼喙蛋白质的交联。

非常简单。卡帕多纳拿起电话。“你想知道我们刊于《科学》杂志的下一篇论文的想法吗？”他对罗文说，“请我吃午饭……”

午餐后，罗文回到实验室，告诉学生们，他们的论文有了新的目标。通过用对光线产生反应的化学物质来改造纤维素原纤维，并引入另一种可以将它们连接在一起的分子，研究人员可以利用紫外线将纤维交联在一起并锁定这些连接。曝光时间越长，材料便越硬。通过将他们制造的材料的每一部分暴露在更多的光线下，他们能够在聚合物中创建一个清晰的梯度。结果便生成了一种柔软的塑料，其中一端的硬度是另一端硬度的 5 倍。尽管与鱿鱼喙一端的硬度是另一端的 100 倍相比，这的确没那么令人印象深刻，但这是一个开始。

这些发现在一定程度上似乎是一系列意外之喜，是少数几次不寻常的会议的产物，但我不那么肯定。毕竟，这些想法是有渊源的：斯图尔特·罗文提到，赫布·韦德的想法来自一位名叫阿特·霍伊尔的材料科学家。霍伊尔和一位生物学家一起合作过，他认为那位生物学家的名字应该是叫“吉姆”·特罗特（“Jim”

Trotter）[1]。在他们最终走到一起之前，这些想法究竟酝酿、发展了多久呢？

“我真的非常惊讶，斯图尔特竟然提到了我的名字。”当我打电话给霍伊尔时，他这样告诉我。霍伊尔这一生中大约有49年的时间是在凯斯西储大学执教，他告诉我，他发表了大约570篇论文，有100多名研究生——此处提及这一点，只是为了强调：他在说到这件事时他自己感到十分惊讶，而并不是在自谦；他很清楚自己在学术界的地位。虽然他研究的材料很广泛，从各种金属到蛋壳的性能，但严格说来，他是一位陶瓷教授。（“你知道，在很多设备上，只要花10美分，你就能得到一个装满丰富营养的无菌容器吗？”他发出挑战。他指出，鸡每天都在制造这种容器。）

霍伊尔并不在罗文所在的系工作——他在一家新材料研究所，而罗文则是在大分子科学和工程系。霍伊尔的研究所专注于金属和半导体材料，而罗文所在的系则专门从事聚合物研究，也就是霍伊尔所称的“软物质材料”研究。

如果你问阿特·霍伊尔，他会因为什么而被同事记住，那么肯定不会是因为海参——绝对不会。在他看来，他的贡献只是韦德和罗文那些极其引人瞩目的著作中的一个小小的注脚。

“我的功劳实在是小得不能再小，根本都不足以让他们意识到这个有趣的现象。”他说道。

然而大约在二十年前，霍伊尔的确研究过海参，并且他并不是一个人在进行这项研究。霍伊尔和大约二十名同事组成了一支包括工程师、材料科学家、生物学家、物理学家和内科医生等在内的

① 即后文（p.67）出现的John Trotter。这里的“Jim” Trotter是昵称。——译者注

多样化的团队，该团队从属于美国国防部高级研究计划局之下的国防科学研究委员会（DSRC）。国防部高级研究计划局从根本上来说是五角大楼的一个研究机构，其职能在于设法找出和培育新兴技术——未来的技术。正是有了国防部高级研究计划局的帮助，互联网才得以问世；正是有了国防部高级研究计划局的帮助，阿帕网络（ARPANET）[①]——国防部高级研究计划局所建的网络——在 1969 年首次发出信息。

所以国防部高级研究计划局知道如何进行实际应用。另一方面，我第一次报道他们是在 2011 年，当时他们公布了一个百年星际飞船计划，该项计划旨在鼓励私营公司开发各种用于发展超光速旅行的技术，从而使我们人类可以真正地到达那些遥远的星球。(有记录以来，超光速旅行一直牢牢地扎根于科幻小说领域。)

美国国防部高级研究计划局的活动范围很广，从雄心勃勃但实际可行的想法，到你的大学朋友们在充分酝酿之后谈论的那些半生不熟的想法。国防科学研究委员会就坐落在这个宽敞舒适的场地里。这个委员会在本质上是国防部高级研究计划局所属的另外两个部门——国防科学办公室（为高风险、高回报的技术提供资金支持）和微系统技术办公室——的耳目，霍伊尔说，因此他们不得不考虑领先现有技术几步和几年的技术以及当前的一些风险。

“我过去常开玩笑说，当我走进室内时，室内的平均智商会降低五个百分点——而且我在我的领域里也颇受尊敬。”霍伊尔说道。“这二十多名研究人员可能是我接触过的最聪明的一群人。”他又补

---

① 是“高级研究计划局网络”（Advanced Research Project Agency Network）的缩写，乃互联网的前身。——译者注

充道。

霍伊尔说，这里有一个关于委员会将做什么的想法。他在该委员会任职长达二十多年，直到2013年。此后一年半左右，该委员会便解散了。他说，他们会想出一些听起来十分疯狂的设想。譬如，如果要将炭疽孢子这么一种可以用作生物武器的致命细菌送进国会图书馆，那么结果会怎样呢？他们会把这一剧本演完，制定出方案，把整个方案写出来。然而，当炭疽热恐慌在几年后的2001年真的发生时，“他们又把我们的报告抹掉，并且对如何继续下去发出一整套的指令”。

发挥想象力为各种准备工作服务，这就是美国国防部高级研究计划局下属的国防科学研究委员会的行事风格。

在20世纪90年代早期到中期，与生物学相关的研究问题并不是国防部高级研究计划局各个办公室优先考虑的事项，霍伊尔说。不过这一情形在国防科学研究委员会开始发生变化，尤其是在该委员会聘请了艾伦·鲁道夫（Alan Rudolph）之后。这位训练有素的动物学家当时开始考虑通过研究自然能获得什么洞见——无论是生物技术、生物医药，还是仿生学方面的洞见都行。鲁道夫在国防科学办公室负责受控生物系统计划，并与国防科学研究委员会合作。鲁道夫对生物学的关注并不是委员会设法要确定的唯一的一种未来技术，但在霍伊尔看来，它无疑是最吸引人的。近年来，已引起轰动的许多仿生技术，譬如可以黏在墙上的像壁虎一样的表面（gecko-like surfaces）、奔跑的机器人等，都得到国防科学研究委员会的鉴定，得到鲁道夫的控制生物系统计划的鼓励以及国防部高级研究计划局的支持。

“在20世纪90年代中期，他们几乎没有对生命科学、生物技术、生物战斗，以及其他任何这类研究提供哪怕一分钱的资金。”霍伊尔说，“过了一段时间之后，国防部高级研究计划局的这种态度才有了改变。目前，他们在这方面已经有了一个专门的办公室。”

顺便一提，生物技术办公室仅仅是在2014年才成立的。“生物学是大自然的终极创新者，任何以创新为傲的机构如果不向这门深谙大自然之复杂网络的学科寻求灵感和解决方案都是愚蠢的。”美国国防部高级研究计划局局长阿拉蒂·普拉巴卡尔（Arati Prabhakar）在2014年3月向众议院下属的情报、新威胁和能力小组委员会表示。

霍伊尔说，这种态度的转变在很大程度上要归功于国防科学研究委员会的工作，以及鲁道夫的受控生物系统计划。

“我是第一个，也很可能是最后一个被国防部高级研究计划局所雇的动物学家。”鲁道夫在他的一篇标题为“缪斯女神”的博客日志中就他目前所担任的科罗拉多大学研究副校长这一角色这样写道，“1996年我受聘使用我自己在演化适应（evolutionary adaption）方面所受到的训练，以期生命科学领域能取得新的技术应用。这些应用着眼于保持美国在技术上的领先地位——这可是我们美国国防部高级研究计划局的使命。”

鲁道夫的这个团队多次召集学术会议，并且还邀请了国防科学研究委员会的成员，让这些学科差异性非常大的科学家聚集在一起，进行跨学科的观点交流。而在此之前，这些观点可谓是毫无共通之处。正是在其中的一次会议上，霍伊尔遇到了新墨西哥大学医学院的研究人员约翰·特罗特（John Trotter）。正如霍伊尔喜欢说的那样，他是一名“正式的生物学家”，在他那里，仿佛生物学是一种排外的社团，或者某种宗教信仰似的。

当接到鲁道夫的邀请时，特罗特在感到些许困惑的同时也有点受宠若惊。鲁道夫说，自己读过他写的那几篇有关海参表皮的论文，因此想请他参加一个会议，这个会议是自己的受控生物系统计划的一部分。“受控生物系统”这个名称让特罗特觉得很奇怪：难道不是所有的生物系统在本质上都是受控系统吗？不过这的确很有趣，于是他跳上了飞往东海岸的航班。

“大约有 50 人参加了那次会议，他们的演讲很吸引人。”特罗特说道，“一名来自蒙大拿大学的研究人员曾用蜜蜂标示出某一地区的毒素分布图（这张图有助于对某一家位于太平洋西北岸地区制造污染物的公司进行定案）；来自伯克利加州大学的一个团队正在研究壁虎脚背后的原理，以便制造出能在墙壁上行走的机器人。另一个团队来自弗吉尼亚理工大学[①]，他们正在给甲虫脱水，将它们置于真空中，然后再将它们起死回生，以探究它们在极端环境下生存能力背后的分子秘密。”

“太棒了！”他说道，“我认为这是一支非常不错、值得拥有的优秀团队。”

特罗特对肌肉与肌腱结合处材料间的界面很感兴趣。骨骼肌细胞内产生力的肌原纤维（force-generating filaments）是如何将压力

① 弗吉尼亚理工大学（Virginia Tech）：弗吉尼亚理工学院暨州立大学（Virginia Polytechnic Institute and State University）的简称。坐落在美国东海岸弗吉尼亚州的黑堡，是一所以工科为主的顶尖公立研究型大学，其工程学科在世界范围内享有极高声誉。——译者注

传递给细胞外结缔组织中的力传递胶原纤维的？在肌腱内，相对较短的胶原纤维和非纤维成分如何共同作用，在肌肉细胞和骨骼之间传递压力？医学方面的同事们跟踪他的工作，他们想知道：这种界面在什么时候，又是因为什么原因不能发生作用的？这将有助于揭开人体组织损伤和愈合的奥秘。特罗特之所以通过研究海参来解决这些问题，原因有二：首先，它们的胶原纤维不像哺乳动物和其他动物群体的胶原纤维那样可以相对容易地分离出来并进行测试；其次，动物实际上可以通过其神经系统来改变它们结缔组织的力学特性。

这位科学家记得他第一次拿着一只海参时的情景。那是一只北大西洋海参（*Cucumaria frondosa*），是他有一次在缅因州的研究之旅时采集的。他将这只北大西洋海参挑选出来，并感受到它在自己手掌里变得僵硬起来。他看到，那只海参放松的时候，其表皮似乎在他的手指间流动，而他指尖的印记在海参的身体上挥之不去。

“我入迷了。”特罗特说道。他非得弄清楚海参是怎么做到这一点的。经过多年的艰苦研究，他终于弄明白了海参表皮的基本结构，并在受控生物系统会议上把自己的这些研究做了陈述。

海参表皮的这种可变的力学特性给当时也在会议现场的阿特·霍伊尔留下了深刻的印象。海参表皮的这种力学特性与当时人们所知的任何人造材料的力学特性都不同。

“我从来没有想过‘可变’这个词。”与硬质材料打交道的霍伊尔说道，“我只知道‘不可变’这个词。”

鲁道夫在会上联系了特罗特和霍伊尔。这是因为，一方面他鼓励特罗特写一份白皮书（这是提交一份经费申请报告的前奏），但另一方面出于工作伦理上的原因，他不能帮他。而特罗特作为一位生物学家，之前从未经历过国防部高级研究计划局的程序，这与美国国立卫生研究院的生命科学研究人员所要走的程序大为不同。

霍伊尔被这种奇怪的材料迷住了，与他同为国防科学研究委员会成员、现任职于西北大学的米兰·密克西切（Milan Mrksich）也是如此。霍伊尔把海参表皮带到凯斯西储大学，让它经受通用材料试验机的严格考验。通用材料试验机是一种可以通过拉伸或碾压材料直至材料断裂或破碎来探测材料抗压或抗拉强度极限的设备。霍伊尔检测的是海参表皮的力学性能，而密克西切关注的则是生物化学。

“这是一种很有趣的物质。”霍伊尔说道，“我们发现了一些生物学家所不知道的东西。只不过，我们用来描述我们正在做的工作的语言一定是非常陌生的。”

霍伊尔数次努力想把一篇关于海参表皮的力学性能的论文发表到杂志上，但一直没能如愿。需要说明的是，霍伊尔对海参的检测并非他第一次涉足研究领域——他是一位经验丰富的科学家，发表过数百篇论文。在生物学与材料学之间存在着一个根深蒂固的分歧，而他的研究恰巧陷入了这两个学科之间的鸿沟：生物学杂志不知道怎么去了解他的材料科学途径，而材料科学杂志不清楚他的生物学研究有什么用处。

“我还有过论文被拒的类似经历。”霍伊尔说道，“现在情况应该是不同了。”

特罗特在接到鲁道夫的电话时，正准备关闭自己的研究实验室。如果没有那个电话，那他也就不会再获得三年多的资金来研究海参表皮了。而如果没有遇到特罗特，霍伊尔也就不会把这个想法传递给韦德和罗文，他们也就不会想到要制造这么新奇、独特的仿生材料了。

特罗特说，海参的生理机能牵涉复杂的化学结构，科学家们仍然只探究到了部分奥秘。在那三年时间结束时，他关掉了自己的实验室，最终转向阿尔伯克基[①]，长期供职于新墨西哥大学的行政管理部门。

“因此，每当我想起这事时，我就觉得惋惜。”特罗特笑着说道，“但另一方面，我不知道我能否得到资金继续从事这项研究工作；我认为国防部高级研究计划局的资助是个侥幸。”

不过，我并不认为这就是个侥幸。我认为，科学家们为翻译问题所困扰——研究人员必须学会说其他学科的语言，这样才能了解他们的价值观和文化。简而言之，生物学家经常想要细致入微地研究一个系统。材料科学家和工程师经常想制造一些有用的产品。这两个终极目标都非常有价值，并且他们都有必要从自然界吸取深奥的、有见地的经验教训。但为了实现这一目标，科学家们首先需要相互了解。

这有点像克利夫兰团队的仿生聚合物中的连通性。毕竟你需要一定数量的胶原纤维，才能制造出这种从硬变软的聚合物。数量太少，网络就会支离破碎，中间就会有空隙。但是如果纤维密度够大的话，这些连接就可以完全建立起来。要建立足够多的连接并开发出这一最终产品，需要十年的时间，进行充分的研究，并让研究人员成长起来。

---

① 美国新墨西哥州中部大城。——译者注

当罗文听到特罗特所用的这一比喻说法时，他非常开心。他说，不同种类的科学家之间肯定存在着翻译问题，这一点在他今天的工作中仍能偶尔碰上。“他们都有各种古怪的口音。”这位聚合物科学家用其苏格兰口音开玩笑道。

在我飞往纳米比亚和科学家们一起研究白蚁的前一天——白蚁研究是一项非常有吸引力的工作，我将在第五章告诉你们——我看到一个三岁的孩子做了个脑部手术。他的名字叫奥古斯特（Auguste），他有着一双蓝色的大眼睛，总是咧着嘴调皮地微笑着。他生来就是聋人。到目前为止，他的耳朵从没有带过什么助听器或植入人工耳蜗。

一个由医生和研究人员共同组成的团队选择了奥古斯特作为他们的第一个病人进行一项名为听觉脑干植入的临床试验。外科医生必须切开病人的皮肤和骨头，以及被称为硬脑膜的脑保护囊，排出脑液，轻轻地将小脑推到一边，最后到达脑干。他们必须在脑干的组织褶皱中找到一个特定的角落，小心地在那里放置一个可以直接刺激听神经的电极阵列。

手术持续了6个小时。找不到那个特殊的部位所引发的精神紧张，使手术时间延长了。这些深入奥古斯特颅骨深处的医生或许已经私下里在考虑，在临床试验中放弃对第一位病人的手术将意味着什么。就在这时，他们终于找到了那个地方，并小心翼翼地将植入物放了进去。刹那间，房间里的紧张气氛显然放松了下来。一个月之后，研究人员对该设备进行了测试。当奥古斯特第一次听到声音时，他突然呆住了，并把头抬了起来。

我看着这些外科医生在这个红色窗口工作着，尽力克制着不让自己晕倒，同时在想："动手术还真是件麻烦事儿。"切开颅骨的外科医生工作十分投入。当他们打开那扇红色的小窗口时，你可以看到病人的大脑：柔软，不停地颤动着，像果冻一样。出于本能，想到那些锋利的金属器械和毫无防御能力的粉色组织，大脑能承受这种侵入性手术这件事在好几个月之后仍然令我感到吃惊。

大脑在从外科手术的创伤中愈合过来。但是假设这个过程进行得很顺利，大脑就必须在接下来的时间里应对这一金属与玻璃的小侵入物——电极阵列（electrode array）[①]。手术后的几个星期，在这一金属体周围开始形成纤维性疤痕组织，这是身体防止其周围组织遭损伤的方式。这种疤痕组织虽然是必要的，却会降低外科医生想方设法植入的设备的有效性。

奥古斯特是幸运的；安放在他的大脑里的电极阵列就一直安放在最初放进去的那个地方，几乎没有丝毫移动，因此这块坚硬的电极没有与周围的软组织产生太多的摩擦。但其他慢性神经植入物的价格却高多了。这完全不是在对那些植入物进行抨击：有些是用来治疗癫痫发作的；另一些则用于治疗帕金森病引起的颤动。也就是说，研究表明，随着时间的推移，当大脑试图处理由于外来物体所引起的持续的炎症时，这些装置的功效会下降。必须将这些装置从身体中移除并加以替换，这意味着病人必须一次又一次地接受手术。

因此，外科医生们被夹在软、硬两处之间。他们必须使用那些

① 电极阵列（electrode array）：由规则排列的多个微电极组成的电极集合，用于收集一群神经元的放电。分植入式和非植入式。——译者注

坚硬的、无情的材料，这些材料无论在物理上还是化学上都不能很好地与人体结合。研究人员提出了许多不同的解决方案，从不会引起排斥作用的分子到印刷电路，再到像塑料薄膜一样薄的聚合物。目前还不清楚哪一种效果最佳——或许是某种组合物。不过，不妨设想一下：海参和鱿鱼喙在盐水中活动，因此在人体中工作的一些装置想必也应该这样。此时此刻，这一迫切的生物医学问题的最有希望的微尺度和纳米尺度的解决方案可能正在世界各地的餐盘上被切成薄片。

第二编　运动机械

Part II MECHANICS OF MOVEMENT

第三章　再造腿

——动物是如何激发下一代太空探测器和救援机器人的设计灵感的

很少有机器人的毁灭像“勇气号”（Spirit）火星探测器的毁灭那样悲惨。

美国国家航空航天局（NASA）的这艘先后被称为“勇敢号”（Plucky）和“无畏号”（Brave）的探测器是在2003年发射升空的，与其孪生兄弟“机遇号”（Opportunity）一样，也是用来研究火星这颗红色星球的表面。这是继“火星探路者号”（Mars Pathfinder）之后美国国家航空航天局再次发射用来探测火星的航天器。“火星探路者号”于1997年登陆火星，并将玩具大小的“旅居者号”（Sojourner）火星探测器释放到火星表面。“旅居者号”也是第一个成功漫游另一颗行星表面的探测器，以及第一个几乎“刷爆互联网”的探测器，这是因为“火星探路者号”网站在“旅居者号”于1997年7月4日在火星表面着陆后的4天之内累计获得了约2.2亿次的点击量。以今天的标准来衡量，完全可以说明其引人瞩目；而在千年虫[①]之前的时代，绝对可以称得上疯狂。这种势不可挡的兴趣，充分表明人们对这颗一度非常陌生的星球兴趣日益浓厚。如今这颗行星开始看起来像是地球的孪生双子星球：借助一些间接的证据，可以推断这颗星球经历了越来越干燥、越来越死气沉沉的命运。

不过，在这些火星探测器发射的同时，其他前往火星的航天器确实发生了撞击和焚毁——尽管未必是这样的顺序。对美国国家航空航天局来说，1999 年可谓糟糕的一年：该机构在“火星极地着陆者号”和“火星气候探测者号”上接连失败[②]。“火星气候探测者号”的停止运行与其所遭受到的创伤同样令人尴尬；那艘命运多舛的航天器在其意外穿过大气层时焚毁了，其主要原因是洛克希德·马丁公司的某个人用英制测量单位而不是科学界公认的公制单

① 千年虫：又叫做“计算机 2000 年问题”“电脑千禧年千年虫问题”或“千年危机”，其缩写为“Y2K”。是指在某些使用了计算机程序的智能系统（包括计算机系统、自动控制芯片等）中，由于其中的年份只使用两位十进制数来表示，因此当系统进行（或涉及）跨世纪的日期处理运算时（如多个日期之间的计算或比较等），就会出现错误的结果，进而引发各种各样的系统功能紊乱甚至崩溃。因此，从根本上说千年虫是一种程序处理日期上的 bug（计算机程序故障），而非病毒。——译者注

② “火星极地着陆者号”（Mars Polar Lander）是美国火星探测 98 计划（Mars Surveyor' 98 Mission）的着陆探测器，于 1999 年发射，后来在登陆火星的过程中“失踪”。当时它试图进入火星大气层，以研究火星上的天气并寻找火星上长期气候变化的证据。“火星气候探测者号”（Mars Climate Orbiter）是美国国家航空航天局于 1999 年发射的火星探测卫星（轨道飞行器），也是火星探测 98 计划的一部分，后来在进入火星轨道的过程中失去联络。——译者注

位来为它编程[①]。其他国家的努力也好不到哪里去：日本的“诺佐米号”（Nozomi）火星轨道飞行器的任务也由于诸多设备问题而取消，而英国的“比格尔 2 号”（Beagle 2）着陆器也在 2003 年圣诞节前夕着陆时消失得无影无踪。

因此，喷气推进实验室（JPL）的团队怀着极大的希望与巨大的恐惧注视着“勇气号”火星探测器。三个星期之后，“机遇号”朝火星的表面极速降落（时称“恐怖的六分钟”）。当“机遇号”从火星表面发回第一波信号时，喷气推进实验室的控制室里爆发出一阵阵的欢呼声，工程师们相互拥抱并举手击掌。其中一位工程师一把抓住了“进入、降落与着陆”团队的总工程师罗布·曼宁（Rob Manning）的肩膀，用力地摇晃着他。在这欢乐的摇晃中，他不得不扶着自己的眼镜。

这次成功的着陆看起来简直像是奇迹。但接下来的几天、几个星期、几个月，则进一步证明了它是一个更大的奇迹。“勇气号”火星探测器与它的孪生兄弟仅仅被安排了为期 90 天的任务。然而，这些小小的探测器的运行却远超其预期寿命：它们发现了激动人心的证据，表明火星的岩石曾经充满了流动的水；其移动距离远远超出了它们的着陆位置；其使用寿命比最初预期的 90 天工作时长多了 10 倍，而后又多出了 20 倍。迄今为止，“机遇号”仍在火星表

① “火星气候探测者号”任务失败的主要原因是人为因素，因为“火星气候探测者号”上的飞行系统软件使用英制单位磅力计算推进器动力，而地面人员输入的方向校正量和推进器参数则使用公制单位牛顿，导致探测器进入大气层的高度有误，最终瓦解碎裂。磅力在工程单位制中表示 1 磅的物体在北纬 45 度海平面上所受的重力。因为 $G=mg$，$g=9.80665$ 牛 / 千克，1 磅 =0.45359237 千克，所以 1 磅力 = 4.4482216152605 牛顿。——译者注

面漫游，发现了水和富含有机物的沉积物的迹象，其使用寿命更是超过了预期寿命的40倍以上。

但每一次好运总有结束的时候。“勇气号”好运的结束源于它的一个轮子出了故障。2009年5月，在它驶过古塞夫陨石坑的一片名为“本垒板”的区域时，它的一个轮子冲破了那薄而硬的地表，陷进了松软的沙土里。很快大家就明白了，它已经不可能把自己挖出来：它越是转动轮子，似乎就陷得越深。科学家们试图把探测器弄出这片沙土，然而未能如愿；他们最终在2011年宣布放弃这项计划。

“我们对这两艘火星探测器都产生了强烈的情感依恋……它们是太阳系里最为可爱的东西。”喷气推进实验室的探测器项目经理约翰·卡拉斯（John Callas）在当时的新闻发布会上说。

2012年，当“好奇号”（Curiosity）这艘大型的、当时最先进的探测器在火星表面着陆时，太空航行地面指挥中心几乎每一位成员都跳了起来，欢呼雀跃，击掌庆祝。这艘探测器是火星上最富魅力的六轮车。它的肚子里装有一套实验仪器，眼睛里有一束扫射岩石的激光，还有一个可用以钻孔和取样的钻头。它所使用的这一切都表明，在遥远的过去，火星上有适宜生命生存的环境。但即便是这艘比“勇气号”和“机遇号”大得多也不幸得多的先进探测器也因为轮子而几乎给毁了——2013年末的一张图片显示，它的铝制轮胎出现了令人担忧的裂缝。这艘探测器不得不在火星上一片凹凸不平的危险表面上行走，向后行驶以抵消这一损害。

我们发送到其他星球上的探测器总是轮式的。“火星2020”（Mars 2020）探测器将使用与“好奇号”几乎完全相同的模板，甚至可能是它的备件，尽管两者的任务应该是完全不同的。毕竟，有些冒险项目中，除了绝对必须承担的风险外，你并不想承担其他任何风险，而轮子是一项久经考验的技术。既然已经有了一个可行的设计，为什么还要花那么多的时间、金钱，顶着那么大的压力去做另一种设计呢？这根本就说不通。

但事实证明，有时我们依赖了五千多年的轮子确实有其自身的弱点。它们会卡在沙坑里，或者在布满碎石的斜坡上打滑，很容易被不期而遇的锋利、尖锐的岩石损坏（尤其是对于像“好奇号”这样的重型载具来说）。简而言之，轮子在可靠性上略有不足。

这不仅仅是一个发生在距离地球遥远的那些星球上的问题。各行各业的工程师都希望非轮式的机器人能在地球上各种各样的地方发挥作用，但也许最迫切的是在灾害区——地震灾区或被化学物质污染的建筑物。在这些地方，派遣人类太危险，而派遣轮式机器人帮助执行侦察任务或者简单的搜救任务都起不了作用。

轮子非常适合那些干净、平整的道路。但路面情况变得高低不平时，你就需要靠腿来走了。

在美国国家航空航天局喷气推进实验室工作场地的深处，温顺的鹿儿边走边嚼着蓝花楹的落花，那早已褪色的路标上标着“XING 探测器”“布雷特 · 肯尼迪”和“西西尔 · 卡鲁曼奇”等字样，立在一个狭窄的停车场里，注视着柏油路上一个奇特的、看起来像是白色行李箱的东西。什么都没有发生。我两只脚轮换着重心站在那里。不过随后，当接收到某一看不见的信号时，这件行李箱复活了。

其四肢中的每一个均有七个关节，从各个侧面伸展开来；在连续完成几个屈伸动作并发出咔嗒咔嗒的声响之后，一切终于就位。这个机器人先后摆出好几种姿势时，两肢像腿一样伸展，另两肢像胳膊一样抬起，在我看来，就像一个正在做瑜伽的变形金刚。这个过程非常缓慢，但却显得十分从容。最后，这个奇怪的“生物”转过身来，面对着它身后若隐若现的建筑物：一扇嵌在木屑压合板墙上的门，通向一个有着三个面的“房间”，看起来很像是一个剧场。

这便是仿生猿形机器人罗博斯密安（RoboSimian），一个救援机器人的原型。肯尼迪（Kennedy）和他的喷气推进实验室的工程师们希望它能在一星期之后在加利福尼亚州波莫纳市举办的国防部高级研究计划局的机器人挑战赛（DRC）上赢得奖金高达 200 万美元的最高奖项。这项已经进行了三年的赛事，有一个雄心勃勃的目标：激励世界上最优秀、最聪明的工程师全力打造下一代的救援机器人——当下一次自然灾害或人为灾难来袭时，这种机器人可以帮助拯救生命。

我正在为《洛杉矶时报》报道的这场比赛是一场障碍赛，木屑压合板剧场是工程师们建来进行练习的最好模拟场景。这让我想起了电视节目《美国极限体能王》（*American Ninja Warrior*），相较而言，除了肌肉较少、壕沟较少外，这里的机器更多，所用时间也更长。在《美国极限体能王》这套节目的整个过程中，人类只有 60 秒的时间跳跃、悬吊跳跃和攀爬，而机器人在比赛过程中有 60 分钟的时间驾驶、行走和翻滚。

与这套以肾上腺素为能量的电视节目不同，机器人挑战赛不需要在沼泽地里从一根木头跑到另一根木头，也不需要抓着绳子从深渊上跳过。在这里，机器人所必须做的都是一些稀松平常的事，比如开门等。

在到达那扇门之前，每个机器人都必须驾驶一辆汽车——在赛道上行驶，操纵它绕过障碍物，才能到达那个木屑压合板搭起来的房间。你可能认为这是最难的部分，因为人类必须等到快成年的时候才能获得驾驶许可；这是一项相当复杂的技能。

然而，事情却并非如你所想象的那样。“驾驶中最难的部分，”肯尼迪说，“并不是坐在方向盘的后面，而是下车。”这是因为，在来自美国和世界其他地方的 24 支队伍中，绝大多数机器人都是人形机器人，有两只胳膊和两条腿。毕竟，机器人需要做一些人类的任务，比如在废墟中行驶和操作一些电动工具，所以赋予它们以人形是有一定意义的。

但问题是，要保持两条腿的平衡并不容易——这可能就是我们是唯一主要靠两只脚行走的灵长类动物的原因。

对这些机器人来说，把一只脚放在另一只脚的前面已经够难了，更不用说还得从汽车上下到地面而不摔倒。它们也许能够在安全、可预测的实验室范围内大步行走，但当它们行走在不平的地面或者被微风轻轻地一吹时，它们很快就会跌倒。

“几乎可以保证我们赢得这个项目的前提是，圣安娜火山再次喷发。”① 肯尼迪一边看着机器人缓慢地穿过人造障碍赛道，一边对

---

① 圣安娜（Santa Anas）火山是中美洲萨尔瓦多最高的活火山。1920 年和 2005 年喷发过，峰顶有 4 个巢状破火山口和火山口，中间有小型火山湖。其内部仍在不断活动，但再次喷发的时间不确定。因此肯尼迪的意思是说，他们赢得奖项跟圣安娜火山突然喷发一样不确定。——译者注

我说道。

我不知道他是不是认真的，但他已经把他所说的付诸实践了。肯尼迪的团队已经特意不再完全模拟人类的身体形态。顾名思义，仿生猿形机器人罗博斯密安采用了不同的思路，从我们人类的近亲——灵长类动物那里获得灵感，它们可以四肢着地。人类的胳膊和腿是两对完全不同的四肢——双腿显然是用来走动的，胳膊是用来伸出手去抓东西的。在我们的远房表亲中，比如红毛猩猩，它们的胳膊和腿并没有太大的区别——长，适于抓握，既能支撑身体，又适合在树上荡来荡去。

这样一来，仿生猿形机器人罗博斯密安比其他类人机器人更像是灵长类动物，因为它们的四肢基本上是一样的，这使得它可以四肢着地移动，或者改用下肢着地，而用上肢作为手臂。

“我们确实有扔便便的行为。”肯尼迪开玩笑道。他指的是机器人用胳膊把路上的杂物撞飞出去的方式。“我不知道为什么没有其他人如此称呼这一行为。”

肯尼迪上了这辆将由仿生猿形机器人罗博斯密安驾驶的车。这是一辆“北极星游侠”全地形车，看起来像是智能汽车和吉普车的混合体。他抓住车门框的顶部，向人们展示探测器将如何从这辆全地形车上下来。机器人在从汽车上下来时，其钳子般的手会抓住车的门框，这样即使滑倒了，它也依然会像猴子一样紧紧抓住一样东西，不会脸朝下摔倒。这样，它就不必像其他机器人那样，要去对付烦人的平衡问题。(它也可以左右转动，选择一个两全其美的策略。)

其他团队对自己的车辆进行了改装，拆除了内部的减震材料，好为那些体积过大的机器人腾出更多的空间；或者增加了一个小步骤，让机器人下车更容易些。但肯尼迪对这些点子嗤之以鼻。毕竟，如果你把这个机器人送到灾区，它就不得不征用附近的一辆小汽车，它根本就没有时间对车辆进行改装。

仿生猿形机器人罗博斯密安并非我今天采访的机器人挑战赛的第一个参赛者。一大早，我穿过市区来到洛杉矶加州大学工程师丹尼斯·洪（Dennis Hong）的实验室。洪在他的实验室里蹦蹦跳跳，活像一只充满活力的兔子，炫耀着他在弗吉尼亚理工大学所造的各种各样的机械动物——他原先在那里工作，直到一年前才离开。洪指了指一个蜘蛛状的三条腿机器人，一个蛇形机器人，甚至还有一个变形虫状的机器人。然而，在接下来的几天里，这些机器人都不会走上障碍赛的赛道。

洪向我介绍了他这次带来参加国防部高级研究计划局机器人挑战赛的参赛机器人——这是一个名叫“邮递员”托尔（THOR-RD）的两条腿的参赛机器人，是同一型号的两个机器人中的一个，它细细的脑袋上长出了纱线一样的粉红色头发，让人想起《木偶总动员》这部电影中那位倒霉的实验室助理比克（Beaker）。与仿生猿形机器人罗博斯密安不同的是，托尔有着明显的人类体型特征。这让我感到惊讶，因为洪显然很喜欢非常规形状的机器人。

洪很快就承认自己是仿生机器人的超级粉丝。几年前，在喷气推进实验室工作期间，他甚至和肯尼迪一起研究仿生狐猴形机器人里莫（LEMUR）——仿生猿形机器人罗博斯密安的前身。但当提到处理灾难情况时，他认为人形机器人才是最佳的。首先，如果灾难涉及人体结构，你可能需要某种具有人形和四肢的东西来控制门把手、爬楼梯并伸手去取位于高处的物品。

除此之外，他补充说，所有这些仿生机器人往往都有一个目的，或者只是在有限的几个地方有用处。蛇形机器人适于在废墟中挖掘隧道，却不适于开门。仿蜘蛛形机器人可能不是驾车的最佳选择。而人形机器人就像一把瑞士军刀，理论上可以完成所有这些任务。

因此，洪似乎对肯尼迪以及仿生猿形机器人罗博斯密安的其他研发工程师们所采用的路径持一定的怀疑态度。

“如果他们失败了，那就意味着，哦，我说的是对的。”那天一大早的时候他告诉我，“要是他们的确做得很好的话，那就意味着他们证明我是错的。”

几天后，我在加利福尼亚州波莫纳市会展中心（Pomona Fairplex）遇到了国防部高级研究计划局机器人挑战赛的项目经理吉尔·普拉特（Gill Pratt）。在那里，工人们正忙着在大看台前建造四座平行的看台，四座看台上将设置完全相同的障碍赛道。本次共有 24 支队伍参赛，每次有 4 支队伍同时竞技。巨型超大屏幕将在不同的看台之间切换，这样坐在露天看台上或家里的观众就可以格外清晰地看到这些机器人取胜（和它们史诗般的失败）的传奇般的细节。

在这场挑战赛中，表现最突出的三个研究团队将分别获得 200 万美元、100 万美元和 50 万美元的奖金。发起这一挑战赛的念头源于 2011 年日本的地震和海啸，那场灾难导致福岛第一核电站灾难性的核反应堆堆芯熔毁。对于这场灾难，人们认为，如果有人能够进入核电站，打开一些阀门，释放正积聚到危险高度的蒸汽，这场爆炸或许可以避免。但是由于大量的辐射泄漏，工作人员无法及时接近这些阀门。如果当时有个具备相关功能的机器人能够执行这项简单的任务，或许就可以避免这场摧毁了2号反应堆，导致放射性水连续几天流入海洋的爆炸。

到目前为止，这种技术还不存在。但国防部高级研究计划局正在启动这类新兴技术。他们采取了什么方式呢？那就是：设立一个大奖。没有什么比一场小小的友好竞争更能激励人们去解决问题。

机器人将启动引擎，驾驶着北极星汽车绕过障碍物，然后将车停在大看台入口前。看台入口是一扇并不起眼的前门，门上挂着一个揭示牌，上面隐约可见“小心：高压危险，请勿入内”。一旦它们打开门（如果它们能做到这一点而不摔倒的话），它们将面对一道由人造砖和波纹铁制成的锯齿形墙，墙上有更多的警告标志并且标满了各种不同的任务。

其中包括：机器人需要转动阀门，钻透某一道预制墙板，或者翻过一堆煤渣块，或者从废墟中挤出一条路。墙上有一个地方可以让你完成一个意外的任务，在两天的比赛中这个任务每天都会改变（不过普拉特拒绝提前告诉我）。

这就是为什么喷气推进实验室和洛杉矶加州大学的团队都在模拟障碍赛赛道上练习各种可能的任务：拉动三角形的把手；按一下按钮。（如果你认为意外的任务不是什么大不了的事情，那就想想这个细节：对这些机器人来说，即使是运动中最小的变化也可能意味着成功和失败的差别。例如，在喷气推进实验室的仿生猿形机器人练习中，在伸手拿钻孔机切割墙壁时，机器人操作员控制着机器人伸手去拿放在架子低处的钻孔机，而不是像通常那样去拿放在架子高处的钻孔机，它们马上就会把钻孔机从架子上碰翻下来。）

在过去的十年里，工程师们在制造越来越有运动能力的机器人方面取得了象征性的进步，有时甚至是实实在在的飞跃。机器人现在跑得比奥运会短跑运动员尤塞恩·博尔特（Usain Bolt）还快；本田汽车公司的机器人阿西莫（Asimo）曾与奥巴马总统踢过一会儿足球。

但是很多机器人只能在可控的环境下，在安全的、可预测的实验室范围内工作。这对于两足行走的机器人来说尤其如此，因为这一技艺表演所需的高度协调的平衡能力是这些由金属和塑料构成的机器人难以做到的。材料远非完美，软件也不够精细，不足以弥补这一缺陷。

更为糟糕的是，一旦机器人跨进那道门，普拉特和他的团队就会切断通信，使得坐在远处车库里的机器人操作员与机器人之间几乎不可能进行对话。这正是在灾区发生的情形。如果你是一个操作员，正打算用操纵杆操纵你的机器人通过，比如说，一座遭地震袭击的医院，那么祝你好运，因为生活不是一场电子游戏。辐射会干扰你和探测器之间的通信。大楼本身可能会屏蔽传入的信号（任何一个在医院里使用手机的人都可以证明这一点）。而且可能其他人也在试图接一个电话或接入一个信号，这样可能会阻塞你的系统。回到人造的掩体中，机器人操作员将体验到他们一生中可能最糟糕的视频游戏连接：在规定的时间内，他们基本上每 30 秒只能接收到大约 1 秒钟的数据。

“如果你曾经有过在信号非常差的情况下打手机的经历……情形就是这样，但比这糟糕十倍。”普拉特告诉我说。

通信受到限制的问题是双向的：理论上，操作员会躲在足够远的地方以确保安全，如果机器人无法将信息传给人类操作员的话，那么操作员就没有任何信息需要处理，因此也就无法给机器人发送任何指令。

这不是什么精心设计的恶作剧。普拉特和同事们想看看哪个团队的软件在独立运行上最好。如果机器人不能依赖持续、即时的微处理，就需要一定程度的自主能力。我们现在不是在谈论完全由机器人自主的人工智能。但如果机器人看到地上有一根树枝，它知道它可以在等待指令的时候清除掉这根树枝，或者——例如，如果在练习转动阀门的过程中阀门连接断开——它知道如何完成动作和任务。

在这一点上，美国国家航空航天局仿生猿形机器人罗博斯密安的研究人员认为他们也将拥有明显的竞争优势，因为他们已经以此方式操作太空机器人多年了。由于火星时间与地球时间不同步，喷气推进实验室控制室的工程师们经常需要等待几个小时或一整天才能收到从火星探测器发回的信息，所以他们开发了相关的软件，给了机器人足够多的自主权，以便它们在失联时执行某些任务。

许多团队在 2013 年底机器人挑战赛的半决赛中表现相当不错。但现在，国防部高级研究计划局已提高了要求。首先，机器人不能连接电源线；它们需要携带自身所需的所有笨重的电池。其次，它们也不能依靠安全绳来防止摔倒，这对两条腿的机器人来说可不是什么好玩的事，因为它们很难保持平衡（而且由于它们是垂直的，如果摔倒了，就有可能严重受损）。这就是轮式和四肢式参赛机器人的优势所在，它们从本质上说是稳定的。

“在真正的灾难中，没有绳索支撑你。”普拉特说。

普拉特并不指望所有的机器人都能到达终点。满分是 8 分，机器人团队可以按照他们想要的任何顺序来尝试。如果没有能力开车，他们可以跳过驾驶这一环节，例如，直接步行到前门，但他们会因放弃驾驶与下车的机会而失去 2 分。而且穿过这片高低不平的沙质草地，并非是在公园漫步。

普拉特的计划不仅是奖励最优秀、最聪明的机器人团队，推动这一领域向前发展，而且还要让公众知道这些机器人还有很长的路要走。

当人们想到那些可以完成人类任务的机器人时，他们首先想到的是电影《终结者》（*Terminator*）或《钢铁侠》（*Iron Man*）中设想的技术——机智、敏捷，非常复杂、非常强健，而且常常语言能力很强。如果你亲自或通过现场直播观看了国防部高级研究计划局的机器人挑战赛，你就会知道现实与科幻相差甚远。这些机器人在完成最基本的任务——下车和开门时，差一点就解体了。这些可是你和我（甚至是一个 3 岁小孩）都不会有问题的任务。

“我们有所谓的‘斯瑞皮欧（C-3PO）[①] 效应’，也就是说：‘为

① 美国科幻电影《星球大战》中的一个角色。作为一个神经质的、多愁善感的礼仪机器人，斯瑞皮欧（C-3PO）是由沙漠行星塔图因上一个 9 岁的天才用废弃的残片和回收物拼凑而成的。年轻的安纳金·天行者打算让这个自制机器人帮助他的妈妈西米。在材料有限的情况下，安纳金做的这个机器人确实很出色了。不过它没有外壳，它的零件和线路都露着，所以斯瑞皮欧只得生活在“赤裸”的羞耻之中。——译者注

什么这个东西不做斯瑞皮欧所能做的？'”肯尼迪解释说，他指的是《星球大战》（*Star Wars*）中那个神经质的机器人。“因为斯瑞皮欧比科幻小说更奇幻，这就是原因。”

丹尼斯·洪自称是《星球大战》迷。六岁时，他全家去美国旅行，在当时位于好莱坞大道的格劳曼中国剧院（Grauman's Chinese Theater）观看了这部太空史诗电影，当即便对机器人产生了极大兴趣。《星球大战》这部影片可能是他从事机器人研究的部分原因。然而，就连他自己也认为，媒体这样的描述把期望值定得太高了。

“他们希望机器人能跑，能用一只手举起东西，他们看《钢铁侠》……而那些机器人就像这样走路。”他一边说，一边做着慢动作——拖着步子向前走，双臂紧贴着身体两侧，让斯瑞皮欧看起来像是一个短跑冠军。

机器人试图做一些诸如下车这样简单的事情时，就会跌倒并摔裂。“看到这一点，人们非常失望。但这才是真正的技术水平。”洪说道，“这不是一件坏事，这有助于他们重新调整自己的期望值。”

普拉特尤其对机器人技术的发展有一定深度的认识，因此可以从长远的角度来判断机器人技术还要走多远。20 世纪 90 年代，在麻省理工学院的腿部实验室，他发明了系列弹性驱动器——这有助于“为行走机器人制造更便宜的腿”成为现实。

根据普拉特 2002 年发表在《综合与比较生物学》（*Integrative and Comparative Biology*）杂志上的一篇论文，由于多种原因，长期以来，机器人学家一直在努力制造有腿的机器人。

“由于历史原因和技术原因，大多数机器人，包括那些旨在模仿动物或在自然环境中操作的机器人，都使用具有高（硬）机械阻抗的驱动器和控制系统。”他写道，“相比之下，大多数动物表现出低（软）阻抗。虽然机器人的僵硬关节可以通过程序设计，在极大程度上模仿所记录下来的动物的柔软关节的动作，但任何意想不到的位置扰动都会给机器人带来比动物高得多的反作用力和力矩。”

根据你对机器人的定义，我们与机器人的关系可以追溯到几百年前，甚至几千年前。列奥纳多·达·芬奇（Leonardo da Vinci）在15世纪绘制了一个装甲骑士的设计图（美国国家航空航天局的机器人专家马克·罗舍姆［Mark Rosheim］在2002年成功制造出了这个骑士）。但在实践中，在其间的几个世纪里，几乎没有什么东西能将机械提升到人们所推崇的机器人的地位。它们有硬件，但是软件直到20世纪，也就是硅的时代才出现。

即使在那时，人类的想象力也远远超过了现有的技术。17世纪，当法国哲学家勒内·笛卡尔（René Descartes）把人重新定义为心灵和身体时，他把身体的工作比作机器——尽管这台机器非常复杂。反过来说，这意味着机器可能具有类似生命甚至是人类的品质。这也许有助于为18世纪的自动装置（automata）奠定基础，当时的能工巧匠们为皇室、神职人员和贵族制造了各种各样的自动装置，供他们娱乐和使用。像雅克·德·沃坎森（Jacques de Vaucanson）这样的工程师似乎接受了笛卡尔的观点：1737年，他制造了一台“长笛手”，被认为是第一台完全生物力学的自动装置。他用风箱给它吹气，据报道，他甚至在这台“长笛手”的手指上使用了皮肤，让它具备了温柔的触觉（至于是哪种皮肤，或者是谁的皮肤，我仍不清楚）。后来，他又制造了一只“会消化的鸭子”，这是一种会发出嘎嘎声的机械装置，它能进食、消化与排泄所进食的食物。

但这些类人的自动装置通常是安装在固定的基座上的。它们不需要移动，也不需要以任何方式与周围环境进行互动。这意味着，这些自动装置的制造者们可以使用精确的、预先计算好的动作来控制它们在空间中的位置。19 世纪和 20 世纪的工业机器，特别是 20 世纪 60 年代左右出现在工厂里的那些焊接机器人和喷漆机器人，遵循了同样的模式。

“对于这些任务来说，在面临外力干扰时保持准确的位置最为重要，而完成这项任务所需的力量则是无关紧要的。”普拉特写道。

他指出，通过控制它们的位置和拥有极其坚硬的部件，这些机器人能够对金属进行误差不超过千分之一寸的精确加工。

由于这段被工程师们称为“高阻抗机器人”的历史，普拉特写道：“当今大多数步行机器人（尤其是工业机器人）的设计师们都富有高阻抗机械与控制的历史背景。”

问题是，位置控制机制对机器人有着极大的限制，因为它们似乎是在工作环境没有任何变化、运转过程中没有任何不确定性背景下工作的。在现实世界中，情况远非如此。想象一下和机器人握手的情形。如果那台机器人与每只手相握时都挤压预定的位置，而不顾每一只手的大小、形状或握手的力度，你可以打赌，它会不加区别地把很多手指捏碎。在与不可预知的环境交互时，处理运动的一个更好的方法是根据你对给定物体施加的力的大小来决定你的运动。

生物系统——例如，人类的腿和胳膊——实际上就是这样工作的。例如，如果你试图推开一扇旋转门，你首先要伸出手去，与门接触，然后一旦你感到有足够的压力表明你已经接触到了门，你就会去推它。如果你在没有事先感触到门的情况下试着推门，你可能会一不小心拍打在门上（因此弄伤了你的手）。

人类和其他动物在这个世界上活动得很轻松——我们在走路、跑步和跳跃时（通常）不会伤到脚踝和膝盖。一个试图完美计算每一步位置的腿式机器人将很难跟上我们的步伐，否则就有可能因为计算错误导致关节爆裂。

活着的脊椎动物不是靠齿轮和马达，而是用柔软且充满韧性的肌肉来走动的。这些肌肉通过肌腱附着在我们坚硬的骨骼上，肌腱比肌肉更强壮，但仍然很灵活。这些软质要素基本上允许有一点误差空间，允许身体储存和消散这些冲击力。但是肌肉不仅仅是引擎，它们还充当传感器，从它们的运动中获得持续不断的实时反馈。

许多工程师试图通过用软塑料覆盖在坚硬末端上的方式在机器人的附件表面添加一些柔软的部件。但普拉特的系列弹性驱动器受到了自然属性的启发。他想创建一种有效的力控制机制，但这样的驱动器往往十分昂贵和复杂。普拉特从人和动物的肌腱那里获得了灵感，从而解决了这个问题。他在变速箱后方的驱动器里安了一个弹簧。这一创新让驱动器具备了一定的弹性，从而让软件可以更加轻松、准确地计算出下一步。更妙的是，弹簧也可以作为一个力传感器。因此，就像肌肉在自然界所起的作用一样，它具有双重作用。

机器人的“肌肉”有很多种，普拉特的系列弹性驱动器远非首创。但他的发明让这种柔顺的、对力敏感的关节的价格变得实惠，从而有助于推动腿式机器人技术的蓬勃发展。

然而，要利用合适的材料混合来获得刚度和灵活性的平衡，步行机器人的硬件还有很长的路要走。

然后就是软件。人类单腿站立不仅仅通过感知压力来取得平衡，他们也在用眼睛和耳朵进行潜意识的计算。试试这个简单的练习：一只脚站在一个长满草的小圆丘或者类似的什么东西上。感觉很好吗？现在闭上你的眼睛。如果你和我一样，很快就会开始摇摇晃晃起来。那是因为，在你不知不觉的情况下，你的眼睛在观察周围的环境，而你的大脑在测量你需要绷紧多少肌肉才能保持直立。

无论机器人的关节有多么柔顺，机器人软件都需要利用摄像机和其他传感器的反馈，进行一定数量的复杂计算。这个软件正在变得越来越好，然而，正如美国国防部高级研究计划局的这一机器人挑战赛所揭示的，还有很多工作要做。

从大看台步行大约 5 分钟，就会看到一个洞穴般的车库，里面呈现一片忙碌的景象。叉车托着巨大的板条箱在隆隆作响，研究生们把几个三座沙发推到合适的地方，并安装了一些巨大的电脑屏幕。24 支参赛的团队各有各的驻扎点，他们将在这里，在无法亲眼看到实际赛道的情况下操纵各自的参赛机器人。这就是在实际生活情境中使用机器人的实际救援人员的感受——一切都将通过电脑屏幕进行解释。

他们在这里将机器人拆封、安装并校准。卡内基梅隆大学的研究小组把他们的那个红色的、重达 443 磅的仿生黑猩猩形机器人钦普（CHIMP）举起来，对它进行全面的检查，他们还提醒我退后一步。假使钦普的一条腿突然抽动一下，那我就会像是被铁砧狠狠地撞击了一下。（需要强调的是，这就是关于制造更多仿生机器人的争论之一：它们会更柔软、更灵活，而且不太可能伤害它们应该去帮助的人类。）。

“你可以看到，机器人身上由于这么多次的练习而到处都是灰尘——处处是划痕，好多地方被刮花了，而且工作强度很大。”该小组的技术负责人埃里克·迈霍费尔（Eric Meyhofer）说，“钦普每个星期运转 100 小时。”

和罗博斯密安一样，钦普也有猿猴类动物的特征，包括它可以用长长的手臂爬过障碍物，也可以把它当作手使用。另一个团队的工程师走过来，腼腆地要求拍张合照。“当然，没问题！”迈霍费尔说道。

在这个超大的车库里有很多相互欣赏的地方。国防部高级研究计划局的这项赛事将世界各地最优秀、最聪明的工程人才聚集在同一个屋檐下，而竞争对手们似乎也对与其他团队的机器人拍合照感兴趣，就好像他们正在争夺第一、第二和第三的名次。

许多团队正在取出特大的煤渣砌块、方向盘形状的阀门以及一段段的干板墙。由于他们还不允许看这次赛事的赛道，因此他们正在建几段赛道片段，以便在接下来的几天里进行练习。但喷气推进实验室所在的隔间却并非如此。肯尼迪耸了耸肩，啜了一口佩莱格里诺（Pellegrino）苏打水，而罗博斯密安则静静地站在他身后。

麻省理工学院的一些学生走过来，和曾经与他们一起工作过的西西尔·卡鲁曼奇（Sisir Karumanchi）打招呼。他们递给他一件 T 恤衫，上面印有他们的参赛机器人——阿特拉斯（ATLAS）骑在一条龙上。

“他们怂恿我穿上这件T恤衫并戴上喷气推进实验室的帽子。”他说道，“我告诉他们，一旦我们打败他们，我就穿上它。”

“女士们，先生们……启动你们的机器人吧！”普拉特的话让看台上的观众沸腾起来。

第一场的4个机器人已经上车做好准备。它们将在一小时之内完成比赛，大约休息半小时后，下一场的4个机器人将上台比赛。共有24个机器人参赛，6场比赛将需要一整天的时间。比赛是两天，所以每个队都有两次机会获得他们的最高分。他们在第一天的表现将决定他们在第二天是参加第一场还是最后一场比赛。

在为期两天的比赛中，看着机器人争分夺秒地“比赛”，真是既兴奋又无聊。几个机器人飞快地跃过赛道上的橙色路障，引来观众的阵阵欢呼。然而，当它们一通过那道门，普拉特的团队对它们的通信线路便愤慨不已。许多机器人站在阀门前，随着时间一分一秒地不断延长，仿佛在思考着：转向……还是不转向？

我试着想象一下附近车库里的工程师们是什么样子的：他们看不到赛道，不得不用机器人发出的非常少量的点滴数据拼凑出赛场上发生的一切。这一定很伤脑筋，就像你正试图通过针孔拍摄一个场景，有人却用手把这个针孔遮住，只是偶尔把手拿开一下。然后，基于那极小、极有限的一瞥，随着那只手再次将那个针孔遮住，一切都重归黑暗。这时，你就必须规划下一步的行动。正是在这样的时刻，机器人的半自主软件才能真正大放异彩。

回到看台上，偶尔出现的戏剧性的失败打断了观众的无聊情绪。今天第一场的4个机器人中有一个还没有真正上赛道就倒下了；

另一个气势磅礴地倒了下来，竟然开始“鲜血喷发”——喷出某种液体；还有一个机器人摔得很重，头都摔断了。

所有这一切都非常吸引人，但在某些方面，竞争只是冰山一角。在体育馆外，波莫那国际展览中心的周围，各个领域的科学家和工程师们搭建了大约 75 个不同的展台，在那里展示他们的作品：小巧可爱的腿式机器人，太空服，未来的太空机器人。甚至还有一个供游泳机器人使用的水箱（不过要是它们在那里的话，我真不知道该怎么看它们）和一个停放飞行机器人的大型鸟舍，人们聚集在一个用网覆盖的大帐篷周围。波士顿动力公司（Boston Dynamics）——麻省理工学院和其他几支团队使用的这种阿特拉斯机器人就是由这家公司制造的——展示了其仿动物腿式机器人，其中最受粉丝喜爱的是一只名叫“斑点”（Spot）的仿猎豹形的四条腿机器人。

这个机器人动物园里的许多“物种”可能被用以帮助灾区的救援人员，甚至可能被送入太空。你或许会认为，星际空间对于救灾机器人来说并无用武之处。但是一个能够在地球碎石堆上行走的机器人也许能够攀爬火星岩层。令人惊讶的是，这些技能是可迁移的。

这并不是什么新想法。我第一次接触到这一观念是在 20 世纪 90 年代末以及这之前的一系列论文中，这些论文来自 1998 年国家航空航天局喷气推进实验室的一次当时被称为“仿生机器人”（biomorphic robots）的研讨会。我怀疑这个概念是凭空产生的：这次研讨会是在国家航空航天局把有腿的机器人送入活火山（“但丁号”在 1992 年，“但丁 2 号”在 1994 年）仅仅几年之后举办的，其部分目的是了解诸如此类的腿式探测器如何在遥远的世界探索恶劣的地域。

在这些论文中，科学家和工程师提出了一个由爬行机器人、游泳机器人和飞行机器人等组成的“生态系统”，这些机器人将协同工作以收集数据。这些体积较小但动作更灵活的机器不会取代被送往火星（可能还有其他行星）的那些笨重、昂贵、高科技的轮式探测器。相反，它们将是对这些轮式探测器的补充：以低风险和低成本对那些轮式探测器难以触及的地域进行探测。

在一份报告中，喷气推进实验室的研究人员甚至展示了一份图解：一辆探测器或着陆器停在陡峭的悬崖附近，一群飞行机器人收集大气的数据并进行拍照，一个蠕虫机器人调查远处某个难以到达的角落。这种飞行机器人的设计灵感可能来自蜂鸟、蜜蜂、秃鹫之类的飞鸟，甚至是那些利用空气动力学原理，状若翅膀以借助风力携带其飞行的种子。地面机器人可能是仿效蚂蚁、蛇或蜈蚣。地下机器人看起来就像水母、蚯蚓，或者正在发芽的种子，虽然很小，但足够强大，可以穿过压得坚实的土壤，甚至岩石。假如我们学会了用生物算法给小型机器人进行编程，规定它们在自然界的行为，那么成群结队的小型机器人将集体行动，就像超个体（正像我们通常描述的蜂群和蚁群）一样智能化地工作。美国国家航空航天局的研究人员估计，一群 32 架，每架质量仅为 75 克的滑翔机器人在别的星球上共同工作，可覆盖 1 万平方千米的区域。他们贴切地把这项探测系统仿生工程计划称为“蜜蜂”[①] 计划。

① 英语中，探测系统仿生工程（Bioinspired Engineering of Exploration Systems）的首写字母合成词 BEES 刚好是 bee（蜜蜂）的复数形式。——译者注

“蜜蜂”计划的研究者们的目标是确定自然界的原理，使生物能够轻松地完成所有基本、关键的功能，而这些功能似乎都逃脱了人为机制的控制。

“其目的不仅是模仿在某一特定生物有机体中发现的运作机制，而且是从各种不同的生物有机体中吸取那些重要的原则，获得想要得到的‘关键功能’。”萨里塔·塔库尔（Sarita Thakoor）和同事们在一篇论文中写道，“因此，我们可以构建具有超越自然的特定功能的探测系统，因为它们将拥有针对该特定功能的最佳自然测试机制的组合。该方法包括选择一个功能，例如，飞行或飞行的某些方面，并开发一个探测器，将在不同飞行物种中所看到的那些特定属性的原理组合到一个人工实体中。这将使我们超越生物学并获得前所未有的能力，以及在遇到和探测未知事物时所需的适应能力。”

这种飞行（与集群）机器人还没有完全从科学的蚕蛹中孵化出来。研究者们仍然有许多问题需要解决，他们既要了解这种具有集群规模的机器人的飞行动力学，也要对机器人的行为进行编程，以实现它们之间的协同工作。

当我从机器人鸟舍走回来的时候，有人在叫我的名字。我把头飞快地转向人群聚集的地方，走过去和卡内基梅隆大学的机器人专家霍伊·乔塞特（Howie Choset）打招呼。他的脸上明智地涂着防晒霜。显然，他一整天都在室外太阳底下暴晒，而且不会很快就离开。在他面前，几名消防员和其他的抢险救援人员正站在一片满是煤渣砌块和其他残骸的小空地上，几个机器人在围墙周围徘徊。有名消防员抓住一辆小探测器，用力地把它扔进赛场。它在落地时弹了一下，毫不费劲地恢复了平衡。另一名消防员展示了一台像是外骨骼的探测器，它似乎可以很容易地抓起重物。这些设备都有可能帮助现场救援人员更安全、更有效地开展工作。孩子和大人们都在各种各样的探测器前“哦！哦！啊！啊！”地欢呼着，赞叹着。

不过，最受欢迎的机器人可能是仿生蛇形机器人。当它开始爬上其中一个人的腿上，乔赛特也加入了这个人头攒动的场地中。

你可能会纳闷，一个仿生蛇形机器人和其他这些探测器凑在一起干什么呢？这些深色的探测器有着脚踏式轮子，看起来像是一辆辆微型坦克。在一个似乎是腿式机器人和轮式机器人在争夺最佳表演奖的会议上，仿生蛇形机器人避开了这两者。但是乔赛特的仿生蛇形机器人以及其他类似的机器人，都各具异禀。

像许多小孩子一样，乔塞特在孩提时代就被移动的物体吸引住了。轮式的东西，如汽车和火车，都是他的最爱。这种对运动物体的痴迷一直持续到成年。

“我觉得高速公路的立体交叉道非常漂亮。”他说道，“像 105 和 110 高速公路立体交叉道，简直让我神魂颠倒。”

在宾夕法尼亚大学学习了管理与计算机科学之后，他来到加州理工学院，满心期待着从事轮式机器人的研究工作。但当时他的导师乔尔·伯迪克（Joel Burdick）正在和一个名叫格雷戈里·奇利肯（Gregory Chirikjian）的学生一起制造一个仿生蛇形机器人，乔塞特很快就给迷上了。

1996 年以来，他一直在卡内基梅隆大学研究仿生蛇形机器人，一点一点地改进设计。其实验室的墙上挂满了仿生蛇形机器人，大有仿生蛇形机器人“名人堂”之势，展示了这种机器人在过去几十年来的进展。他所制造的各种仿生蛇形机器人能蜿蜒地滑行，能爬杆，甚至能做心脏手术。在与德州农工大学教授罗宾·墨菲（Robin Murphy）会面后，他对仿生蛇形机器人执行搜救任务的可能性特别感兴趣。他带着机器人去"灾难之城"看望她。该大学的这处训练场地，占地面积达52英亩①，布满了翻倒的火车、瓦砾堆，甚至是火坑，供救援人员和工程师组成的团队演练应对各种灾难场景——地震、火灾，甚至是核污染的医院设施（此外还有演员扮演病人）。在"灾难之城"，乔塞特会把他的仿生蛇形机器人送进人体或手臂无法进入的洞穴和缝隙里，或者是可能会有建筑物倒塌危险的地方。每次机器人干得都不如他想要的那么好。

"我们决定要走。这个机器人不能像我们所想的那样工作，我们感到沮丧。"他说道，"我们决定回去。我们一定会解决这个问题的，我们会回来，我们会克服这些问题，我们还会发现新的问题，我们还会再次觉得沮丧……如此循环往复。"

然而，当2011年乔塞特和波士顿大学的考古学家凯瑟琳·巴德（Kathryn Bard）一起前往埃及考察一处遗址时，他的仿生蛇形机器人终于碰到了一个极大的障碍。巴德在寻找那些塞满了船只残骸的秘密洞穴。古埃及人驾船经红海航行到蓬特古城，和当地人做生意，然后再驾船往北返回埃及。但是当他们登岸时，他们没有把船经沙漠拖回去——他们将船拆开并把它们藏在人工开凿的洞穴当中；这样一来，当他们下次出行时，他们只需回到隐藏点，再把它们重新组装起来便可以扬帆出海了。

① 英亩是英美制面积单位。1英亩＝4046.864798平方米。——译者注

乔赛特想要看看他的仿生蛇形机器人是否能挤进人类无法到达的任何角落从而帮到凯瑟琳。然而每当他试图让那个机器人穿过一片沙坡时，它都可怜巴巴地扑腾着，哪里都去不了。

“这太令人难过了。”乔塞特说道，“你想让机器人好好工作。我们希望能取得重大的考古发现，但我们并没有。”

然而，乔塞特的仿生蛇形机器人确实给当时仍是埃及文物最高委员会主席，自封为“埃及的印第安纳·琼斯（Indiana Jones）[①]”的扎希·哈瓦斯（Zahi Hawass）留下了深刻印象。他有时甚至戴着一顶男式软呢帽，颇似那位手上挥舞着鞭子的考古学家戴的那顶黑貂皮软帽。（不过也许情况正好相反：据报道，乔治·卢卡斯［George Lucas］在创作这个标志性的神气活现的角色之前曾向哈瓦斯请教过。）

在展示这个仿生蛇形机器人的能力时，乔塞特让它爬上哈瓦斯的腿。正如乔塞特对我说的那样，以个性浮夸而著称的哈瓦斯大喊大叫，用力踢那个机器人，还叫摄影师过来拍照。

等到事情解决之后，哈瓦斯似乎真的对这个机器人很感兴趣。他派研究人员前往吉萨金字塔群[②]，以及连接大金字塔和狮身人面

① 印第安纳·琼斯（Indiana Jones）：史蒂文·斯皮尔伯格导演的《夺宝奇兵》系列电影的主角，其典型形象特征为牛仔帽装扮以及长鞭，其弱点是怕蛇。少年时的印第安纳·琼斯在一列马戏团道具火车上逃避追逐时，掉进了一节装满蛇的车厢，从此落下了“恐蛇症”。

② 公元前三千年中叶，在尼罗河三角洲的吉萨（Giza），造了三座金字塔。它们是由第四王朝的三位皇帝胡夫（Khufu）、哈弗拉（Khafra）和门卡乌拉（Menkaura）在公元前 2600 年至公元前 2500 年组织人建造的。作为古埃及金字塔最成熟的代表，它们就是我们现在常说的大金字塔。——译者注

像的堤道，去探索一处被称为奥西里斯洞穴（Osiris caverns）的区域。当他们到达现场时，这一天只剩下几个小时了。乔塞特的机器人进入了大约 15 米长的洞穴，比之前的任何人都要远，但可能离洞穴最尽头还有相当长一段距离。不管怎样，整个的埃及之旅都给了他来年再来尝试的希望。然而，事实证明这是不可能的：就在他们离开这里后不久，埃及革命便在解放广场爆发了。

尽管如此，乔塞特还是从这次经历中得到了宝贵的教训。在那之前，他还真的没有为给机器人编程和制造机器人而研究过仿生蛇形机器人的移动方式。但是看到蛇形机器人在埃及的沙丘上挣扎后，他意识到他自己可能不得不改变策略。

“凭我们的直觉和创新，我们只能走到这一步。”他说道。

一两年后，乔塞特遇到了佐治亚理工学院的一位名为丹·戈德曼（Dan Goldman）的物理学家。之前他就已听说戈德曼在研究一种被称为沙鱼的蜥蜴，其爬行速度十分敏捷。这种蜥蜴生活在撒哈拉沙漠，能在沙丘中毫不费力地爬行。作为一位物理学家，戈德曼研究了这种动物的爬行方式，甚至制造了一个模仿蛇类爬行方式的机器人。不过，这个机器人并不是打算在野外部署的原型。对戈德曼来说，这是一种旨在帮助他更好地理解动物本身的生物物理学的科学工具。因此他可以随时对机器人加以改进，慢慢地找到控制它们运动的基本物理规律，并用数学术语来加以定义。戈德曼似乎在研究地形力学（即研究车辆如何与颗粒表面相互作用），但这些经典定律实际上是为轮式或履带式车辆设计的。相反，他和其他人将这项研究定义为土动力学，类似于流体与空气动力学之间的关系。

无论是流体力学还是固体力学都不能确切地对沙加以定义。一颗颗的沙粒是固体，但作为一个整体，它们可以流动，这使得车轮很难在它们上面行驶。如果脚不能以正确的方式踩在沙粒的上面，那么即便是腿在这种介质中也会面临一些严重的问题，这就如同那些没穿雪地鞋却试图在粉状的雪堆上行走的人所要告诉你的那样。

戈德曼有点喜欢蜥蜴。早在孩提时代，他就立志要成为一名爬虫学家（研究爬行动物和两栖动物的科学家），但后来转向数学，在研究生院经历了一段有点坎坷的道路后，最终获得了物理学博士学位。但他在获得博士学位之后却在伯克利加州大学罗伯特·富尔（Robert Full）教授的实验室里做博士后研究。几十年来，富尔的多足实验室在理解腿部运动的物理学方面取得了突破性的进展。戈德曼选择研究颗粒物理学其实也是偶然的，因为机器人只有在合适的环境下才能成功。海豹可能会游泳，但它短跑却很差劲；与海豚相比，人类，甚至是奥运会选手，都是糟糕的游泳选手。无论是出于演化的原因还是工程的原因，了解你的介质很重要，因为环境的物理特性决定了什么样的物理形式能发挥作用，其可能性和局限性何在。虽然我们拥有了能在固体表面行走的机器人，也拥有了能在液体中游泳和飞行的机器人，但我们真的不知道如何制造出能有效穿越沙地、鹅卵石和其他颗粒介质的机器人——“勇气号”火星探测器的过早死亡就证明了这一点。

“我们当时还不知道颗粒材料的基本物理方程，”戈德曼解释说，“这让人们有些吃惊。我们能够了解水的基本物理方程，我们能够了解空气的基本物理方程，但我们却完全不了解沙子的基本物理方程，尤其是沙坡的基本物理方程。”

有一种动物似乎与沙质环境非常和谐，它甚至不用腿就可穿越沙质环境。那就是侧进蛇[①]，一种生活在美国西南部沙漠中的响尾蛇。如果它有腿的话，它会像肚皮舞演员在玩太空步一样做出一些弯曲、反直觉的动作来。这条蛇的运动方向与它前进的方向不一致。这一现象让人难以置信，就像迈克尔·杰克逊（Michael Jackson）第一次做的那样——他似乎向前迈了一步，但却后退了一步。

“一些野外生物学家研究过这种动物。他们说，如果你看这种侧向运动太长时间，你会发疯的。”戈德曼说道，并称之为“一种太过奇怪的移动方式”。

戈德曼对侧进蛇的步法产生兴趣，大约是在他和乔塞特进行联系的那段时间。乔塞特也曾尝试将这种蛇的奇怪步法加入他的仿生蛇形机器人中去，他所制造的这个机器人可以说是世界上最强的蛇形机器人了。这些技能是完全互补的：乔赛特专门从事野外机器人（field robots）的研制。与此同时，戈德曼的天赋，也是他作为一位物理学家的优势之一在于：能从现实世界中获得观察结果，并将其提炼为优雅的运动规则。“他非常擅于理解机械和人工产品如何与颗粒介质相互作用……我非常惊讶，他是怎么弄明白我们所做的工作，然后把它带回他自己的领域的。”乔赛特说道。

尽管有着共同的目的，乔塞特和戈德曼想要研究蛇与研制机器

---

① 侧进蛇（sidewinder），也称 horned rattlesnake（角响尾蛇）。眼上方各有一角状鳞。淡黄、粉红或灰色，背部和身体两侧呈不显眼的斑点。在沙漠中侧向盘绕前进，留下特有的 j 形痕迹。有毒，但咬人后一般不会使人致命。属于蝰蛇科（Viperidae）小型夜出性蛇，学名为 *Crotalus cerastes*。产于墨西哥和美国西南部的沙质荒漠。体长约 45 ～ 75 厘米。——译者注

人的原因却截然不同。乔塞特带着他的机器人走遍了美国和世界各地，看看它实际上究竟能有多大的用处——无论是对人类救援工作还是考古发掘。而戈德曼却想用机器人作为模型来更好地理解生物学背后的物理学原理。

如果你想了解一条蛇是如何游动的，你必须测试它所有可能的移动方式，然后看看哪个是最快的，或者是最有效的，或者是最节能的。不幸的是，现实生活中的蛇并非总是那么服从看台指示。所以机器人为科学家们提供了一个模型，通过这个模型，科学家们可以了解正在发挥作用的复杂动力学。当戈德曼使用“模型”这个术语时，他指的不是玩具火车——他正在想的其实是数学。机器人是定义这些动物行为的数学公式的物理体现。科学家们可以调整某些参数并插入不同的值，直到他们最终找到描述蛇的现实的那个模型。

科学家们通常使用一种已知的介质，如小玻璃珠或罂粟种子，来测试机器人和动物，但他们想确保一点：沙子的属性中并没有什么可用来定义侧进蛇之运动的特别之处。于是研究生哈米德列扎·马尔维（Hamidreza Marvi）和同事们去往有侧进蛇出没的亚利桑那州的尤马沙漠。他们挖出了大约几百磅的沙子，然后装上卡车，一路横跨整个美国，运回佐治亚州。

他们把这些沙子运到亚特兰大动物园，在那里他们建了一个小棚子，动物园的爬虫研究负责人乔·门德尔松（Joe Mendelson）会把侧进蛇和其他蛇类带到那里进行测试。戈德曼设计了一种称为“流化床”（fluidized bed）的东西——一张布满小孔的桌子，通过吹气让沙子移动，使其具有流体的性质，并允许他消除由床上之前的蛇行试验科目所造成的干扰。（这发生在每条蛇跑之前；在实验过程中，床被关掉了。）科学家们不得不在动物园里把这一小实验室草草地拼凑起来，这是因为有许多蛇都含有剧毒，不被允许带进佐治亚理工学院的校园。

在测试了侧进蛇之后，他们发现了戈德曼所说的“美丽”图案：当蛇爬上沙坡时，它们从不下滑。它们在 20 度斜坡上的步态和在 0 度斜坡上的步态十分相似，在坚硬的地面上也差不多。

如果你看到一条并非采用侧进方式移动的蛇在游动，你就会注意到它在游动时所产生的波动与地面平行。对于侧进蛇来说，它在游动中有两种波动——一种是水平的前后波动（平行于地面），另一种是垂直的上下波动（垂直于地面）。这两种波动同时发生，但并不完全对齐：垂直的上下波动与水平的前后波动有四分之一的偏移，这一点赋予了侧进蛇独特的步态。

与其他蛇类不同的是，侧进蛇不会整个身体在地面上滑动。相反，在一定的时刻，只有特定的身体部位接触地面，用触地的这一身体部位将身体的其他部分向前甩，然后刚刚甩过去的身体部位会紧缩起来，将身体的尾部再向前甩。我不知道为什么会是这样，但我觉得它像是在朝我走来。

“这下你明白了吧。侧绕行进是一种有趣的不用腿走路的方式……然后通过适当地调整这些波动，这就是你走路的方式。”戈德曼说道，“因此，不言而喻，还有很多地方有待我们深入探索……继续下去会很有趣。”

然而，事情是这样的：乔赛特的机器人已经将前后波动和上下波动都结合到机器人中了。那么它为什么还不能爬过斜坡呢？

通过分析流化床中遗留下来的沙子的形态，研究人员发现，随着坡度的增加，蛇的身体部位与地面接触的长度也随之增加。在一个 10 度的斜坡上，它们身体部位 40% 的长度与地面接触；当坡度为 30 度时，它们的身体与地面接触的部位的长度会增加到 45%。这背后的原理很简单——这也是为什么穿着滑雪板和雪地鞋可以在雪堆里走，而穿高跟鞋却不行。一个较宽的脚印可以让你分散质量，从而更容易保持抓地的力度而不会被卡住——特别是随着坡度的加大，哪怕是极其轻微的扰动，沙子也变得更有可能坍塌。

研究人员还对其他 13 种与侧进蛇关系相近的蝮蛇进行了测验（当然，是在乔·门德尔松的监督下），他们希望其中有些蝮蛇在被迫爬上较为陡峭的沙坡时能够采取侧进蛇的策略。然而这些可怜的蝮蛇却只能使劲地摆动身子，拼命地挣扎，根本就爬不上去，无奈又痛苦。

“它们大多都很糟糕……太出乎意料了，它们居然都爬不上去。”戈德曼说道，“我们在想，这到底是怎么一回事？有个基于机器人的假设认为，它们没有正确的神经功能控制方案，虽然说这只是一个相对简单的方案，只需要它们适当地传送这些波动。”

“它们基本上不知道如何协调前推和上抬的力量。”他最后总结道。

似乎这些蛇缺乏生物“软件”，尽管它们拥有的自然“硬件”和侧进蛇差不多。人们曾认为，许多仿生工程关注的是动物的形状以及它如何与环境相互作用，戈德曼和胡先前的研究工作——无论是独立进行的还是共同进行的——都是这样做的。这是一个有趣的观点。但这个项目表明，了解动物的运动是如何被“编程”的，或者说，数百万年来其“软件”是如何演化的，对设计未来的机器人同样重要。不仅仅是机器人的硬件，机器人的软件设计也能从生物身上获得灵感。

一旦他们将侧进蛇的行为转化为一个数学公式，进而将其转化为仿生蛇形机器人的软件，乔塞特的机器人就会变得“非常具有可操作性”，戈德曼说。

如果这位机器人专家回到埃及的话，他的运气可能就会更好些。

多亏了他们的合作，乔塞特现在有了一个更棒的机器人。但对戈德曼来说，机器人从来就不是重点。他孜孜以求的是更好地理解自然法则，而这个机器人就是实现这一目标的途径。

长久以来，人们认为机器人本身就是目的；学习动物的生理机能只是让机器人更加完善的一种方法。如今，这种关系是双向的：机器人现在成了一种通过揭示其中潜在的物理学原理来更好地理解生物学的手段。

当然，更深入地了解生物学，有助于制造出更好的机器人，等等。这是良性循环，正是这一点让戈德曼获得了不小的声望。

“如果你真的想变得非常具有哲理的话，那么我们就是在试图创造生命——我的意思是，我们是在试图创造生命系统。”戈德曼说道，“也许有一天，生命系统将不再局限于生物。”

我不知道笛卡尔会怎么想。

罗伯特·富尔的办公室里有个高高的架子，架子上摆着个栩栩如生的雕刻工艺品：一只角眼沙蟹挥舞着爪子，好像是在打架；一只毒尾向上翘起的蝎子。再往下，架子上摆放着更多的卡通人物，看过皮克斯（Pixar）动画电影《虫虫危机》（*A Bug's Life*）的人一眼就能认出该电影的主角（一只名叫弗利克［Flik］的蚂蚁）和反派角色（一只名叫霍珀［Hopper］的蚱蜢）。

“哦，这些都是我帮忙制作的。”当我问这位科学家为什么将这些更自然的模型与这些动画角色放在一起时，他回答道。富尔整整用了 40 个小时的时间拍摄了蚱蜢脸部的连续镜头，时不时地戳一下这些昆虫，激发它们的各种面部表情，然后把其中最生动的那些发给皮克斯。电影中的大多数主要角色他都是这样做的，他补充道。并且说：“有趣得很。”

富尔是伯克利加州大学的生物力学家，自从其在水牛城纽约州立大学主修生物学以来就一直在从事腿式运动的研究。他在大学时代便驳斥了一些知名科学家所吹捧的一个观点：运动的能量成本是基于腿的数量。并且他还根据自己在大四期间的发现发表了一篇论文，这在本科生中是非常难得的。

“我在《科学》杂志上发表了我的第一篇论文。我想：‘这太简单了！’”他轻声笑道。事实证明，他不是在笑这有多容易，而是在笑如今的自己已是一个有着几十年经验的资深研究人员，却还是那么的幼稚。

让富尔声名远扬的可能是因为他帮助解决了壁虎黏附力的谜团，即这些柔软的小蜥蜴是如何在没有黏性的胶水，甚至连一个立足点都没有的情况下设法把自己黏附在光滑的墙壁和天花板上的。2000 年，他和同事在《自然》杂志上发表了一篇论文，揭示了它们克服地心引力控制的奥秘：它们呈脊状的脚的底部覆盖着一种叫做刚毛的细小毛发状结构，而这些刚毛又长出甚至更小的称为铲状匙突的毛发。一根刚毛的长度约为 110 微米，宽度仅为 4.2 微米。而在壁虎的每只前脚上，都有着超过 160 万根这样的刚毛。所有这些细小的毛发极大地增加了壁虎的脚的表面积，使得壁虎能够利用一种被称为范德华力的现象——两个原子或分子之间的引力，只在极小的尺度上起作用。

这一发现帮助催生了一个从制造壁虎胶带到制造攀爬机器人等与壁虎黏附力有关的全新领域和产业。事实上，布雷特·肯尼迪在喷气推进实验室的一些同事正在研究仿生猿形机器人罗博斯密安的一个表亲（实际上是仿生狐猴形机器人里莫的另一个版本），这个表亲使用受到壁虎启示的抓爪来缓慢地攀爬墙壁。总有一天，这样的机器人可以沿着宇宙飞船的外部爬行，对飞船进行维修，如此一来，宇航员就不必冒险进行太空行走并亲自修复飞船。

最近，富尔对蟑螂这种毫不起眼但生命力极其顽强的生物的研究吸引了很多人的目光。旁边的桌子上散落着透明胶带、图钉和一些给一个新班级上仿生设计课用的挂图，这些挂图上所展示的是仿生机器人瑞亚（Rhex），这是一个受蟑螂启示而制造出来的机器人[①]。富尔和同事们将瑞亚以及同型的其他机器人送到各种各样的地方，操纵着它们在地下通道里到处穿行（以验证它们能够应对城市环境而且在紧急情况下有用），并沿着国会山的台阶爬下来（以便向聚在一起的议员们展示其在科学与工程学上的价值）。

---

① 这是一种六足机器人，每只腿都有一个驱动器。它在各种地形上都表现出了良好的机动能力，运行速度超过 2.7 米 / 秒，能攀爬超过 45 度的斜坡，能游泳和爬楼梯。——译者注

尽管他的机器人具有潜在的应用前景，但富尔强调他首先是一名生物学家。

“我确实也同时被聘为工程学方面的研究专家，但我并不将这视为我的目标。”他说道，“我想要理解大自然。”

当然，在他的另一个房间里摆放着一些玻璃容器，里头满是温顺的蟑螂以及安装有高速摄像机的微型看台，这些装备都证明了这一点。就像戈德曼研究仿生蛇形机器人一样，富尔的机械蟑螂是他试图用数学方法描述蟑螂在处于奔跑、行走和爬行状态下的动力学过程的自然结果。

“事实证明，算出在数学模型中要加入什么参数很难，因此有一个符合环境的物理模型是有帮助的。”他说道。富尔可以改变机器人腿部的硬度，或者也可以改变机器人脚的工作方式，而结果无论是在意料之内还是意料之外，都会告诉他如何调整数学模型。

如果真有一个东西位于演化的顶峰，那么它很可能就是蟑螂，而不是什么智人。任何一个受过蟑螂侵扰的人都知道，要抓住并杀死它们有多难。最近的研究表明，这种昆虫已经迅速演化到可以避开致命陷阱中那些含糖的诱饵。这些昆虫可以在缺水的情况下存活数周，甚至在头掉下来之后存活一定的时间。如果有什么东西能在核灾难（或其他全球性灾难）中幸存，那一定是这些顽强的小昆虫。那么，有什么昆虫能比蟑螂更适合作为我们在设计与制造机器人时的仿生对象呢？

富尔长期着迷于这些生物是如何在不平坦的地形上保持稳定的。他和同事们绑上微型喷气背包，将它们像子弹一样射出去，或者让它们在板材上奔跑，然后将它们颠来颠去。在这两种情况下，蟑螂都以惊人的速度找到了立足点——事实上，它们的速度太快了，以至于无法用信号传递到其大脑中的神经元并返回来解释。他发现，它们的许多非凡能力与它们的快速反应无关，而是与某种被他的同事命名为“预弯”（preflexes）的东西——蟑螂身体的组成材料所固有的行为——有关。

“我们称之为机械反馈，而不是神经反馈。”他说道。

在研究了活蟑螂之后，研究人员小心地调整了机器人的材料性能。他们还应用同样的原理建造出一种由重叠的金属板构成的外骨骼，这种外骨骼会像蟑螂的外骨骼那样发生变形，因而既具有足够的韧性来保护其“内脏”，又有足够的灵活性来挤进十分狭小的空间。

这一个称作“克拉姆”（CRAM）的装甲机器人可以通过伸展它的腿来调整步态，即使在狭小的空间里也能维持原有的速度。科学家们是从观察真实的蟑螂挤过只有 4 毫米高（不到其站立时身体高度的 1/3）的隧道中学到这个技巧的。

他们使用一种测力装置来“压扁”蟑螂，发现它们可以被高达自己体重 900 倍的力量压扁，然后弹回来，就像什么都没发生过一样。（有人会担心昆虫们的安康，不过在这一次实验中实际上没有一只蟑螂受伤，实验结束后它们都能正常地飞行和行走。）

在极其狭窄的空间里，当蟑螂这种昆虫再也无法舒展手足时，它会使用一种奇怪的步态，科学家们称之为身体摩擦式腿部爬行——这一运动可能与蛇等动物在地面上穿行的方式相差不大。而这正是丹·戈德曼在佐治亚理工学院的研究工作。（几年前，戈德曼恰好也是富尔的博士后。这让我更加强烈地意识到，机器人技术圈子虽然是一个全球性的研究产业联合体，但在某些方面却小得惊人。）

富尔希望这类研究能够帮助科学家们从不同的角度去思考那些能够给予软体机器人的设计与制造以灵感的各种动物，这些动物也不全是蠕虫和水母。既然昆虫外骨骼的混合材料可以无缝地融合软、硬两种要素，因此它们对于机器人专家们而言可能就是必不可少的。

出于好奇，我问他对国防部高级研究计划局几个月前举办的那场机器人挑战赛有何看法。富尔对这种救援机器人需要人形的想法提出了异议。“这种逻辑在某种程度上是错误的。”他说道。毕竟，人类粉刷墙壁并不意味着昆虫形状的机器人就粉刷不了墙壁；只不过它们可能会采取不同的做法。

“我认为，这表明我们还没有做好设计仿生人形机器人的准备。这正是我的忠告建议。”富尔质疑道，“它确实证明了要设计机器人有多么难。”

第四章　飞行动物和游泳动物是如何随气流或水流而动的

杰弗里・斯佩丁（Geoffrey Spedding）的办公室位于南加州大学工程学院的奥林大厅内，离南加州大学校友、美国国家航空航天局宇航员尼尔・阿姆斯特朗（Neil Armstrong）的那座雕像并不远，这座雕像是我的必经之地。他办公室的装饰似乎是航空工程学教授的典型风格。一个木制的滑翔机模型横躺在一个宽阔的文件柜上，它的机翼和机身被整齐地拆卸下来；在他办公桌后面的墙上，他用钉子固定住一张造型优美的间谍飞机的照片以及线型图打印件，显示了他最喜欢的空气动力学实验的结果。

但是在战斗机的图像旁边挂着一些不协调的东西：某种微小的半透明的被称为桡足类动物的海洋生物的照片；一只长须海豹的照片，海豹的大眼睛和日本动漫角色的一般大小；还有一根浅灰色的海鸥羽毛。

斯佩丁是南加州大学航空航天与机械工程系的教授兼系主任，但他的博士学位实际上是动物学，而这正是他的兴趣所在。这位科学家与瑞典研究人员合作，将鸟类和蝙蝠放在风洞中，以检测它们的空气动力特性。我第一次见到他是 2010 年在长滩举行的美国物理学会流体动力学分会的会议上，他大约就是在那段时间成为该系系主任的。当时他告诉我，他计划引入更多的仿生设计项目作为其所在系的重点。

“不过还是不要把它写下来，并不是每个人都知道的。”他当时说道。他的谨慎是有原因的：至少在这二十多年中，强调他所谓的“生物流体”很难吸引那些工程专业的研究生，因为他们担心毕业后找不到工作。

但这种态度一直在稳步改变，他补充道。在这些会议上斯佩丁常常私下将次数不断增加的生物流体力学研讨会与传统的湍流研讨会进行次数上的对比，“以让人们相信我做的事情是有前途的”。

“文化发生了巨大的变迁。”他补充道，“人们渐渐地意识到，生物学和工程学之间存在着一些非常有趣的问题。”

现在，五年多过去了，他的兴趣已经公开了。我问他关于海豹的事情，他十分热情地解释这与他的工作有什么关系。

斯佩丁不仅研究物体在空气中是如何运动的，而且还研究它们在水中是如何运动的，更重要的是它们所留下的痕迹。你可能会想，当一条鱼游动时，它没有留下其存在的任何物证。毕竟，这可不像是在固体表面留下什么脚印或指纹。但事实并非如此：一条鱼（或其他任何东西）在水中游动，实际上会产生一种复杂的尾迹——一种漩涡和涡流的形态，其持续时间比你想象的要长得多。

斯佩丁和同事们做了一些简单的实验来演示这个现象。他们让一个球体穿过一个“完美”的、没有受到混杂干扰的海洋，结果发现，这些泄密的漩涡和涡流的形态可以持续整整十天时间。诚然，现实的海洋并不完美，但即使是在一片混乱、泥泞的水体中，科学家们猜测，一个足够大的移动物体所产生的尾迹可能会持续一整天时间。

例如，美国海军就关注这种研究。毕竟，如果你能像判断一艘掠过水面的船一样，轻而易举地判断出一艘潜水艇当前的位置和去过的地方，那么潜水艇在水下潜游到底有什么意义呢？另一方面，知道如何跟踪其他国家的潜艇也会非常有用。

斯派丁说，各种各样的人似乎都对他的工作感兴趣，包括那些从未见过面的人。

“他们会拍拍我的肩膀问：‘其他形状的呢？’却没有具体说明他们所说的其他形状应该是什么。”他笑着说道，“所以我们用一些其他形状的物体做了演示，而且我还在华盛顿特区开了一个发布会。一些从未谋面的陌生人参加了会议。他们从后面进来，很早就走了，然后在我离开研讨会的路上把我堵在了楼梯间。我这样说，可能有点小题大作，但也不过分。研讨会结束后我正要下来时，他们貌似在楼梯间发现了我。他们说：‘我们非常喜欢研讨会的部分内容。我们不能告诉你是哪些部分，但是我们真的很喜欢那些部分。’”

如果斯佩丁愿意的话，他可以了解他们感兴趣的部分。但这是有代价的，他可不愿意为此付出代价。

“好几次，他们问我是否想要安全许可[①]，但都被我拒绝了。因为只有拒绝他们，我才能随心所欲，放言无忌，因为没人告诉我该

① 安全许可（security clearance）是授予个人以特殊身份，允许他们在接受彻底的背景调查后结触机密信息，或进入限制区域。——译者注

想什么或说什么。”他说道，“而我现在这样就方便多了。我可以到处碰运气，也许我做得很对路，也许根本就不对路，但我做这些事情仍然只是因为我认为这个问题很有趣或者有难度……然后我就不用为那个问题烦恼了。那个问题还是留给他们去操心。”

跟踪任何游动中的物体的可能性并非完全是个假设。动物们似乎一直都在做这种事。就以别在他办公室墙上照片中的那只斑海豹为例，它那双清澈的眼睛和长得出奇的胡须绝不只是为了炫耀。

“它们生活在昏暗浑浊的水中，这就是它们有着这么一双灵敏的大眼睛的原因。”斯佩丁指出，“但有时水实在是太浑浊了，眼睛根本就没用，因此它们需要这些巨大的胡须。”

在《科学》杂志上发表的一系列实验设计中，研究人员训练一只海豹去跟踪一艘在游泳池里四处逛荡的玩具潜艇，当海豹设法找到那艘玩具潜艇时，他们便奖励它一条鱼。接着科学家们会在海豹的头上套上一只袜子，它看起来就像抢劫银行的劫匪，这样它就看不见了，但他们会在袜子上留一些洞让海豹的胡须伸出来。他们会把耳机塞在它的耳洞里，从而屏蔽任何声音，然后让一艘玩具潜艇突突作响地从池子中驶过去，直到它完全停了下来。接下来研究人员会摘下耳机，让这只仍然不能视物的海豹进行搜索。大多数时候，海豹很容易就能找到这艘潜艇——海豹并不是直接朝潜艇游过去，而是沿着它在水池中走过的同一条路径，就像在追踪一条看不见的尾迹。

斯佩丁认为，这些敏感的触须也许能够以人类技术至今无法做到的方式追踪到游动物体所留下的漩涡和涡流的形态。这是讲得通的，斯佩丁说，因为据文献记载，野生环境中存活着失明的海豹，这意味着它们必须能够很好地追踪和捕捉猎物以生存。（另一个细节支持了这一理论：当袜子也将海豹的胡须盖住时，这只海豹则完全不知所措。）

“那只海豹一定认为人类疯了。”我忍不住插嘴道。

“是的，”他说道，“你说的一点也没错。”

海豹并不是唯一可能利用这种现象的动物。斯佩丁的一位研究鸟类飞行的瑞典合作者与一位研究海龟航行的科学家苏珊娜·阿克森（Susanne Åkesson）结婚。绿海龟在为数极少的几个地方开始了它们的生命，其中之一是阿森松岛[①]，位于大西洋中部的一小块岩石。一旦它们在沙中孵化出来，那些在饥饿的小鸟的围猎和汹涌的海浪中度过这段痛苦旅程并幸存下来的海龟就会游到遥远的地方去——通常是南美洲东海岸的某个地方。最疯狂的是，当雌性绿海龟成熟并准备产卵时，它们会长途跋涉回到自己出生的那座小岛。不管最终去到哪里，它们都可以做到。这怎么可能？斯佩丁推测，这可能与岛屿本身的尾迹有关：它在海洋的温跃层[②]留下了一个指示信号，并且该温跃层的深度足以让它相对不受风、动物的运动和其他各种干扰因素的影响。绿海龟通过有规律的深潜（在斯佩丁给我看的图表上呈急剧、细长的V字形）也许能够捕捉并沿着这条极其微弱的、由一个小岛在浩瀚无边的海洋中蚀刻出来的轨迹往回游。

---

① 阿森松岛（Ascension Island）包括一座主岛和若干附属礁岩，主岛面积约88平方公里。——译者注

② 温跃层（thermocline layer）：是海水温度垂直梯度较其上或其下水层为大的水层。是海水温度垂直分布的不连续面。其形成的特定条件通常是海水的垂直混合，或不同来源的两个水团互相叠置。由于局地条件的差异，温跃层的存在有暂时的、季节性的、永久的几种，其出现的深度也不尽相同。温跃层与水产捕捞、潜艇探测、水下通信的关系十分密切。——译者注

当我第一次在流体动力学会议上见到斯佩丁的时候，我原以为这次会议会有点无趣。但我很快便发现自己错了。除了介绍木星的大气动力特性以及将牛奶倒进茶里的行为外，我还遇到了许多科学家，这些科学家正在研究与生物（无论是飞行的生物还是游动的生物）如何在一个流动的世界里运动相关的各种问题。我看到的一个演讲甚至分析了蚂蚁是如何像流体一样爬上玻璃墙的，就好像它们是某种黏稠液体的一部分。

直到这次会议，我才意识到鸟类和鱼类本质上是在做同样的事情：在流体介质中移动。当我与研究人员交谈时，我很快就发现，动物（以及一些可以利用翅膀状的种子旅行数英里的植物）似乎以人类工程师根本就没掌握的方式掌握了流体动力学的秘密。

斯佩丁是这次会议的组织者之一。他在一次关于飞行问题的研讨会上所提交的研究就是一个很好的例子：为什么飞机看起来不像鸟呢？

“飞机当然看起来像鸟了！”我心想。虽然它们可能不会扇动翅膀，但它们毕竟有喙状的面部、宽大的翅膀和尾巴。许多飞行器，包括热气球和直升机，都没有这种明显的鸟类肢体。

但事实却是，自从威尔伯·莱特（Wilbur Wright）和奥维尔·莱特（Orville Wright）这对兄弟[①]从观察到的鸟类身上获得

① 莱特兄弟是美国著名的发明家，兄长威尔伯·莱特（Wilbur Wright，1867—1912），弟弟奥维尔·莱特（Orville Wright，1871—1948）。1903 年 12 月 17 日，莱特兄弟首次试飞了完全受控、依靠自身动力、机身比空气重、持续滞空不落地的飞机，也就是世界上第一架飞机“飞行者一号”。莱特兄弟首创了让飞机能受控飞行的飞行控制系统，从而为飞机的实用化奠定了基础，此项技术至今仍被应用在所有的飞机上。——译者注

灵感以来，工程师们已经忘记了许多大自然的经验教训。当这对修理自行车的兄弟在研究他们的飞机原型时，其他有抱负的飞行员遇到了严重的技术难题。其他工程师的飞行器有着长而坚硬的翅膀，这虽然提供了飞行的稳定性，但却大大削弱了飞行员对飞行器的操控力。许多人在试图完善自己的飞行器时丧生，这其中包括德国工程师奥托·李林塔尔（Otto Lilienthal）[①]，他因为对这一领域所做出的贡献（以及他推广了一个疯狂的想法，即这些笨拙的装置总有一天会成为实用的全球交通工具）而被称为“飞行之父”。

李林塔尔在其生前就已经开始认为鸟儿掌握着真正飞行的关键，他假设飞行机器需要更多类似于鸟类的特征，准确地说，需要扇动的翅膀。莱特兄弟没有接受这个想法，而且幸好他们没有接受这种想法；除非你真的只有鸟类般大小，否则的话扇动翅膀能耗极大。但这对兄弟确实受鸟类启发而研制出了变形翼，它可以根据指令改变形状，让飞行员在向左或向右倾斜时具有前所未有的控制力。

① 奥托·李林塔尔（Otto Lilienthal，1848—1896）：德国工程师，滑翔飞行家，世界航空先驱者之一。最早设计和制造出实用的滑翔机。李林塔尔自幼酷爱飞行，长期观察和研究鸟的飞行规律，1889 年写成《鸟类飞行——航空的基础》一书。李林塔尔与其弟 G. 李林塔尔合作，于 1891 年制成一架蝙蝠状的弓形翼滑翔机，成功地进行了滑翔飞行，飞行距离超过 30 米，从而证实了曲面翼的合理性。此后，又制造了多架不同型号的单翼和双翼滑翔机。1891—1896 年李林塔尔于柏林附近的试飞场进行了 2000 次以上的滑翔飞行试验，著有《飞翔中的实际试验》等书。他拟在充分掌握稳定操纵后，在滑翔机上安装蒸汽机实现动力飞行，但此愿望未能实现。1896 年，他在一次飞行试验中失事丧生。李林塔尔的大量飞行实践和研究为后来的飞机研究者提供了宝贵的经验。——译者注

自从莱特兄弟俩在北卡罗来纳州的基蒂霍克附近成功飞行以来，飞机已经从根本上偏离了仿生的飞行路线。今天的飞机并不完全是按照空气动力学设计的。例如，现代的波音 747，它的机身又长又笨重，产生的阻力要远远大于单靠机翼所产生的升力。当然，这是由于许多后勤方面和技术上的原因：今天的喷气式客机通常以 550 英里左右的时速掠过云层，而鸟类的飞行速度通常要低一个数量级，每小时也许只有 20 ～ 30 英里左右。然而，斯佩丁认为，当代飞机设计中的许多决策仅仅是因为一直以来都是这样做的，而不是因为它真的是最优设计。

在他的办公室里，这位科学家拿出一张类似于飞机系谱图的纸。他指着底部看起来像一弯细细的新月的东西——一个理想化的机翼，就像从正上方看到的那样。这是最符合空气动力学的形状。问题是，你无法将乘客或货物装进一个狭窄的机翼里（除非这些货物是液体，比如燃料），所以你需要一个适当的机身。但是，一旦你把机身放在这类机翼的中间，这个巨大的障碍物就会减少升力，增加阻力。

斯佩丁将手指移到下一个版本：一个“飞行的机翼”。它比理想化的机翼略厚也略胖，或许称得上是最臭名昭著的飞机部件，第二次世界大战末期由两个纳粹分子霍顿兄弟（the Horten brothers）所造。另一个分支即是所谓的“混合翼体”设计，几十年来，波音公司一直在仔细考虑这一搭载乘客的概念，但从未真正建造过。（近年来，该公司试飞了一些无人驾驶飞机。）这张不规则的系谱图上的其他节点看起来有点像你熟悉的飞机——长长的雪茄状机身，宽而直的机翼，以及长尾的末端有着微型机翼。

“这就是我们今天使用的配置。”斯佩丁指着一幅看起来很像大型喷气式飞机的东西的草图说道，“但这并不是最有效的解决方案，因为从空气动力学的角度来说，这很糟糕。之所以说它很糟糕，是因为机翼的空气动力学无法在机身上体现出来，所以原本很好的空气动力学解决方案因机身的存在而被破坏了。”

也许飞机的设计并不完美，而且可能有更好的模板。这一想法来自斯佩丁的合作者与论著的共同执笔人约阿希姆·胡伊森（Joachim Huyssen），他是南非比勒陀利亚大学（University of Pretoria）的一名博士生与航空工程师。胡伊森还记得夏天在海边度假时，曾看见雨燕和燕子在海边的强风中表演杂技式的翻筋斗。他在大学里学会了滑翔。有一次去德国旅行，他看到一些孩子在萨尔茨堡的一座桥上给海鸥喂面包。海鸥能够轻而易举地俯冲下来，从孩子们的小手中啄走面包屑，根本就不需要扇动翅膀。

“在某种程度上，我的生活是围绕着航空工程展开的。”这是他在比勒陀利亚大学的办公室里通过电话告诉我的，而此处也恰好是斯佩丁以前的住所。“我一直很好奇……为什么鸟和飞机看起来不一样？”

在我们进一步探讨之前，我们可能有必要对飞机以及它的运动方式搞一个快速入门。飞行器或飞行动物最值得我们关注的地方是重力，它们会把你拽到地面。为了抵消重力，你必须产生向上的力，也就是升力。升力可以由机翼向前移动时产生，但这种向前的运动会产生回推的阻力。（回推的阻力主要有两类：压力阻力和摩擦阻力。这其中，压力阻力乃是最主要的类型，是由你在空气中向前推进时所有空气分子的阻力所引起的；而摩擦阻力则是由空气对飞行物体表面的摩擦所引起的。）因此，为了抵消这些阻力，你必须产生向前的运动，形成推力。（鸟类靠翅膀形成推力，飞机则靠发动机。）这四种力，在四个不同的方向上决定了动物及与其相似的人造飞行器的运动。

无论你是一只真正的鸟，还是驾驶着一架巨大的金属飞机，你基本上都希望在最大限度地减少阻力的同时产生足够大的升力（让你远离地面），这样你就不需要浪费很多能量来保持向上的推力。升阻比越高，飞行器 / 物的效率越高。然而，究竟如何产生升力呢？

关于升力产生的原因有很多解释，解释者通常都认为其他人的解释是错误的。我听过许多博学的教授们的讲演或者是读过他们的演讲稿，他们都在对那些错误的解释表示不满，但充其量只是下一场讲演反驳上一场讲演而已！为了简单起见，我将在这里尝试着解释一下升力是如何起作用的，但不涉及所有那些有问题的解释，希望在此过程中不会冒犯到任何人。

为了对这个问题进行相对简单的解释，我们将求助于一个你能想象得到的最简单的机翼：一个弯曲的平板——斯佩丁在一张纸上把它画成一条线。当空气到达机翼的后缘时，无论是从顶部通过的空气还是从底部通过的空气都会向下偏转。根据牛顿第三运动定律，对于每一个作用力，都有一个相等且相反的反作用力，由于机翼把所有的空气都往下压，因此机翼本身必然向上拉升。

如果由于某种原因，平板产生的升力不足以使它保持在高空，你可以将其机头向天空倾斜。你把这个迎角[①]抬得越高，它喷出的空气就越多，产生的升力也就越大。

但这种策略存在一个问题：所有倾斜的东西开始扰乱边界层，边界层乃是一层包裹着机翼的顶部和底部表面的薄薄的空气，实际上它有自己的特殊性质，与周围大块的空气不同。如果你曾经在一条空旷的高速公路上以 80 英里每小时的速度行驶，你会奇怪为什么汽车上的水滴似乎不受呼啸而过的疾风的影响，这是因为它们正行驶在特殊的边界层[②]。

理想情况下，边界层会自始至终附着在机翼上，从机翼的前端直到机翼的末端。（尽管我承认这可能不科学，也不准确，但我倾向于把它想成你跑步时对鞋子有着良好的牵引力。）问题是，当你抬高迎角时，一些牵引力开始从后沿逐渐减少——边界层将开始越来越早地分离。机头向上倾斜得越厉害，分离点就越往机翼的前部移动。由于升力正在产生，分离并不是什么大问题——除非你把机

① 迎角（angle of attack，或 alpha）：对于固定翼飞机，机翼的前进方向（相当于气流的方向）和翼弦（与机身轴线不同）的夹角叫迎角，也称为攻角。它是确定机翼在气流中姿态的基准。飞行时，作用在机翼上的空气动力与迎角有关。在一定迎角范围内，增大迎角，升力系数和阻力系数都会增大。为了获得支持飞机重力的升力，飞机高速飞行时以小的正迎角飞行，飞机低速飞行时以较大迎角飞行。——译者注

② 边界层（boundary layer）：黏性流体流经固体边壁时，在壁面附近形成的流速梯度明显的流体薄层，又称附面层。在边界层内，紧贴壁面的流体由于分子引力的作用，完全黏附于壁面上，与物体的相对速度为零。由壁面向外，流体速度迅速增大至当地自由流速度，即对应于理想绕流的速度，一般与来流速度同量级。——译者注

头倾斜至临界迎角[1]，这时候机头的尖端太高了，边界层根本无法继续附着在机翼表面，从而会完全脱离机翼表面。这使得滞留的气流涌入，填补了这一空隙，增加了机翼上的空气压力，导致阻力达到峰值。当边界层分离时，机翼不再向下喷出任何空气——这意味着，基本上没有任何东西能让这个精妙的装置不往下降。

不同翼型的临界迎角是不同的，但其作用是相同的：即使引擎还在运转，飞机也会摇摇欲坠。飞行员很清楚这种令人痛苦不堪的感觉，他们通常会尽力避免，因为如果不将其巧妙地控制住，飞机可能会失控。如果你以一个非常陡峭的角度发射一架纸飞机的话，你就可以非常清楚地看到，它会向上爬升，然后突然停顿下来并急速下降。这种停顿——问题就在这里——便是失速。所以机翼需要这一边界层——这一具有特殊性能的空气输送带——尽可能近距离、长时间地接近其表面。

因此，飞机必须能够控制它们的俯仰，也就是机头的倾斜度。这实际上很难做到，因为当空气通过机翼时，飞机自然会机头向上或向下。因此，工程师们便给飞机添加了水平尾翼——第二对微型机翼以稳定飞机。然后他们加长了机身，使尾翼更加有效。结果呢？这就是你的原型客机的外形。

尾翼并不总是飞机的一部分。例如，莱特兄弟研制了一种俯仰控制装置，它实际上是在飞机的前面伸出。莱特兄弟意识到，他们

---

① 临界迎角（the critical angle of attack）：指的是飞机达到最大升力系数时的迎角，或称失速迎角（stalling angle of attack）。失速之后的机翼气动效率极低，已经不能产生足够大的有效升力。所以我们都要求飞机在失速迎角或者说临界迎角以下一定范围内飞行，不允许靠近，更不允许超过，以避免发生尾旋等危险。——译者注

不仅需要产生升力，还需要在所有三个维度（俯仰、滚转和偏航）上实际控制飞行。这在很大程度上是他们成功的原因，而其他许多有抱负的飞行员都失败了，斯佩丁说道。

现代俯仰控制装置让胡伊森感到困扰，其主要问题是：如果这些水平尾翼如此有用，那为什么鸟类没有水平尾翼呢？

二十多年前，胡伊森在比勒陀利亚大学致力于设计一种从基本原理出发的滑翔机的研究，试图从“基本原理”出发设计一架滑翔机，建立一个无线电控制的模型，最终看起来非常像鸟，有海鸥一样的翅膀，几乎没有尾巴。他的想法是，抛弃用尾翼[①]控制飞机（或者像传统设计的那样用襟翼[②]控制飞机）的做法，而是通过弯曲翼的前后摆动来控制飞机的飞行，就像鸟儿那样。这位工程师非常有信心，1995 年，他甚至把自己装进了一架全尺寸的滑翔机里，并用一个热气球将它吊至空中然后再发射出去。

从气球上拍摄的视频显示，第一次（也是最后一次）无动力飞行测试出了严重的错误。在滑翔机发射出去不久，它突然裂成碎片并失控地旋转着。在视频中，一名悬挂在气球上的男子看着碎片倾斜而去，大喊大叫。眼前这一幕看起来有点恐怖，尤其是因为从这个有利的位置看过去不清楚胡伊森究竟怎么样了。

---

① 尾翼（tail）：安装在飞机尾部的一种装置，可以增强飞行的稳定性。大多数尾翼包括水平尾翼和垂直尾翼，也有少数采用 V 形尾翼。尾翼是飞行控制系统的重要组成部分，可以用来控制飞机的俯仰、偏航和倾斜以改变其飞行姿态。——译者注

② 襟翼（flap）：指现代机翼边缘部分的一种翼面形可动装置。襟翼可装在机翼后缘或前缘，可向下偏转或（和）向后（前）滑动，其基本效用是在飞行中增加升力。依据所安装部位和具体作用的不同，襟翼可分为后缘襟翼、前缘襟翼。——译者注

幸运的是，我们的工程师打开了降落伞，并安全返回地面。但在这场可怕的扭转中，滑翔机的碎裂可能也正是由这一顶降落伞引起的。卖家送来了一顶比胡伊森所订购的大得多的降落伞，但这架滑翔机显然无法承受额外的质量。由于几乎没有资金来修理这台飞行器并继续研究，胡伊森被迫放弃了研究计划和博士学位。也许，像伊卡洛斯①一样，他飞得太高太快了。

胡伊森创办了一家航空工程公司，并在学校里设立了一个工作室，但直到 2009 年，在听说了斯佩丁在动物飞行方面的研究工作后，他才回到自己的研究上。斯佩丁当时在这所大学做了短短一年的教学工作，因为他的妻子来自这个地区，在这期间，这位年轻的工程师找到了他。

“他向我解释了这个想法，我于是说道，‘哇，听起来真的很有趣。’”斯佩丁回忆道，“于是他问：‘你认为这样对吗？’我说：‘我不知道，但这在理论上听起来并没有错。’”

斯佩丁回到了洛杉矶，但他仍与这位南非工程师保持着联系。他意识到，要解开这个谜团，他必须把三样东西结合起来：胡伊森的头脑、他的模型和南加州大学的风洞。

最终，斯佩丁教授获得了一笔只允许他将胡伊森带过来几个星期的资助，这样他们就可以测试模型并测量升力。他们尝试了三种不同的配置：一个简单的飞行翼，然后是带有机身的机翼，最后是带有机身的机翼和一个粗短的、鸟尾似的尾翼。

---

① 伊卡洛斯（Icarus）：希腊神话中代达罗斯的儿子。在与代达罗斯使用蜡和羽毛造的翼逃离克里特岛时，由于飞得太高了，双翼上的蜡被太阳融化，他最后落水丧生。——译者注

“测试快结束时，场面十分疯狂。”斯佩丁说道，“我们有大约两周的时间来准备，一周的时间来瞎折腾，好让那几样东西正常运转。因此，事实上，我们在几天内就得到了所有的数据。说真的，当初我们都不知道我们能否成功。”

即便你做这样的实验，你通常也不能立即知道它们的运行效果怎么样。机体上方的空气流动极其复杂，需要数周的时间才能把所有的数据包正确地缝合在一起。但是一旦他们这么做了，很明显，这一粗短的、鸟尾一样的尾翼实际上是按照他们所预期的方式发挥作用的：抓住正在脱离机体后部的边界层，迫使它沿着尾翼的表面流动，从而恢复机体的升力，就好像它是从简单的飞行翼吹过去的一样。

然而，你可能会指出，效率更高，并不意味着它就是携带人员和行李的最佳设计，也不意味着洗手间和紧急出口的位置合适。但是研究人员已经让你采访报道过了。胡伊森和他的学生们最初指出，这种粗短轮廓的飞行器在人员与行李的装载效率上实际上比标准的飞机机体更高。几年后，斯佩丁和南加州建筑学院教授伊拉里亚·马佐莱尼（Ilaria Mazzoleni）举办了一个为期两周的研讨会，学生们在研讨会上提出了一系列设计方案，设想这种鸟形客机的内部看上去可能是什么样子的。

研究人员还没有精确地量化这架飞机在升阻比方面要比普通飞机好多少。部分问题在于，空气在海鸥这样小的物体周围的作用与在飞机这样又大又快的物体周围的作用是不同的。要证明这一点，就要建立一个真人大小的模型并对它进行测试，甚至可能要带它参与竞争极其激烈的滑翔机比赛。但这需要投入时间、人员和金钱。

当我们走过去察看风洞时，斯佩丁大胆推测：这需要投入 10 万美元，聘请 2 名专职工程师，耗时 2 年。

与此同时，斯佩丁和学生们继续深入研究空气如何在机翼上流动的细节，并发现了一些非常令人惊讶的现象。在一座巨大的、没有窗户的金属建筑的门口，这位科学家输入了一个密码，我们就进去了。我们侧身经过一个巨大的、研究人员用以测试太空中微小力之作用效果的低密度气室，然后经过隔壁火箭实验室所使用的碳化纤维片，并打开一道标着“飞行实验”标记和警告性标志“危险，激光操作！”的门。写有“激光使用中”的电子标志没亮，因此现在走进去是很安全的。

高性能的风洞很难找——这就是为什么即使它们已经不再为政府服务之后，仍有可能会为私营部门工作。德莱顿风洞自 20 世纪 30 年代以来一直在为位于华盛顿特区的国家标准局服务，后来在 20 世纪 70 年代被拆解并送往南加州大学。斯佩丁自豪地称它是北美最好的低速风洞之一，并且他仍然定期使用这套久经考验的老设备进行各种测试。

从我的角度看，风洞看起来很大，向后延伸似乎有 50 英尺，但它的中心是一件相当普通的东西：一段 4 英尺宽的木管，如果我稍微弯下腰，就可以钻进去。透过玻璃窗可以看到里面安装着一样看起来像是一张纸的东西，纵向折叠，形成一个典型的泪珠状对称机翼。它是垂直安装的，就像在侧面飞行一样，至少有 20 分钟我都没有意识到风洞实际上正在运行。掠过机翼的空气是看不见的，机器发出的嗡嗡声低得几乎微不可闻。为了测量力在不同角度下的变化，这台机器在调整机翼的迎角时，偶尔会发出响亮的嗡嗡声；

博士生约瑟夫·汤克（Joseph Tank）和几个本科生一起密切注视着他们面前的电脑屏幕的线形图上突然出现的新的数据点。

汤克正在研究一个只有几英寸长的翅膀——不超过一只小鸟的大小。这并非偶然，斯佩丁说道。他们对其周围的气体流动状况感兴趣是为了了解鸟类和小型固定翼无人机的空气动力学。研究生们正在测绘在不同的迎角条件下这个机翼产生的升力。正如我们之前所了解到的，从平面（0度）提高迎角也会提高升力（直至达到气流分离的临界角）。这是一个众所周知的关系，它会产生一个非常直观的图形——一条直线（直到该临界角）。

或者至少应该是这样。但是有一件非常非常奇怪的事情，即在这种特定的风速下，机翼的这种尺寸范围是如何影响空气的。这个图形，应该是一条直线，其中间实际上有一个弯弯曲曲的地方看起来像是旋转了45度的字母S的镜像。

"看这儿！"斯佩丁说道，"这太疯狂了，绝对疯了。"

他指出了偏离那条直线的两个地方，一个在其下面，另一个在其上面。

"这应该是条直线。"他指着那条叠加在弯弯曲曲的数据上的斜线说道，"你所见过的每一架无人机都是这样模拟其螺旋桨的升力和阻力的；你所见过的每一种飞行模型，包括鸟类等的飞行模型，都是这样模拟升力与迎角的。但这却行不通。"

当你从零迎角（机翼的前进方向和翼弦完全在一个平面上）出发时，你的升力应该沿着斯佩丁所指出的那条直线不断地增长。然而汤克的数据却似乎表明：当你从零迎角变到一个微小的迎角时，升力实际上要先减小然后再复原，之后不知怎么地就超过了由这条笔直的对角线所确定的期望值。当然，斯佩丁对更高迎角下更好的升力印象深刻，但一开始时那种奇怪的下降却令他着迷。

斯佩丁最感兴趣的实验类型就是：看似简单、基本的实验却给出了一些令人困惑的结果，而这些结果其他人要么错过，要么不予重视。根据直线图来设计机翼可能让大多数工程师鼓捣出一架蛮不错的机型，但不会让你得到一架最优设计的飞机。在某种程度上，这与李林塔尔以及其他人在试图制造出看起来就像鸟类那样有羽毛的飞机时所展现的想法相类似，却没有真正理解其中的动力学。（公平地说，斯佩丁说道，部分原因仅仅是，在无人机成为现实之前，工程师们并没有什么理由研究微型机翼。）

制造出最好的飞行器的唯一方法，无论是不是仿生，就是深入研究那些可怕的细节，找出可能隐藏于其中的物理学原理。

然而，科学并不容易。汤克挑出一张最近的实验阻力曲线图，它们看起来远不像弯弯曲曲的升力曲线图那么简洁——汤克认为这与他的校准方法的改变有关。结果还发现，他们刚刚安装的一台新的测力台似乎有颗螺丝弯曲了，因此他必须把这台刚刚安装好的测力台拆开来加以校准，以便可以正确地使用。斯佩丁让他的研究生继续收集这些令人困惑的数据，事后还要求他们将升力与迎角相互变化的曲线图打印出来。他想把它添加到办公室的收藏墙上。

有些人的人生道路似乎命中注定就要与众不同——每当我与弗兰克·费什（Frank Fish）交谈时，我就会想起这一点。费什是宾夕法尼亚州西切斯特大学（West Chester University）液态生命实验室（Liquid Life lab）的负责人，他的名字倒是与他所从事的研究十分贴切[①]。这位生物力学家最初并没有真正打算研究鱼类和其他游泳类的动物，但随着时间的推移，他的研究似乎正朝着这个大方向发展：他最初研究麝鼠，然后是海豹，最后是海豚。

“我想，过程大概就是这样吧。”他说道。

海豚有着一张微笑般的面孔、硕大的脑袋和大型动物的魅力，而其最为人类熟知的是它们的智力和顽皮。但人们对它们出色的游泳能力却没有给予足够的重视——在冲浪的时候，我曾亲眼看见海豚在卡纳维拉尔角（Cape Canaveral）附近波涛汹涌的海面上乘风破浪，我周围的短板选手都不敢上前一试。也许海豚的超凡能力很容易被认为是理所当然的——毕竟它们生活在海洋中——但它们为什么能游得这么好呢？这个问题实际上几十年来一直困扰着科学家们。

大部分问题可以追溯到英国动物学家詹姆斯·格雷（James Gray），他在 20 世纪 30 年代写了一份报告，一个名叫 E. F. 汤普森（E. F. Thompson）的人在一艘航行在印度洋的船上看到有只海豚游得非常快，用不到 7 秒钟就超过了他所乘坐的那条船。“按秒表计时。”格雷写道。根据这艘船的速度和长度（8.5 节[②]，136 英尺），他计算出这只海豚一定是以 20 节，即 33 英尺每秒的速度在游泳。这应该是不可能的，格雷沉思着。根据他的计算，海豚根本没有足够的肌肉力量以如此快的速度游泳，因为它们的身体在水中移动时

① 弗兰克·费什这一姓名中的姓“Fish”一词与英语中“鱼”一词的拼写 fish 一样。——译者注

② 节（Knot，简写为 Kn）是以前船员测船速的单位。1 节（kn）= 1 海里 / 时，1 海里 = 1.852 千米，因此 1 节就是每小时行驶 1.852 千米。——译者注

所产生的阻力应该会阻碍它们前进。

“如果一只主动游泳的海豚所受到的阻力与一艘以同样速度拖曳着的刚性模型所受到的阻力相等，”他写道，“那么其肌肉产生能量的速度必须至少是其他哺乳动物肌肉的 7 倍。”

这听起来似乎非常疯狂，格雷似乎也这么认为。这位科学家得出结论，海豚的身体一定还有其他特殊之处，让它能够克服阻力，以相对较小的肌肉力量在水中游动。这就是著名的“格雷悖论”。

对于格雷的这一两难推理，最好的一个解决方案是：海豚那光滑的灰色皮肤一定有什么特别之处，使其能够减少水流对身体的阻力。多年来，许多研究人员试图发现这些神秘的特性；1960 年德国航空工程师马克斯·克莱默（Max Kramer）发表了研究成果，宣称他制造了一种鱼雷，包裹在模仿海豚的人造皮肤中；而后在冷战时期，对这种材料的追求变得更加迫切。据报道，这种在橡胶下面有一层黏稠的液体层的人造皮肤可以减少 59% 的阻力。这正好符合苏联和美国的狂热梦想，它们为给潜艇、舰船和实际的鱼雷涂上这一涂层来加快其航速的诱惑所吸引。每个国家都相信这将使他们自己比另一个国家占有优势（据猜测，另一个国家的潜艇目前比他们自己的潜艇快得多）。

这条路原来是一条死胡同。许多人试图复制克莱默的成果，但没有成功。

“美国人开始研究克莱默的工作，但他们无法复制他的工作。”费什说道。

然后，研究人员想要弄清楚那些看起来在海豚身上泛起涟漪的皮肤褶皱是不是以某种方式让水流变得平滑。为了证实这一说法，

1977年，俄罗斯科学家甚至用一根牵引绳拖着年龄在17岁～30岁之间的裸体年轻女性，观察她们皮肤上的波纹状的褶皱是否有助于减少阻力。其逻辑是这样的：女性（尤其是年轻女性）的皮肤下往往有更多的脂肪组织或皮下脂肪，使皮肤更柔顺，更像海豚。当然，实验表明，波纹状的皮肤褶皱增加了阻力；穿着泳衣实际上有助于减轻阻力。一位几乎可以肯定是男性的书评人写道，该部著作中所包含的那些“裸体女性”的照片，“从视觉上直观地展示了实验的美丽和刺激”。

费什和同事决定使用现代技术更准确地测量海豚的移动方式来解决这个问题。这项被称为粒子图像测速的技术，实际上是用微小的金属涂层玻璃珠填充一个装满水的容器，然后往容器中发射激光片，以照亮这些悬浮的玻璃珠。费什说，当一只动物在水中游动时，珠子会随着水流移动，显示出复杂的动力学特征，而高速摄像头则会捕捉激光照射下的动作以供稍后分析。

但海豚在人类社会中占有特殊的地位，甚至在研究人员中也是如此。费什知道，他不会被获准在供海豚生活的水池里装满珠子。它们是可爱的大型哺乳动物，人们有理由担心它们会吞下这些小珠子，或者激光可能会伤害它们的眼睛。幸运的是，费什听说了内布拉斯加－林肯大学的蒂莫西·魏（Timothy Wei）正在使用一种独特且廉价的方法来研究另一种被他称为“娇生惯养的动物”——人类奥运游泳运动员——的运动。科学家们没有使用玻璃珠和激光片，而是用一根花园浇水软管往水箱中泵入氧气[①]，制造了一个由

① 此处原文意为“从水箱里泵入氧气”（Pump in oxygen from tank），可能系原文作者笔误。根据语境推断，这里似乎应是“往水箱中泵入氧气”。——译者注

微小气泡组成的屏幕。气泡很小，不会破裂，训练有素的海豚可以很容易地游过气泡，产生同样的效果。

在两只曾在美国海军服役过的海豚——宽吻海豚普里莫（Primo）和普卡（Puka）（现已退役到圣克鲁兹加州大学）的协助下，科学家们能够像跟踪珠子一样用高速摄像机跟踪气泡。然后他们可以观察气泡的速度、运行的轨迹以及所形成的漩涡，在计算机算法的帮助下，他们可以利用这些信息来计算这两只动物的推力。

事实证明，格雷悖论的前提在几个层面上是错误的。他用作分析基础的海豚可能并没有以他所计算的 10 米每秒的速度移动；费什只能让这两只动物以 3.5 米每秒的速度游泳，虽然这可能不是它们的最高速度，但似乎仍然是一个不错的速度。（他所见过的最快速度是 11 米或 12 米每秒，但那仅仅发生在它们准备跳出水面进行空中飞行时向上加速的一两秒的情况下。但是跳出水面和保持 10 米每秒的速度从而超过帆船是有很大不同的，甚至还需要海豚有非常不同的肌肉纤维。关于这一点，你不妨试着让一个短跑运动员以最快的速度跑马拉松吧。）费什还怀疑这只海豚可能游得离船很近，因此能够利用尾流，有意地加速。

更重要的是，普里莫和普卡还揭示了，实际上海豚产生的推力比格雷所预想的要大得多，在水中疾驰，足以给它们提供动力。换句话说，它们不需要所谓的超能力皮肤的任何帮助。

“真正的悖论是，尽管格雷的论文不正确，但它却推动了海豚生物学、水动力学和仿生学领域的创新。”费什在《实验生物学杂志》（*Journal of Experimental Biology*）的一篇论文中总结了他的结论，“还有更多的东西有待发现，也许海豚迄今仍然没有放弃它所有的秘密。”

不过费什似乎对格雷所造成的各种麻烦过于宽容，也许是因为他知道最基本的假设被推翻是一种什么样的感觉。

大约 30 年前，费什刚刚开始和他现在的妻子谈恋爱，当时两人正在波士顿旅游胜地昆西市场（Quincy Market）闲逛。有家商店摆满了各种动物艺术品，这或许是受到了几个街区之外的新英格兰水族馆和海洋里的海洋生物的启发。在这些小玩意儿中，有一件很特别的东西引起了他的注意：一只抬起鳍的座头鲸的小雕像。在这位生物学家看来，某些与鳍相关的东西似乎很不对劲。

“我看了看，发现了不对劲的地方，然后走开了。它的前缘有一些隆起物。”费什说道，“我懂流体动力学。你不会在前缘安上一些隆起物——看看飞机就能明白这一点。它有着一个非常平整的直边。”

费什把这个错误告诉了店主。但波士顿人从不羞于说出自己的观点，店主毫不含糊地告诉我们这位生物学家：先生，你错了，艺术家才是对的。

“我耿耿于怀，”费什承认，“我想知道我为什么错了。”

费什决定对这种矛盾的附器进行建模和研究，于是他打电话给一位在史密森学会工作的朋友，问他是不是刚好有一只座头鲸的鳍闲置着没用。当时并没有，但这位朋友答应，只要一有座头鲸的鳍，他就把它归于费什的名下。

一晃几个月过去了。突然有一天，费什的秘书给了他一个奇怪的消息，让他大吃一惊。

“有人打电话过来了。他们说，新泽西州有一条死鲸，要你去取。”她说道。

“什么？”费什说道。

显然，这是协议的一部分。由于显而易见的伦理原因，科学家们不能获取活鲸的器官。他们必须等到搁浅的鲸死亡（前提是没有办法挽救它），然后科学家才能把它的尸体带走并储存起来，以备将来的研究之用。因此如果费什想要一个鲸鳍的话，他就得亲自去取。费什很快便打电话给处理鲸尸的那些人。那条鲸有多大呢？20英尺，他们说。这位生物学家很快地进行了一番心算：这意味着这只鲸的鳍大概有6英尺长，大小差不多刚好可以装在他那辆小巧灵便的水星山猫[①]里。他驱车前往新泽西州海洋哺乳动物搁浅中心去取他那臭气熏天的战利品。当他到达那里时，却发现这个鳍足有10英尺长。费什不得不把鲸鳍切成三段，然后塞进汽车后备厢里。它实在是太沉了，使得车的尾部几乎沉到地面。

“我当时真担心在开车回去的路上，新泽西州的骑警会拦住我，问我车后备厢里装的是什么。”费什回忆道，“不过在新泽西州，在黑色塑料袋里发现腐烂的尸块可能不是什么新鲜事。”

这个鳍状肢一直安然地放在宾夕法尼亚州的一个冷冻库里，直到费什找到一个愿意和他一起对它进行研究的学生。他们将这一鳍

① 水星（Mercury）这一汽车品牌对于大多数中国车迷来说可能很陌生。事实上，水星却是一个拥有八十多年历史传统的美国汽车品牌。水星系美国福特旗下的汽车公司，1935年，水星品牌正式诞生；1949年水星有了自己独立的LOGO，采用太阳系中的水星作为汽车的图形商标。1981年水星Bobcat（美洲野猫）停产，Lynx（山猫）正式推出。可惜的是，在大多数人都还没来得及了解水星的时候，它就悄悄地退出了历史舞台。——译者注

状肢切成 1 英寸大小的片段，拍照并分析鳍状肢的结构——它的前缘确实布满了被称为结节的隆起物。

就像机翼在空气中运动一样，一个好的游泳附器会试图最大限度地提高升力并减少阻力，以获得最大的应用推力。正如杰夫·斯佩丁先前解释的，机翼实现这一目的的方式之一是拥有一个弧面机翼——一个顶部有曲面的机翼；另一种方式是加大迎角，使其前缘向上倾斜。这可以让动物或车辆进行倾斜转弯：迎角越大，转弯就越急。但同样地，动物的鳍只能倾斜到一定的高度，否则的话它就会失速，并死在水中。

大多数须鲸，例如蓝鲸，都是巨大的动物，它们不喜欢那些可能使它们陷入这种麻烦的杂技动作。它们倾向于径直游过去，把刚好挡在路上的那些不幸的磷虾全都吞下去。而座头鲸则是采取一种更为有效的方式。这些“水上的杂技演员”呈螺旋形姿势向上游动并接连不断地吐出气泡，形成一堵气泡墙，像一张蜘网一样把猎物紧紧地包围起来，然后它们转过身来，一头扎进去，张大嘴巴将困在其中的磷虾吞进嘴里。

座头鲸是一种身体伸展开来可达 42 英尺长、重约 40 吨的大型动物，因此它们的这种敏捷性几乎令人震惊。它们也是须鲸中唯一在鳍上有这些奇怪的隆起物的物种；其他鲸类的前缘都是光滑的。而且，费什很快便了解到，这些结节可能与其异常的敏捷有很大关系。这些突起的结节似乎以一种特定的结构排列，而且似乎越靠近鳍状肢的尖端，它们就排得越紧凑。

这位科学家发现，座头鲸鳍上的这些结节实际上是在以一种令人惊讶的方式帮助控制边界层。在每个结节之间的凹槽里，水流分开了，这在理论上不是什么好事。然而就在水流分开的时候，笔直的水流变成了一对对的旋涡，旋转的气流则在鳍状肢的表面形成漩涡。当它们旋转时，那些凹槽中的涡流实际上有助于让流过结节顶端的水流成一条直线，甚至给它们提供能量，就像网球发球机的轮子抓住网球，把它抛得又远又快一样。最终的结果呢？当凹槽中的水流变成与表面分离的涡流时，这些涡流会使结节上的水流停留更长的时间，从而让座头鲸能够以更高的迎角进行机动。

费什意识到，这种形状在减少阻力和防止失速方面非常有效，实际上对于工业规模的风扇和涡轮机的叶片，甚至对运载工具上的螺旋桨来说都是一个很好的设计。它们的噪声更小，效率更高，这意味着一家最终使用了该技术的公司实际上可以用 5 个叶片而不是 10 个叶片来制造风扇，这既节省了现在的材料成本，也节省了以后的能源成本。费什实际上创建了一家属于自己的公司，名为“鲸能”（WhalePower），打算把这些叶片放进风车里。但当时刚好是 21 世纪第一个年代末，经济凋敝，因而将这项技术推向市场的动力在很大程度上丧失了。

费什研究鲸鱼大约三十年了，他依然认为这种带有结节的叶片是一个不错的主意，无论是在水里还是在空中都有很多潜在的应用前景。他在爱德华王子岛的加拿大风能研究所（Wind Institute of Canada）甚至有一台风力涡轮机在运转着。在那里他发现，在中等速度下，这种叶片上有结节的风力涡轮机确实比叶片上没有结节的涡轮机运转得更好。

“我认为，它们有前景。它们能拯救万物吗？不能。”他说道，“但我认为，在某些特定领域，它们将给我们带来真正的收益。”

与此同时，他对其他多种形式的水下运动展开研究，包括帮助设计了一种仿生蝠鲼形机器人，无论是在监测海洋健康方面还是执行军事侦察方面，终有一天它将会成为高效的海上无人机的典范。然而游泳机器人并不是仅仅只有这么一些设计方案——科学家们正在以各种鱼或章鱼为基础，甚至还以我们很快就会讨论到的水母机器人为基础建造各种各样的游泳机器人。它们都没有一个完美的解决方案，但是它们在不同的环境中均具有某种特定的优势。以螺旋桨为基础的运载工具可能非常适合下潜去勘测水下的损害，比如石油泄漏。一个能耗更小的节能型机器人则更适合于从事长期的环境监测。正如不同的动物有不同的生态位和优势，以它们为灵感而设计的机器也应如此。

费什的鲸能公司的座右铭是："在未来 100 万年的实地测试中构建能源的未来。"关键是，这些创新的灵感不是源自自然界的某种特定的理念，而是源自生物的多样性。随着气候变化和人类的入侵威胁到这些动物，我们可能会失去所有从这些实地测试中学习的机会。座头鲸也不例外。由于人类觊觎它们的肉和脂肪，这些温和的庞然大物在 20 世纪初几乎被猎杀殆尽。

"如果座头鲸在 20 世纪初被猎杀殆尽，会不会有雕塑家看到过它们的样子？我是否还能看到那些隆起物？"费什问道，"我可能只能在博物馆见到一具骷髅。所以我们有责任要保护这一切，因为我们不知道其他的有机物会给我们带来什么灵感，或在实际上带给我们某种新的创新。谁知道下一个技术将源自何处？"

对于一个出生在俄亥俄州托莱多（Toledo）的航空工程师，一个希望大学毕业后回到中西部的孩子来说，“水母专家”绝对是一个非常奇怪的职业。但是对于这位原加州理工学院的工程师，后来成为斯坦福大学教授的约翰·达比里（John Dabiri）来说，这是一个令人惊讶的、貌似矛盾的结合。这位在30岁这一成熟的年龄时获得2010年麦克阿瑟天才奖的机械工程师是一位虔诚的、经常上教会做礼拜的信徒，他必须使圣经的教导与达尔文的演化论相协调。他也是逃离政治动乱，最终来到美国中西部小镇的尼日利亚移民的后裔。中西部小镇的种族界线黑白分明，是一个他不太适应的世界。

在家里，他的世界被一套截然不同的规则统治着。达比里的父亲是一名工程师，在当地一所大学教数学。他的母亲是一名计算机科学家，创办了一家自己的IT公司。为了逃避他们那令人担忧的社区，他们把他送到一所小型浸信会高中，在那里他以全班第一名的成绩毕业。达比里一直认为，他最终会为美国最大的汽车制造商之一——比如通用汽车或福特汽车公司——效力。这将是一种很不错的、简单的、体面的谋生方式。但他在普林斯顿大学求学时，有位名为亚历山大·史密茨（Alexander Smits）的教授劝说他离开舒适区，鼓励他与加州理工学院的莫尔塔扎·加里卜（Morteza Gharib）合作。

加里卜早已开始在不同的领域寻找灵感：他探索了胚胎心脏如何泵出液体，以及战斗机机翼周围如何形成湍流。他鼓励达比里也开始思考汽车引擎和喷气涡轮机之外的东西。达比里近乎本能地抵触这个想法。他讨厌它。他在普林斯顿大学的最后两个夏天都在研究直升机。在他看来，生物学不过是——正如他后来所说的——

“记忆和集邮”而已。

加里卜没有打消引导达比里的念头。他迎难而上，说服达比里放弃在福特汽车公司体面的实习工作，转而去加州理工学院实习。（他所参与的加州理工学院的这个项目被称为“暑期本科生研究奖学金”［Summer Undergraduate Research Fellowship］，或简称为 SURF[①]。这个项目的首写字母缩略词似乎预兆着什么。）达比里耸了耸肩——至少，如果不出意外的话，他会在阳光明媚的加利福尼亚度过一个夏天。他登上了一架飞往洛杉矶的飞机。这是他平生第一次乘坐飞机，对一名直升机工程师来说，这可能有点讽刺意味。

这位年长的科学家带着达比里前往长滩水族馆寻找灵感。在那里，在一个装满水母的水族箱前，这位未来的火箭科学家发现自己为水母缓慢而又有规律的运动所吸引。水母是一种不寻常的生物。它有一个柔软的身体，没有任何盔甲，也没有大脑——只有一个散射的中枢神经系统。它没有肛门，所以它不吃的东西一定会循原路回来。它没有有鳍鱼类那样圆滑而强有力的身段。有鳍鱼类的速度、力量和敏捷性使它们自大约 4 亿年前的泥盆纪以来就一直统治着海洋。然而，水母却幸存了下来，甚至繁衍生息了 6.5 亿年——远远超过了在此期间兴起而又衰落的恐龙。在某些情况下，有触手的生物表现得太好了，甚至在气候日渐变暖和生态体系不断恶化的环境下仍能繁衍生息。据估计，海洋中大约 40% 的生物量是由水母构成的。无论如何，这位工程师推断，水母一定在做正确的

---

① 这一项目的简称的拼写 SURF 恰与英语中“冲浪运动”一词的拼写相同。——译者注

事情。

“一方面，它们看起来非常简单，但其中有很多有趣的错综复杂的东西。”他后来谈到这次经历时说道。

那天，达比里观察了水母的身体。但在他的研究中，他把注意力从动物的运动转移到它们的尾迹，确切地说，是它们在流体中留下的涡流轨迹。这位年轻的工程师不由自主地注意到水母和人类心脏之间潜在的相似性。两者本质上都是靠收缩和舒张肌肉来抽取含盐的液体。他和加里卜研究了水母在水中留下的涡流轨迹，并将其与流入心脏心室的血液的轨迹进行了比较。这项研究被证明是具有启发性的。他们很快就发现，血液流动中所留下的涡流轨迹可以迅速显示心脏是否正常跳动。这可以在其他症状出现之前就告诉心脏病学家，病人的心脏是健康的还是受损的。

那个夏天改变了达比里的学术生涯。他回到普林斯顿后便向加州理工学院申请博士学位，由加里卜担任导师。他开始从各个角度探测水母的秘密。他观看了水母的视频，并设法建立物理模型（这些模型基本上是简陋的机器人），以产生与水母类似的尾迹。一旦他开始思考引擎之外的问题，他就很难停下来。达比里意识到，方程并不在乎水母和喷射式涡轮之间的外观差异。方程描述了气流和水流中的模式。这些模式可在气流和水流中找到，也可以由生物或机器来制造。这位航空工程师开始将他的水母方程应用到潜艇上，使其更加高效——不一定是把金属容器变成橡胶囊，而是通过调整设计，使其尾迹中产生的涡流与气流看起来更像水母的涡流轨迹。

达比里开始向其他海洋居民寻求灵感。他注意到鱼群都密密麻麻地挤在一起——尽管它们本不应如此。一条游动的鱼所产生的湍流会严重地阻碍游在它后面的鱼。事实上，鱼群中，每条鱼都能在它前面的鱼所制造的漩涡中找到正确的位置，因而都比单独游动的那些鱼更有效率。这与风电场面临的问题类似——一台风力涡轮机严重破坏气流，致使下一台风力涡轮机往往需要安装在 1 英里以外。达比里采用生物学家用来计算理想的鱼群位置的工具，开始模拟菱形的涡轮机位置。通过转换成垂直轴涡轮机，并将每台涡轮机当成鱼群中的鱼一样进行定位，这位工程师发现，每台涡轮机都可以利用其在恰当的位置所产生的湍流来提高其性能而不是对其性能造成损坏。这一发现将使风力发电场的每英亩发电量提高到原来的 10 倍。

科学界对垂直轴风力发电场也有一些批评。能源与政策研究所（Energy and Policy Institute）高级研究员迈克·巴纳德（Mike Barnard）认为，垂直轴涡轮机的潜力早在 25 年前就被那些与桑迪亚国家实验室（Sandia National Laboratories）等机构合作的研究人员探索过。更重要的是，他写道，达比里的研究基于一个错误的假设：传统的水平轴风力涡轮机之间的土地不能用于别的地方。他说，事实上，许多涡轮机只是占用了它们用作建基座的那一小块地，这一小块地可以出租，而周围的其他区域可以用于其他用途，比如农业。如果你这样看并做相应的计算，水平轴风力涡轮机比垂直轴风力涡轮机效率高得多，而这正是它们一直主导市场的原因所在。

“我钦佩他的信念，但他让我想起了 20 世纪初的那些预言家们，他们坚持认为汽车是一种无聊的想法，永远无法与火车头一较高低。”达比里在一封电子邮件中告诉我，“他的论点归结为这样一个事实：当前的技术是可行的，而像垂直轴风力涡轮机这样的新想法迄今还没有得到证实。在他能指出的这些新想法中不存在任何潜在的技术缺陷，只不过新的风能技术没有获得成功的先例而已。”

他说，在过去的三十年里，关于如何布置打蛋器形垂直轴风力涡轮机的研究微乎其微。在他看来，把像风车一样的水平轴风力涡轮机之间的空间全都留出来，基本上就是把发电潜力留在桌面上。

在像美国这样的发达国家，我们的能源通常集中由水电站、燃煤电厂或者风力发电场生产，然后通过电网输送到可能是数百英里以外的家庭和企业。但在发展中国家的农村或偏远地区，分布式能源供应——就近建设发电场——或许更有意义。

“因此，与其在得克萨斯或者达科他建一座能生产数百兆瓦（10^6W）电力的大型发电厂，然后将其传输到千里之外的实际消耗之地，还不如在接近最终用户的地方发电。我认为这里面有很多机会，越来越大的机会。”达比里说道。

垂直轴风电场更符合这一要求。它们较矮，大约 30 英尺高，而水平轴风车的高度可以达到 300 英尺。这使得垂直轴风电场不那么显眼，更容易放置在它们所提供电力的家庭和企业附近。这是一个吸引人的想法，但目前还缺乏证据。

为此，达比里建了一个试验性的风电场来检验自己的理论——位于阿拉斯加的伊久吉格，一个常年多风、人口只有大约 70 人的小渔村。这里天气寒冷，多风，而且地处偏远，所以这里的居民不得不把急需的燃料空运进来。每千瓦时的能源费用约为全美平均水平的四倍。这位科学家希望，垂直轴风力涡轮机经过适当的配置和排列，最终能够满足村里的大部分能源需求，让他们摆脱对具有污染性的碳氢燃料近乎完全的依赖。

这项研究的一部分是与阿拉斯加安克雷奇大学（University of Alaska Anchorage）的彭吉峰（Jifeng Peng）合作进行的，涉及对来自不同制造商的涡轮机进行测试，以便能查明哪些涡轮机在他的项目中运转得最理想。毕竟，他指出，自20世纪80年代中期以来，几乎没有任何关于垂直轴风力涡轮机的研究。

达比里说："在某些情况下，我们几乎是从零开始，试图彻底改造一些设计功能，弄清楚三十年前哪些功能不可行，以及如何让它现在能够正常工作。"达比里说。

在这样一个偏远地区工作很有挑战性。他们必须想办法防止涡轮叶片结冰，因为结冰会影响它们的性能。他们只从两家不同的制造商那里购置了3台涡轮机，看看哪一家制造商提供的涡轮机运转得更好，因为如果出现问题，一次只需修理一两台比一次修理10台要好，尤其是在需要从遥远的中国进口储备零件的时候更是如此。但他们计划在2016年底前将其扩大到5～6台，并计划在接下来的一年里再增加几十台。

在伊久吉格还有一个研究项目，由华盛顿大学的一个研究小组负责，该项目使用达比里所称的垂直轴风力涡轮机来进行风力发电。这也许能为这个渔村提供所需电力的30%，而成群的涡轮机以其最强劲的配置，可能满足其60%～75%的电力需求。

"如果要追求完善的话，我的愿景是把这个村庄变成一个完全可再生的系统。"达比里说。他期待的是一个没有柴油的系统。

一时心血来潮，我问达比里，他是否听说过弗兰克·费什的鲸鳍结节研究，以及这些研究是否有可能整合到他的鱼群涡轮机群中来。

“有可能！”他说道，“坦白地说，事实上，我认为它在垂直轴涡轮机上可能比在水平轴涡轮机上更有意义。”这是因为，一方面，传统风车的叶片以相当低的迎角对空气进行切割——这意味着它们没有充分利用那些有助于座头鲸进行急转弯的结节的能力；另一方面，垂直轴涡轮机在旋转过程中的某些点确实会以较大的迎角切割空气，因此将这些突起的结节放置于叶片前缘可以进一步提高效率。

通过对各种海洋生物的研究，达比里得出的一些见解可能影响到医学和气候变化等多个领域。虽然他的一生看上去充满了魅力——29 岁成为终身教授，30 岁时获得麦克阿瑟天才奖——但他似乎从不认为自己的成功是理所当然的。他说，面临失败和遭到拒绝是工作的一部分。尽管他在享有盛誉的《自然》杂志上受到称赞，但他向（美国）国家科学基金会申请的重大拨款却遭到拒绝；尽管他赢得了职业生涯中诸多决定性的奖项，但他的论文仍被主流杂志拒绝。麦克阿瑟基金会第一次联系他的时候，他以为他们只是在找加里卜。

当然，随着时间的推移，这样的一些拒绝已经变成了尊重：当他第一次提出水母潜艇的想法时，一名海军军官笑了。现在他源源不断地从他们的研究办公室获得资助。至于那笔 50 万美元的天才奖奖金都花到哪里去了，这位科学家说，他会拨出一小部分资金用于受水母启发的更谦逊的研究：游泳课。此言非虚——虽然他的实验室里有一个水族馆，并研究那些海洋动物，但达比里从来没有学过游泳。

我定期和达比利联系，因为我经常报道他的研究。最近我问他：游泳课上得怎么样了？

“怎么说呢？我可以平静地沉下去。不幸的是，这就是我的全部收获。”他尴尬地笑着说，“所以在这一点上我已决定我要花时间了解那些优秀的游泳运动员是如何在大自然中完成他们的任务的……也许有些想法最终会被人接受。”

也许我在2010年流体动力学大会上看到的最吸引人的演讲——要知道当时吸引人的演讲可多了——就是关于飞蛇的演讲。

是的，你没看错：飞蛇。或者更准确地说，是滑翔的蛇——这种蛇可以从树梢或其他平台滑翔330英尺远。这听起来像是噩梦，但不用担心：这些蛇仅存于东南亚一带，除非你去寻找它们，否则你不太可能遇到它们。尽管如此，这些动物似乎违背了自然规律。大多数运用空气动力原理的非鸟类动物，如飞鼠、滑翔蜥蜴，都有着巨大的像翅膀一样的皮瓣，从胳膊一直延伸到腿部，形成了风筝一样的结构，可以“航行”到安全的地方。但是蛇没有这样的四肢来悬挂这种方便的降落伞。也许这些蛇（金花蛇属）最奇怪的地方在于，它们看起来很普通。

然而，如果你在一片森林空地上搭建一个平台，然后拍摄一条这样的蛇跃入空中的画面，你会发现它们的移动方式一点也不寻常。首先，它猛地从平台上一跃而出，大角度地向下俯冲。但接下来它们会突然趋于平稳然后小角度地继续往前滑翔。在空中飞行时，它们的头部会不断地左右摇摆，在这个过程中，蛇的后半身几乎要超过前半身，几乎呈跌倒状地往前窜，但它永远都不会跌下去；其尾巴会做出一些甩鞭的动作，匪夷所思地翻腾着继续往前蹿去。就像塞缪尔·L. 杰克逊（Samuel L. Jackson）在一部略有不同的电影中可能会说的那样，这些该死的蛇根本就不需要该死的什么飞机。

弗吉尼亚理工大学的生物力学家约翰·索查（John Socha）一生中都在研究这些神秘的动物，破译了它们飞行能力方面的许多适应性。首先，这些动物确实是跃到空中。它们把身体的背部缠绕在树干或树枝上，然后将身体的前半部向前射出去，使它们成为唯一能够进行真正跳跃的蛇。然后，它们将身体变平，将底部的表面积增加一倍，并给顶部一个应用空气动力学原理的抛物曲线。它们用弯曲身体的方式把整个表面变成了翅膀，但是，由于这是一个不对称的翅膀，它们要不停地左右摇摆，防止身体向一边或另一边倾斜。

索查在演讲进行到一半的时候展示了一个既恐怖又令人捧腹的视频。他和同事们设计好了场地，这样蛇就会想要朝着明显的逃跑方向直飞过去。研究人员会安全地站在一旁，等到它一着地就跑出来抓它。但在这段视频中，这条蛇自己飞了起来，然后立即钩住树枝，一个急射径直朝着在两侧等着的两个科学家飞过去。其中一个急忙蹲下来躲在脚手架后面，另一个戴着蓝色手套的助手难以置信地抬头看了看，然后连忙闪开。

我不得不承认，每次看到这段视频，我都会暗自发笑，从而再次肯定我是一个令人讨厌的人。但我重看这段视频还有另一个原因：让我吃惊的是，这些蛇居然能控制方向。这些动物的飞行方式与我们在鸟类、蝙蝠和滑翔机上看到的完全不同。对它们的飞行进行分析和建模，可以让我们对生命如何在一个充满流体的世界里航行有无法想象的深刻见解。

第三编　系统建筑

第五章　像白蚁一样建筑

——这些昆虫教给我们关于建筑之类的知识

第六章　蚁群思维

——蚂蚁的集体智能如何改变我们所建的网络

Part III ARCHITECTURE OF SYSTEMS

5. Building Like a Termite: What These Insects Can Teach Us About Architecture (and Other Things)
6. Hive Mind: How Ants' Collective Intelligence Might Change the Networks We Build

第五章　像白蚁一样建筑

——这些昆虫教给我们关于建筑之类的知识

津巴布韦哈拉雷的伊斯特盖特购物中心（the Eastgate Shopping Center）位于罗伯特穆加贝路和山姆努约马街的交叉路口，这条路的交通状况貌似不容乐观。从远处看，这座灰色的建筑就像你在非洲南部可能找到的任何其他混凝土办公大楼，它宽阔、低矮的框架与偶尔点缀在天际的蓝色摩天大楼形成了鲜明对比。但当我们走近时，细节开始使它显得与众不同。坑纹混凝土（brushed concrete）被制成类似花岗岩的形状，以向大津巴布韦遗址（Great Zimbabwe）致敬。大津巴布韦是修纳人（Shona）的祖先在 11 世纪至 15 世纪期间用石头修建起来的一座城市，如今已经荒芜。构成这座建筑框架的水泥板竟然被切割成 X 形，给这座覆盖半个街区的八层建筑带来了一种意想不到的通风效果，好像它是一个棚架或一个藤架，在等待葡萄藤的生长。确实有植物在墙里墙外爬进爬出——简直称得上是一种自然的、内置的冷却机制。还有不少鸽子在建筑物周围的许多角落和裂缝中筑巢。

“我喜欢这些鸟儿。”我们走进大楼时米克·皮尔斯（Mick Pearce）告诉我说，“那边还有一只游隼。”

伊斯特盖特购物中心矗立在那里向世人昭示了建筑灵感来自自然的好处。它于1996年完工，由建筑师皮尔斯设计。这位建筑工程师对自己家周围的白蚁丘非常着迷，那些白蚁丘里的小小栖居者貌似不需要人类建筑似乎必不可少的昂贵的供暖和空调设备就能调节室内温度。

界定城市天际线的典型办公建筑是摩天大楼，它们的镜面就像好莱坞明星佩戴的飞行员太阳镜那样反射出周围的环境。对我来说，它们代表了20世纪90年代公认为美的东西——一个由没有生命的金属和玻璃构成的矩阵状梦境，与自然环境赫然分开，是机器人为控制人类而创造的虚幻城市景观的完美背景。它们的美并不在于建筑技巧的表达，而在于对生物极限的限制。

这些办公楼无论高低，本质上都是低能效的。在冬天，它们透过那些宽大的玻璃窗，把自己的热量都泄漏出去了，需要加热器来弥补温差。在夏天，它们就像温室一样烘烤着居民，除非他们整天开着空调。这些建筑物不断地与自然气候做斗争，不断地与之对抗而不是合作。它们也回收冷却过的空气以节省能源成本，但这可能会导致室内空气质量问题。

尽管这些建筑装有三层玻璃，并采用了其他方面的技术改进措施，但几乎是故意地低能效，对经济和环境都有着严重的影响。建筑能耗占美国能源消耗总量的40%，其中住宅建筑的能耗约占21.4%，商业建筑的能耗约占18.6%。纽约和芝加哥这样的城市，未来几十年内的人口将越来越多，其建筑能耗占比将会飙升至70%左右。许多建筑能耗以及供暖和空调使用的效率低下都是可以避免的；这些问题中有一些是因人类的行为而加剧的。例如，美国自然资源保护委员会最近的一项调查发现，在曼哈顿和布鲁克林的三百家零售企业中 20% 的企业在炎热的夏天会开空调并开门引客，由此泄漏的大量“冷气”导致他们每月的能源账单增加了 25%，并使本已不堪重负的市政电网严重超载。

随着人们对这种低能效建筑物的担忧加剧，潮流开始转向反对玻璃大厦。肯·沙特尔沃思（Ken Shuttleworth）是伦敦标志性建筑“小黄瓜”——看起来更像一个巨大的、尖尖的 法贝热彩蛋——背后的建筑师。他已经摒弃了摩天大楼。“我们不能再这样了。我们不能再造这些全玻璃的建筑了。”2014 年他在英国媒体上发言时说，“我们不能再有玻璃大厦了，我们需要承担更多责任。”就在几个月前，人们发现另一幢外形奇特、绰号“对讲机”的伦敦摩天大楼导致附近的店面如同在被煎炸，并将一辆停着的捷豹的侧视镜熔化；这座弯曲的、反光的建筑物将阳光聚焦在下面的街道上，烧坏了地毯，并使塑料产生泡沫。

很明显，如果城市要在未来几十年里达到美国和国际社会削减温室气体排放的严格目标，我们就必须让城市的基础单位——建筑物——比现在更加节能。这就需要我们在建筑、工程和施工领域进行彻底的反思。

就这点而言，伊斯特盖特购物中心可谓是一个先驱者，是在建筑领域对玻璃摩天大楼设计问题的反击。这座大型购物中心没有空调系统，但是在夏天能保持相对凉爽，在冬天则能保持温暖。它之所以能做到这一点，部分原因是利用了建筑工程中的“烟囱效应”[1]——由于柱内空气和柱外空气在温度和湿度上的差异，我们可以利用柱内空气的浮力使热空气向上流动并排放出去。在很长一段时间里，科学家们认为，这就是某些带有“开放烟囱”的白蚁丘的形状背后的原因。在他们看来，蚁丘中间的空洞是为了让隐藏在土堆下面的巢穴保持舒适凉爽。

皮尔斯所设计的混凝土办公楼使用风扇将冷空气从建筑底部吸入，穿过房间为其降温，然后通过中央通风系统的烟囱排出。这位建筑师估计，与传统建筑相比，这座建筑节省了大约 90% 的能源成本。该设计入围并获得多项国际大奖，这其中就包括 2003 年“克劳斯亲王文化与发展奖”。

不过，有一个小问题，一位名叫斯科特·特纳（Scott Turner）的生物学家吞吞吐吐地告诉我，好像他害怕带来坏消息似的。在他看来，虽然伊斯特盖特购物中心的“烟囱效应”设计应该是想模仿白蚁建筑，但白蚁丘实际上并不是这样发挥作用的。

从纳米比亚首都温得和克向西北偏北行驶 3 个小时的行程中，每隔一段路程都会见到一些三角形的高速公路警示牌提醒路人注意疣猪横穿，以及山坡上覆盖着五颜六色的铁皮屋顶小屋。在一座属于猎豹保护基金会所有的低矮平房的后面，斯科特·特纳的靴子嘎吱嘎吱地踩过荒野上的枯草和金合欢树的尖刺。这里的宁静是我很

① 烟囱效应，是指户内空气沿着有垂直坡度的空间上升或下降，造成空气加强对流的现象。有共享中庭、竖向通风（排烟）风道、楼梯间等的建筑物或构筑物（如水塔），具有类似于烟囱的特征（即从底部到顶部具有通畅的流通空间）。在这里，空气（包括烟气）靠密度差的作用，沿着通道很快进行扩散或排出建筑物的现象，即为烟囱效应。——译者注

少经历过的——这是一种由于远离城市而产生的广阔的寂静，所有你从未留意过的噪声，比如橡胶轮胎在路面上滚动时发出的持续的黏糊糊的沙沙声，突然间完全消失了。取而代之的，是巨大的、像珠宝一样的蜣螂偶尔发出直升机一样的嗡嗡声，看不见的、不熟悉的鸟儿如同鸡尾酒派对上互相攀谈那般叽叽喳喳地叫个不停。

特纳，这位纽约州立大学的生理学家[①]，正朝着一个从地下冒出来的看上去像是巫师帽一样的砖红色的圆锥体走去。这个圆锥体很高，因此他只要稍微弯下腰，身子略往前倾就可以对它进行观察；他的手掌就像医生检查病人一样按压在被太阳晒得热烘烘的那座圆锥体的斜面上。

特纳每年都会和一群形形色色的研究人员前往非洲南部，去到一个拥有各种各样的白蚁丘的国家。此次同行的同伴中有两名工程师、两名物理学家和一名对仿生机器人感兴趣的昆虫学家。之前几次的同行者中还包括其他的研究人员，他们研究白蚁是为了给机器人编程，让它们在不需要中央计划或能发号施令的建筑师的情况下建造构筑物。就像白蚁一样，这些机器人只是遵循一些简单的规则，当它们相互交流时，这些规则允许它们在一定的设计规范之内建造一个构筑物。在我为《洛杉矶时报》报道有关机器人的工作时，哈佛大学的一名工程师提到他曾与纽约州立大学的一名生物学家合作，我因此获悉了 2014 年春天的这趟旅行，并恳求特纳让我同行。

斯科特·特纳是无意中进入白蚁研究的。作为一名训练有素

---

① 生理学（physiology）是生物学的一个主要分支，是研究生物机体的各种生命现象，特别是机体各组成部分的功能及实现其功能的内在机制的一门学科。联系上下文，特纳这位专攻白蚁的生物学家研究的主要是昆虫生理学。——译者注

的生理学家，他一直对生物与其所处环境之间的界面感兴趣。他越来越发现，这个界面或者说界限比人们可能想象的要模糊得多。20 世纪 80 年代末，特纳在南非待了几年，在靠近博茨瓦纳边境的一个非常偏远的校园里教了一年书。绿油油的草地上点缀着一座座白蚁丘，于是特纳教授便决定用这些随处可见的构筑物进行课堂演示，向学生们展示一些测量气流的原理。（部分原因是出于绝望，因为据说有人偷走了生物实验室的几乎所有设备，只留下一些烧瓶和一个水槽。）他往白蚁丘里灌进了一点丙烷气体，然后把一个传感器装在白蚁丘的“烟囱”里，想看看那些丙烷气体什么时候可以源源不断地从白蚁丘里那些巨大的通道中流出来。当探测器显示并没有如此稳定的气流从这些管道通过时，他不由得感到困惑。

“我非常相信文献中每个人所说的白蚁丘是如何运转的……气流一点儿都不像他们说的那样，一定会怎样怎样。”特纳说道，“这让我有点好奇。”

关于这些雄伟的白蚁丘，你可能想知道的第一件事就是白蚁并不生活在其中。相反，那些昆虫生活在一个一个的地下巢穴中，它们在那里种植一种特殊的真菌，这种真菌可以帮助它们将带回家中食用的坚硬木材制成堆肥。白蚁丘也有各种形状和大小，包括（但不限于）：平缓的圆形土丘；带尖顶的高土丘；顶部有开放“烟囱”的锥形土丘；又高又瘦的圆柱状土丘；较短的、顶部带有圆柱体“烟囱”的土丘。印度的一些白蚁丘看上去很像童话中城堡的堡垒，中间有一个尖塔，周围耸立着一座座的山峰。从白蚁的尺度来看，这些土丘无疑属于摩天大楼。我想象着，这么多形形色色的白蚁版摩天大楼聚在某个地方，形成了奇怪的天际线。

科学家们认为，建造如此复杂的结构肯定是有目的的。早在 20 世纪 50 年代末，瑞士昆虫学家马丁·吕舍尔（Martin Luscher）就在《科学美国人》（*Scientific American*）杂志上提出了他关于白蚁丘功能的观点：它们被用来帮助调节白蚁巢穴中整个群体的体温。毕竟，白蚁巢穴的代谢率相当高，大约在 55 ～ 200 瓦之间——大约和山羊或牛一样多。如果白蚁不设法释放出一部分热量，它们很快就会被烤焦。但是白蚁不能把它们所有的热量（和湿气）释放到环境中——它们是脆弱的生物，无法在野外生存。因此，人们认为，这个土丘是用来调节温度（和湿度）的。

白蚁丘的形状大小各异。吕舍尔说他检查了纳塔尔大白蚁（*Macrotermes natalensis*）的蚁丘，它形成一个圆形、封闭的顶峰，每一侧都有脊线，因而外观陡峭不平。（特纳曾暗示说，吕舍尔一直在看的也许是另一种叫作好战大白蚁［*Macrotermes bellicosus*］的蚁丘，这种蚁丘与纳塔尔大白蚁的相似。）这种蚁丘没有任何大的开口用来散热，但却为许多被称为“表面管道”的巨大隧道所贯穿，它们在白蚁构筑物的表面之下平行地运行着。蚁巢位于地面之下，蚁巢之外则立着各式各样的粗大“烟囱”，这些“烟囱”与复杂的“网状”隧道相连接，而“网状”隧道又与地面管道相连通。地面管道也连接到蚁丘的出口体系——一个错综复杂的、由通向蚁丘表面的小隧道所构成的巢穴——从而让它可以透气。

根据吕舍尔的模型，蚁巢附近的空气受到白蚁活动的加热和加湿，因此变得更有浮力，然后通过连接蚁巢和蚁丘的中央“烟囱”上升。但是蚁丘的顶部是封闭的，因此空气无处可去，只能通过与蚁丘表面平行的地下隧道继续流动。当经过这些离蚁丘倾斜表面只有几厘米的隧道时，这些空气透过这些多孔的壁面与外面过滤进来的空气结合而得到“净化”。经过冷却且更加干燥的空气，其密度越来越大，并继续下沉到隧道之中，进而环绕着回流到巢穴中，被白蚁吸入体内进行加热并变得湿润起来。这个模型把白蚁丘描述得有点像是个心肺机——它外包了白蚁的氧气循环，因此被称为“热虹吸流”①。

但是那些顶部有着开放式“烟囱”的蚁丘呢？又有人提出了另一种“诱导流”的理论来解释这些大白蚁蚁丘的动力学。在这个模型中，从蚁丘顶部吹过的风会把空气从烟囱顶部抽离，同时也有助于把烟囱下方的空气往上拉。蚁丘底部周围的通风口将底部的新鲜空气吸进来，空气进入巢穴之后吸收里面的热量，然后通过烟囱上升，在稳态风的帮助下被抽出。对建筑师们来说，这就是广为人知的“烟囱效应”。显然，这就是伊斯特盖特购物中心等建筑物的灵感来源。伊斯特盖特购物中心的一个特点就是有着一连串的烟囱，帮助排出建筑内部积聚的热空气。

在这些理论出现之后，尤其是在伊斯特盖特购物中心建成之后的几十年中，许多专家对白蚁丘的温度控制的优点赞不绝口，声称这些白蚁丘的温度与白蚁生存所需的理想温度的偏差始终在 1 华氏度之内。

---

① 热虹吸效应（thermosiphon effect），指以热为动力产生的虹吸现象或者说温差环流。以虹吸式换热器为例，换热器里液体被加热后，体积膨胀，密度变小变轻而会上升，周围冷的液体来补充，于是形成循环。而这里所说的“热虹吸流”（thermosiphon flow），指的是白蚁丘中的内、外空气因为冷热差和密度差而形成空气的流动和循环。——译者注

“它的温度总是精准地保持在 87 华氏度，而其外部非洲大草原的温度变化则在夜间的 35 华氏度到白天的 104 华氏度之间。”①1997 年《纽约时报》一篇关于伊斯特盖特购物中心的报道这样解释。

然而，自从那次给南非学生做的演示没有达到预期效果之后，特纳便开始意识到这并不是正确的。从 2004 年初到 2005 年初，他对这些蚁丘进行了跟踪研究，发现迈克尔森大白蚁（*Macrotermes michaelseni*）蚁丘全年的温度变化从冬季的 14 摄氏度到夏季的 31 摄氏度不等——这一变化与它们所居住的地方的土壤的温度有关。因此，所谓蚁丘的通风孔是为了保持恒温（和恒湿）并充当天然“空调机”的基本假设不可能成立。

从 1995 年到 1997 年，他研究了 45 座由迈克尔森大白蚁所建造的没有开口烟囱的蚁丘，这些蚁丘看起来有点像纳塔尔大白蚁的构筑物，只是少了那些引人瞩目的脊线而已。特纳往这些蚁丘里注入了丙烷气体示踪剂，并通过在蚁丘上安装传感器来监测所注入的这些丙烷气体示踪剂是如何通过那些隧道的。他很快就证明，空气并不是像吕舍尔描述的那样，在这个由蚁巢里的热量和湿气提供动力的有序回路中在蚁丘里循环流动。心肺机也不过如此而已。

相反，在蚁丘内部发生的并不是循环，而是混合——两团空气之间的一种混乱、狂暴的相遇。其中，陈旧的空气在蚁巢的上方悬浮徘徊，而新鲜的空气不知怎么地就钻进蚁丘里来了。

特纳意识到，空气的运动与热调节关系不大。事实上，这个蚁丘更像是一个真正的肺——促进氧气和二氧化碳的交换，这样昆虫

① 87 华氏度约等于 30.6 摄氏度，35 华氏度约等于 1.7 摄氏度，104 华氏度等于 40 摄氏度。——译者注

就不会在自己的呼气中窒息而死。

特纳已经做了很多实验，包括向蚁丘的隧道中注入丙烷，并观察这些示踪气体会发生什么变化。他找到了为蚁丘中的这种空气混合提供动力的另一种解释：它既不是主要由有浮力的空气提供动力（就如在封闭的蚁丘模型中那样），也不是靠稳态风加上有浮力的空气的辅助提供动力（就如在有开口的蚁丘模型中那样）。与这些模型不同的是，他的解释并不涉及一种有序的、传送带一样的气流通过蚁丘的主要隧道。

相反，特纳的结论是：湍气流——风的加速和减速以及改变方向——为蚁丘内的空气混合提供了动力。

对于一名工程师来说，这似乎是一个奇怪的概念。毕竟，湍流风噪声大、效率低，而且往往会碍事。想象一下玩具风车：它在被湍流风推动的同时，也有可能被湍流风吹得变形。这也就意味着，它除了瞎折腾外没有什么用处。为了让风车好好转动，你需要借助稳态风——风车的持有人常常朝着风车的风叶吹气，就是为了创造这种稳态风。

然而，问题在于，就像自然界没有现成的道路一样，自然界也没有可预见的稳态风——尤其是在纳米比亚。如果你要建造一个利用稳态风来发挥作用的建筑物，那是行不通的。但有些讽刺意味的是，瞬态风却更容易依靠。（俗话说，“唯一不变的就是变化”。）这些白蚁丘似乎已经建立了一种结构，能利用这些短暂的风，为新鲜的氧气置换不新鲜的二氧化碳提供动力。

特纳想得越多，就越觉得它跟人的肺功能相似。空气通过气管，气管分成支气管，而支气管又分叉成更小的被称为细支气管的通道。肺不是靠循环工作的；当人们把空气吸入主要通道（气管和支气管）时，大量的气流基本上在这个地方停止流动。在系统开始时起主导的可能是大规模的空气流动，在系统结束时则是扩散起主导，但在这种中间区域主要是由混合过程起主导，这才是关键。特纳认为，白蚁丘底部周围正在发生的事情基本上就是：蚁巢里的空气是静止的，根本不流动；但在蚁巢和靠近蚁丘表面的隧道之间的"边境地区"，二氧化碳分子会交换新鲜的氧气分子。

就人类而言，我们可以将空气吸入肺部，从而使该过程继续进行下去。白蚁没有那么奢侈。但特纳认为，昆虫在这个过程中并不是被动的。白蚁在不断地修复和建造这个蚁丘，他认为它们改变了蚁丘内部和外部的形状，从而得以利用瞬态风，为空气的混合提供动力。

白蚁像蚂蚁一样，过着合作、共同的生活，它们被统称为"超个体"（superorganism）[①]。每一个个体看似愚蠢、盲目，没有自己的长期目标和战略，但当它们一起行动时，它们似乎可以天衣无缝地为整个蚁群做出群体层面的决定，其中的每一只白蚁看起来都像是一只更大生物的肢体的一部分。"蜂群思维"（hive mind）是一个让人类着迷的概念，部分原因是它无须占用物理空间，就像我们人类的智慧就在我们的脑袋里一样。而这种能力——接受一套简单

① 超个体（superorganism）：也有译作"超有机体"，指蚂蚁、蜜蜂、黄蜂和白蚁等群居昆虫的群体。它们属于我们已知的社会化程度最高的非人类生物体，它们中的每个族群都具有严密的组织，借助于利他主义的合作、复杂的沟通和基于品级的劳动分工紧密结合在一起，形成一个超个体。离开了这个超个体，个体的生存乃至整个族群的繁衍都是不可能的。——译者注

的指令并做出一系列在更大尺度上看似明智的决定——是制造白蚁机器人的哈佛工程师们关注的焦点，这也是吸引其他成员参加这次春季探险的原因。不过我们稍后再来谈这个问题。

如果白蚁丘的功能真和人体中肺的功能一样的话，那么它基本上就是这个超个体的外部器官——也就是所谓的“扩展的表型”（extended phenotype）[①] 的一部分。演化生物学家理查德·道金斯（Richard Dawkins）在 1982 年出版的同名著作中详细描述了这一概念。特纳的整个职业生涯都在研究一种有机体和另一种有机体之间的界限，以及一种有机体与更大的环境之间的界限，最终发现这些区别并不是那么清晰。从这个意义上说，一个生物的“活体”部分的范围远远超出其皮肤（或外壳或外骨骼）的极限。

正如特纳模糊了有机体和环境之间的界限一样，他也在逐渐消除生物学和工程学之间的界限。在开始白蚁研究几年后，特纳

① 表型（phenotype）：又称性状，指基因通过表达所产生的生物体的具体结构。著名的演化生物学家道金斯指出，基因能塑造包括人类在内的动物的身体和行为，然而动物的身体和行为也能改变周围的世界。因此他认为，表型不应局限于蛋白质生物合成或组织生长等生物过程，还应扩展到生物为了有利于自己的生存和繁衍而对环境所做的改变。也就是说，生物对其环境的改变本身并没有基因，但是明显受到基因的影响，因此是基因“扩展的表型”（extended phenotype）。例如，一种水陆两栖的哺乳动物河狸要求自己的住所位于一定水深的水塘岸边。如果当地没有这种水塘，它就会在小溪或小河旁用树枝搭建水坝蓄水形成水库，然后在水库边建住所。河狸将住所的进口深藏在水库中，以防敌人侵袭；万一住所遭到破坏，河狸还可经地道逃到水库中避难。此外，水库还可贮存树木、树皮以作越冬食物。河狸修筑水坝的行为，就像河狸的爪子和牙齿一样，是由基因控制的，而水坝也像河狸的爪子和牙齿一样是有助于河狸繁衍生息的，这样水坝也就可以被理解为是河狸的一种表型。——译者注

与鲁珀特·索尔（Rupert Soar）合作。索尔是诺丁汉特伦特大学（Nottingham Trent University）的一名研究人员，目前专注于数字建筑技术和仿生制造。两人合写了一篇论文，讨论了伊斯特盖特模型背后的错误科学理论，并描述了他们对蚁丘用风力辅助“呼吸”这一能力的看法。

“当然，我们写这篇文章并不是为了批评。皮尔斯只是在遵循当时流行的观点，不管怎样，他最终建出了一座成功的建筑物。”他们早在2008年就写道，“但事实证明，白蚁丘的功能远比之前想象的要有趣多了。我们相信，这预示着新的以白蚁为灵感的建筑设计将超越皮尔斯最初的设想而具有广阔的可能性：建筑不仅仅是从生活中得到灵感——仿生建筑就是这种灵感的体现。从某种意义上说，建筑和它们的居住者以及它们所处的活生生的自然一样具有生命力。”

在某种程度上，研究人员们认为伊斯特盖特购物中心的根本问题是，该设计还没有达到仿生的程度。在你的手臂上绑上两只翅膀并不断地扇动翅膀，与了解鸟类的每一个单独的部分与整体形状以及在飞行时其身体周围的流体动力学是有很大区别的。只有做到充分了解，你才能将这些原理应用到现代飞机上，以不同的尺度、用不同材料来制造，从而达到更快的速度。毕竟，除非你完全理解法语，否则你不会去分析一首法语诗并把它翻译成英文。如果没有同样的知识深度，你怎么能期望有效地将生物学的知识转化为实用的人造设计呢？

科学家们已经着手这样做了：从几个方面对白蚁和蚁丘进行急需的基础性研究，以获得白蚁以及它是如何建造蚁丘的全分辨率的照片。作为与生物学家特纳合作的工程师，索尔认为，他与特纳的合作研究是多层面的。特纳把蚁丘视为白蚁生理机能的延伸，从底部向上观察它的结构，试图了解白蚁个体之间以及它们与环境之间是如何相互作用来建造这些蚁丘的；与此同时，索尔采用自上而下的方法，将石膏灌注到蚁丘中去，试图弄明白这一大规模的结构，并将研究成果转化为结构工程学的框架。自从他们开始埋头于白蚁研究以来，他们的角色和兴趣之间的界限已开始变得模糊。

索尔一只手里晃荡着一个听诊器，嘴里叼着个烟斗，跟特纳一起从草地穿过。他是特纳身边众多研究人员中的一位。多年来，特纳身边渐渐汇聚了各种各样的研究人员——这是他的科学扩展表型的一部分，如果你愿意这么说的话。

“它们是令人不可思议的大地工程师。”看着蚁丘，索尔评论道。近几十年来，研究人员已经开始意识到这种微小的、不断地进行地表改造的昆虫所带来的影响。“他们认为，白蚁塑造了地球的整个中间景观（middle landscape）。”

“中土世界（Middle Earth）[①]？”保罗·巴度尼亚斯（Paul Bardunias）开玩笑道。他是来自佛罗里达大学的一名昆虫学家，正在跟特纳做博士后研究。

“是的，中土世界。”索尔善意地回应了《魔戒》中的这一句台词，“你开始往下挖，你会发现所有的岩石和大石头都在地下一米

① 中土世界是出现在J.R.R.托尔金小说中的一块大陆，这名称来自古英语中的“middangeard”，字面含义是“中间的土地”，意指“人类居住的陆地”。托尔金曾暗示，中土世界所在的世界就是古代的地球，其北半部便是今日的欧亚大陆。在中土世界发生的故事，具体见他的《霍比特人》《魔戒》和《精灵宝钻》等。——译者注

左右。成千上万年以来，他们一直都在往那上面倒土，那些岩石都下沉了。而这就是为什么你看到的土壤是红色的。”

“那土壤难道不是每个人身上流出的血染成的？”德国工程师马克斯·库斯特曼（Max Kustermann）说。显然，他指的是纳米比亚暴力的殖民历史。

不是血液，但可能有其他体液。白蚁把岩石和碎屑包裹在它们的粪便和黏稠的消化液中，把它们变成一层极其肥沃的土壤。它们用挖出来的泥土把水分带上来，如此一来那些长得不那么深的根系也就可以吸收到水了，这也是纳米比亚这样干旱的国家可以拥有季节性湿地的部分原因。同时白蚁对找矿也有非常大的帮助。昆虫挖掘出深埋于地下的矿物质，这样，勘探者可以检查一个地区的白蚁丘，看看地底下有什么。对于那些矿业公司来说，这比引进设备和人员四处勘探要便宜得多、快得多，而且风险也小得多。

在距离最近的城市奥特基瓦隆戈以西约 25 分钟车程的猎豹之景（Cheetah View）的这座低矮的平房里，每一位研究人员来到这里都是出于不同的原因。鲁珀特和穿着考究的工程师马克斯合作，寻找创新的方法，将 3D 打印技术和数字制造工具引入建筑与施工过程。巴度尼亚斯则研究白蚁个体是如何做出决定的，设法弄清楚它们是怎样进行规划的，换句话说，它们为什么要建造它，又是怎么建造的。他的研究可能会进一步推动更能胜任工作的建筑机器人的诞生。而特纳与这些令人不可思议的建设者们长期待在一起，对其超个体般的特性进行研究，因此他充当了沟通者的角色。今天上午，特纳陪同哈佛的物理学家亨特·金（Hunter King）和山姆·奥克奥（Sam Ocko）用气流检测仪测量这些白蚁丘里的空气流动情况。

山姆是一名研究生，他坐在随身携带的折叠椅上，打开了一台笔记本电脑，将其与一台看似调制解调器的小盒子连接在一起，而这只盒子本身又连着另一根导线，导线的末端是一个小棉球般大小的探头。亨特是一名博士后研究员，他站在一座离山姆大概有 7 英尺远的白蚁丘的脚下，手里拿着那个探头，嗒 - 嗒 - 嗒 - 地敲打着白蚁丘，边敲边听，寻找一个可以泄露地面导管位置的空穴。

其实白蚁并不居住在蚁丘里，它们居住在蚁丘之下一个宽约 1.5 ～ 2 米，像是漏气的篮球形状的蚁巢里。蚁巢由一对交配过的白蚁所建，它们忙于繁殖后代，如此只需经过 4 ～ 5 年，整个蚁群就会有大约几百万只白蚁和它们生活在一起。

显然，这样一个快速成长的家庭需要不断地拓展空间。因此工蚁们便需要把土挖出来，并把这些土倒在地面上。在这一过程中工蚁不仅需要设法把那些泥土清除掉，而且还需要将洞里的水排出去，这就是为什么它们把潮湿的土壤弄出地表并堆成一堆，最终形成那些令人印象深刻的蚁丘。

“这是一个动态的结构：白蚁总是不断把土壤运送到地面上，特别是在雨季，因为建蚁丘的主要动力最初就是将土壤移上来，以防上面的水渗透下来。”特纳说道，“它们实际上是在清除巢穴中多余的水分。”

一旦土壤移上来了，它们就会不断地把更多的湿土带到地表。这意味着它们需要一个完整的分支隧道网络，以便能把土壤一直移到外面。因此，蚁丘最初只是有点雏形，只不过随着时间的推移以及隧道的打通，它最终才得到完善。某些道路被拓宽，最后成为在地面下运行的高速公路，称为地表管道。一个被称为“出口复合体”的错综复杂的小隧道网络打破了管道和土丘表面之间所剩 0.5 ～ 1 英寸厚的这层土。这些小洞让蚁丘有了孔隙，使它以出人意料的方式与风互动。如此一来，蚁丘就成了白蚁群的一种呼吸结构。

这些表面的管道实际上一直延伸到地底下，环绕着蚁巢，然后汇合成一个长达 230 英尺的大规模的隧道网络。

“等等，这外面有隧道吗？”我站在距离土丘大概 15 ～ 20 英尺远的地方四处观望着说道。

“你所站的地方正是白蚁觅食通道网络的顶端，白蚁就是从这些通道出去寻找食物的。”特纳说道。他指着附近的一棵树，树的表面似乎爬满了红土。他解释说，白蚁无法在外部环境中存活，这就像人体细胞在没有皮肤的保护下根本无法存活一样。所以白蚁无论去到哪里，都带着它们的“泥土皮肤”。

“白蚁几乎从不让自己暴露在光天化日之下。”特纳说道。例如，一旦它们在树上建起一层泥被，它们就会开采树上的树皮，然后把它们拖回蚁巢，对这些树皮加以消化并通过肠道排泄出来，然后用这些分泌与排泄物建造出一种称为菌圃的结构，用环境中的孢子对这个菌圃进行接种，真菌孢子就在白蚁的这一由树皮粪便建成的构筑物中发育与繁殖。树木是非常坚硬的，这是因为糖纤维素的纤维与一种叫做木质素的胶状蛋白质结合在一起。这些白蚁菌圃有助于分离纤维，把复杂的糖分解成一种叫做半纤维素的产品，白蚁可以轻而易举地吃掉它们。（这与切叶蚁等其他动物不同，切叶蚁等其他动物实际上是吃那些真菌本身，而不是吃真菌所产生的糖分。）他补充说道，等明天他们挖开一个活的白蚁丘时，我们就可以看到那些白蚁菌圃了。

此刻，亨特在将探测器的探头插入一条地表管道时遇到了麻烦。这是运行在地表下的一条大型主要隧道。物理学家们正在设法测量该管道中的大规模气流，但他们总是在错综复杂的出口处停了下来。

亨特说："我们老是遇到这样的问题：有时候它听起来是空的，然而却是一些非常细小的通道。"

特纳弯下腰，用指关节敲击蚁丘，在其表面移动。"随空心处移动。"他告诉亨特。他一边敲，一边听，沿着一条看不见的途径往上移动。"等一下，可能在这里。"

亨特将探头插进去，还真是。"啊！"特纳半笑着说。

"没错，就是这里！"索尔说道，"名师出高徒，一点都不假！"

亨特和山姆两人都在哈佛大学应用数学家拉克什米纳拉扬·马哈德万（Lakshminarayan Mahadevan）的指导下工作，马哈德万研究的是自然系统的物理学。他希望物理学家们能够恰当地量化斯科特·特纳和鲁珀特·索尔这些年来所描述的生理过程。反过来，物理学家们可以得到一个有趣的自然系统来建模。特纳和索尔通常不干涉他们的做法，免得研究人员的研究结果与他们长期以来对蚁丘内部情况的看法有偏差。当然，这意味着他们必须做好准备，万一物理学家的数据表明，特纳关于蚁丘与风之间关系的理论，甚至于蚁丘的功能——这些年来所主张的所有理论——也许并不完全正确。

那天清早，在我们出门寻找附近的蚁丘之前，我一边啃着水果坚果牛奶早餐，一边看着鲁珀特和保罗拿着一长卷铝线，把它剪成小段，然后将其扔进一个水桶里。

“我猜想，这便是生物学与工程学相遇的地方。”鲁珀特一边把电线剪成合适的尺寸，一边用嘴巴叼着烟斗说道。

我很快便意识到生物学和工程学之间的界线可以以令人惊讶的方式变得明显起来——仅仅是在所使用的词语上。鲁珀特提到了其他一些研究人员，他们正在使用 3D 打印技术来探索仿生材料的“材料性”。

“这是我们互动的乐趣之一，”保罗插话道，“因为你们说出来的话仿佛有魔力。”

“我知道，我知道。但你的也一样，我也需要向你们学习。”鲁珀特说道。

现在，在亨特和山姆一起检查了蚁丘之后，该是看看那些铝条都到哪儿去了的时候。在对那些蚁丘进行测试之后，科学家和工程师们又回到了平房前的院子里，斯图尔特·萨莫菲尔德（Stuart Summerfield）正在院子里把一个容器加热到几百摄氏度，这么高的温度完全可以熔化那些金属线材。他是一位与生物学家一起工作的技术人员。他的脚旁有一个奇怪的圆圈嵌在地面上，圆圈上面有波纹孔的图案，就像罗夏墨迹测验[①]中的墨水斑点。后来我发现，

① 罗夏墨迹测验（Rorschach inkblot test）：是由瑞士精神科医生、精神病学家赫尔曼·罗夏（Hermann Rorschach）创立的投射法人格测验，在临床心理学中使用得非常广泛。该测试向被试者呈现精心制作的墨迹图，让其自由地看并说出由此联想到的东西，然后将这些反应用符号进行分类记录，加以分析，进而对其人格的各种特征进行诊断。——译者注

这其实是附近的一个蚁丘的顶部，科学家们把它锯了下来，晾了好几天，然后把它倒过来埋在土里。

斯图尔特的脸上戴着焊接防护面罩，他用戴着厚手套的手把银色的液体倒进蚁丘顶端最大的罗夏墨水斑点般的洞里。一阵潮湿闷沉的响声传出，这表明土丘里并没有我们想象的那么干燥。他迅速后退，但继续把熔化的铝液往里面灌，直到铝液全都用掉为止。

现在，爆炸的危险已经过去了，特纳和其他科学家聚集在一起，看着滴在洞边缘的铝浆。仍然还有很多剩余的空间，看起来他们需要更多的金属线材。但即使他们设法加热到所需的1200华氏度（约649摄氏度）左右，仍然还是不确定能否将所留下的角落和缝隙填满，因为第一批铝浆已经在里面凝固了，可能会将通道堵住。

当研究人员讨论他们的选择时，保罗和丽莎·玛格内利（Lisa Margonelli）在观察着几英尺外的蚁冢（anthills）与白蚁丘（termite mounds）之间的互动[①]。丽莎·玛格内利是一位作家，正在写一本关于白蚁的书。

鲁珀特这天早上早些时候说过："哪里有白蚁，哪里就有蚂蚁。"但这两个物种不是朋友。而且远远不仅于此。蚂蚁会袭击白蚁丘，如果白蚁有机会，它会把侦察蚁（scouting ant）拖进白蚁丘的洞里；就像恐怖电影里的兄弟会成员那样，那只粗心大意的蚂蚁将永

---

① anthill 其实是 ant 和 hill 的组合词（直译就是"蚂蚁山、蚂蚁的土堆"），特指土栖蚁（土栖性的蚂蚁）在地面下的土中筑巢，或巢高出地面成塔状，形似冢故称为蚁冢。白蚁丘指的是白蚁在挖掘地下隧道联通巢穴时在地面上堆积而成的土丘，作者有时称其为 termite mound（白蚁丘），有时则简称其为 mound（蚁丘、土丘）。——译者注

远消失。这样做是有道理的——这两种物种都是在相同的环境中寻找大致相同的资源的觅食者。可能会让你感到惊讶的是，这两个物种虽然在外表和群体行为上看起来很相似，但它们之间并不是近亲；事实上，与白蚁关系最近的近亲是蟑螂。在某种程度上，白蚁和蚂蚁这两个物种似乎都有一种蜂群思维，这使得它们更加引人瞩目，这就是为什么对人工智能感兴趣的科学家们正在研究这两个物种。不过关于蚂蚁和人工智能，我将在另一章细述。

一只可能只有我手指甲一半长度的采收白蚁[①]抓住了一根可能是其身体长度 8 ～ 10 倍长的小树枝，正在设法将其弄进地面的小洞里。保罗和丽莎聚精会神地盯着它看。如果你曾经试图搬着一张长沙发通过一个狭窄的、位置不好的门洞进去，你就能体会到这只白蚁挣扎的那种感觉了。

“把它拿下来，拿下来。”丽莎几乎是压着嗓子说。

我们关注的焦点也把斯科特和鲁珀特的注意力从铝条上面转移开来。

“看，它正在测量树枝的长度。”鲁珀特说。

“它是在测树枝的质心。”保罗说。

“你是在开玩笑吧。”鲁珀特说。

“这只白蚁简直太疯狂了！”保罗说道，“看那边……看来你是对的，它现在正在切这根细枝。”

贝里 · 平肖（Berry Pinshow）既是一位比较生理学家又是探险队自封的“巡回演出音乐人”，他看了一眼，就对这只白蚁的辛勤

---

① 采收白蚁（harvester termite）：这里指的是负责采收食物的白蚁。——译者注

工作不屑一顾。他说："如果白蚁打算把细枝拖进洞里……在那个地方咬断它太蠢。"然后便走开了。

果然，那只白蚁左右摆弄着那根树枝，终于把自己的战利品弄进洞里头去了。

"你猜怎么着？白蚁比贝里聪明。"保罗开玩笑说。

保罗正在观察白蚁个体的行为，并且试图打破它们简单的行为规则。那天早上早些时候，当他们在切割那些铝条的时候，我问他他的关注点是什么。

"我这次之所以来这里，是因为我的论文研究的是白蚁个体是如何聚集在一起的，或者说它们用以聚集在一起建造隧道的算法是什么。"他说道，"我正在做的是观察大白蚁（Macrotermes）个体以及它们作为一个群体所遵循的规则、建造这些蚁丘的互动规则。我的工作是把研究成果带回哈佛，告诉他们如何制造符合这些规则的机器人。"

我有点糊涂了。"如此看来，你是个生物学家，更具体地说是个昆虫学家。那么，昆虫学家什么时候觉得他要开始与大量的算法打交道呢？"

"这些天来他一直都在围绕算法打转。"保罗说道。

"这个世界都靠着算法运行。"鲁珀特补充道。

保罗很快就指出，当他在说算法时，他指的是那种原生意义上的算法。

"无论如何，我不是个电脑程序员。"他说道，"但我观察白蚁，白蚁在本质上是小型电脑，所以它们都有一个运行程序。"

如果你能梳理出程序中的行为，那么你就知道了编码。然后你可以把它编进电脑程序中，甚至是机器人程序中，依靠它们来建造这些构筑物。如果你了解每只白蚁的工作原理，以及当它们互动时会发生什么，你就可以了解整个蚁丘了。

“你正在寻找一种基本算法程序。”鲁珀特说，“它可能不存在，但你会被它吸引，因为你是人类。”

“一只圣杯[①]?”我违背自己的理智问道。因为我是个记者，并且我们不可抗拒地被任何可以称为圣杯的东西吸引。但这个问题似乎给了鲁珀特不一样的打击。我认为这是解决许多问题的关键，他们一直都在试图了解这些生物。但是工程师似乎采取了一种不同的，也许更为准确的方法——寻找一个从未真正找到的东西。

“这可能会是一只圣杯。”他停顿了一会儿说道。他笑着转过身去。“对吧，保罗？但是我们自欺欺人，以为这是个可以实现的梦想。”

现在，随着铝冷却下来，团队的成员们分开去做各种各样的工作。我跟随保罗穿过院子，穿过围栏去到牧场的第二座建筑物——一半的研究人员安排在这里住宿。在这座房子外的院子里，在一棵金合欢树的树荫下，保罗已经开始做一项实验。在一座白蚁丘附

① 关于圣杯，传统观点认为它是一只圣餐杯，曾经盛放过基督的血。公元 33 年，犹太历尼散月十四日，也就是耶稣受难前的逾越节晚餐上，耶稣遣走加略人犹大后和 11 个门徒使用过一个葡萄酒杯子。耶稣曾经拿起这个杯子吩咐门徒喝下里面象征他的血的红葡萄酒，借此创立了受难纪念仪式。后来阿里玛西亚的约瑟夫把圣杯带到了英国。据信，约瑟夫把它带到了英国南部的格拉斯通堡，从那时起，圣杯的下落就成了一个谜。在很多传说中，这个杯子具有某种神奇的能力，如果能找到这个圣杯而喝下其盛过的水就将返老还童、死而复生并且获得永生。此处圣杯比喻一个无法实现的梦想。——译者注

近，立着两块大小和打印纸差不多的有机玻璃板。在夹着长尾夹的这两块有机玻璃板之间，一团团圆形的土壤似乎正在慢慢往上生长着。保罗挖通了从蚁巢出来的一条隧道，隧道通向这两块透明的有机玻璃板之间狭小的空间层，给了白蚁一个近乎平坦的空间在里面建造。这样做有两方面的好处：第一，可以让他看到白蚁工作，就像一座蚂蚁农场一样；第二，简化了它们的行为，因为它们只能在二维空间中进行建设，这样保罗就可以尝试将一些建筑规则分离到它们的设计中。

保罗是在昨天晚上 11 点左右把那两片有机玻璃板摆好的，所以那些白蚁肯定整晚都在工作。今天早上，它们成功地造出了一个构筑物，看起来就像卡通版的胖乎乎的脚，一个巨大的、不对称的、有点尖的圆屋顶组成了身体，气泡从胖乎乎的小脚趾一样的顶端冒出。事实上，第二个脚趾已经成功地爬到了那两片有机玻璃板之间夹层的顶部，而大脚趾则低了大约 1 英寸左右。

鲁珀特和保罗认为，从环境中可以得到一些值得注意的线索——水分就是其中之一。保罗曾把一些白蚁放在位于干燥的管状织物与潮湿的管状织物之间的土壤上。因此，土的一端是干燥的，另一端是潮湿的。白蚁似乎开始在一个水分充足，但又不过度的适居带筑巢。因此，一定的水分梯度可能是白蚁行为的驱动参数之一。

风湍流可能是另一个驱动参数。保罗指了指第二根脚趾上的红色污垢，此时它已经到达有机玻璃板“三明治”的顶端了。这一触点实际上似乎将透明玻璃板的宽度等分了。保罗怀疑，这不是偶然的，应该是白蚁感知到了风的模式，并直接做出反应以减少风湍流。

“它们可能仅仅是把这些像胖乎乎的脚一样的柱状物竖起来就打破了湍流的循环，”他解释道，“这些柱状物的位置可能与湍流中的漩涡有某种关联。”

保罗想要通过测量一段时间内这两片有机玻璃板之间的建造量来获得蚁丘的生长曲线。白蚁的建造过程分为几个阶段：一只白蚁决定要在某个地方建蚁丘，于是它便放下一口泥土。大多数人相信它还会释放一些化学信息素[①]，告诉所有从此经过的白蚁：“喂！把你的土放在这里！”这就招来了更多的白蚁，它们把嘴里的泥土倒在同一个地方，形成了一个快速增长的由材料构成的“泡状物”。接下来，在这个“脚手架”搭起来之后，白蚁似乎会填满这个粗糙的初始建筑，赋予它结构（昆虫学家正在研究这一过程的特征）。

但这些材料构成的“泡状物”始于何时何地，又止于何时呢？保罗的研究实际上可能表明，在这一过程中可能根本就不需要什么化学信号——一只白蚁留下的土壤结构足以让下一只白蚁知道该怎么做。这些线索，无论是什么样的线索，都是研究人员希望从这些实验中获取的内容。

“你问你要怎样才能想出一种算法？这里不妨告诉你。”保罗说道，“你必须了解每个个体正在做什么，它们彼此之间是如何进行互动的，以及它们在个体层面上是如何与环境进行互动的。了解这些之后，你就知道如何构建剩下的部分了。所以你在上面看到的一切都来自这些最初的步骤；如果你能预测，白蚁在任何嘴里有土或者需要土的情况下会做什么，你其实就能创造出整个结构来。”

---

① 化学信息素（chemical pheromone）：生物释放的，能引起同种其他个体产生特定行为或生理反应的信息化学物质。——译者注

在白蚁的大脑中，每一个简单的规则都与其他规则相互作用，形成我们在蚁丘中看到的结构。科学家们敏锐地指出，白蚁们通常表现得很有竞争性，甚至是意见相左。正是由于这种相互竞争的智能体（agent）[①]，才产生了一种规则。

保罗举出了一个极好的例子：白蚁挖隧道。这里，我们大可将之与其宿敌——蚂蚁进行比较。一只正在寻找白蚁丘的蚂蚁会以“随机游走”的方式行进，来回走动，覆盖很多区域。在它发现目标之后，就会直接回家，告诉其他蚂蚁要去哪里（这样就可以省得它们去探路），这是一种非常有效率的觅食方式。而白蚁所采取的觅食方式却与之天差地别，毕竟，要是它们以“随机游走”的方式通过隧道去觅食的话，它们就必须循着九曲十八弯的曲径往回爬，但这并不是一种有效的方式。它们的另一种选择是挖通一条直通巢穴的隧道，当然，这要费很大的劲，代价极大。但是，如果你同时兼顾这两种需求——一是高效的搜索模式，另一是迅速回家——一个分支网络的模式出现了，这种分支网络就像你在大白蚁的蚁丘内所看到的那种。

保罗说道：“它实际上针对搜索和运输方式进行了优化，同时兼顾了这两种需求。”

另一个例子是：正朝着隧道爬去的白蚁个体兴冲冲地挖掘起来——捡起一点儿泥土并将其运往别处。那些满嘴叼着泥土回来的白蚁往往会把它们运来的泥土堆积起来。比方说，一只白蚁挖出了满口的泥土，就在洞的旁边，另一只朝着相反方向移动的白蚁正将

① 智能体（agent）：在一定环境中体现出自治性、反应性、认知性等一种或多种智能特征的实体。——译者注

它运来的泥土堆积起来。这种不对称行动的最终结果是，这一隧道逐渐成为一个角联分支[①]。它们形成的角度在 55 ～ 65 度之间，这恰好是分叉的分支网络的最佳角度。这两群白蚁之间的竞争实际上导致了一个最优的解决方案。

科学家们认为，这些动物可以吸收许多不同的环境因素，如土壤中的水分、土壤类型、风湍流的扰动，并据此建造巢穴。这在很多方面都与建筑相反。

“一位建筑师解决了头脑中所有的问题，然后将其变成实物。如果他真的解决好这些问题的话，那么他就省下了很多精力，不会建造错误的东西。”保罗说道，“这些家伙恰恰相反。它们没有进行模拟实验，但它们一直与环境保持联系，所以尽管它们在建造过程中会进行反复试验并犯错，然而在它们建好之时，它们已完全经过优化，因为它们有来自环境的持续输入。”

这就是所谓的基于智能体的系统（an agent-based system）。其原理是，如果系统中的每个智能体或个体都竭尽全力实现其自利的目标，那么当它与一个竞争的智能体接触时，最优的解决方案将从两者之间的竞争中脱颖而出。这个系统在自然界的各个层面——从我们体内的细胞到物种之间的竞争——都在发挥作用。例如，当一只白蚁在挖土而另一个却在堆土的时候，就会发生这种事情；当蚂蚁和白蚁互相攻击时，也会发生这种事情。这两者之间出现了一种最佳效果，或者至少是一种平衡。

“这与我们的大脑在面对不确定性时做出决定的方式是一样

① 角联分支（diagonal branch）：位于通风网路的任意两条有向通路之间、且不与两通路的公共节点相连的分支。——译者注

的。”斯科特告诉我。

不过，这只是举个例子。在自然界，同时想要达到目标的智能体远不止两个。因此，一个成功的系统会将每个功能划分到各个智能体之间，这些智能体可以将它们构建并整合到一个一致的解决方案中。这就是为什么像白蚁丘这样的系统被称为“紧急系统”（emergent systems），鲁珀特·索尔想把这个概念带到建筑和施工中去。现在，建筑师必须解决他们头脑中所有这些不同的目标：厨房在哪个位置与餐厅相连，需要如何设计气流和管道，需要多少阳光射入，需要多少材料，等等。然后将它们写在纸上并将它们抛诸脑后。但建筑师也是人，他们只能解决这么多变量。最重要的是，他们早在施工开始之前就已经制定了这个计划，而无须充分了解如何根据日后建筑的特定环境来建造。

如果你能设计一个算法程序，为某一座房子或办公室的所有不同需求设置智能体，你就能像大自然那样设计和建造建筑物。如果你的电脑程序安装在一个或者多个机器人中，在实际建造这些建筑物时它就可以考虑到不断变化的环境因素，在现场实时运行这一程序。最终，你就能拥有像白蚁丘那样可以进行自我重新设计的建筑，其中，推动建筑之建造的各种“智能体”实际上是在响应和适应不断变化的环境条件。

大多数人认为，未来的家看起来很干净，全是白色的，经过消毒，似乎不再有任何的灰尘与食物的污渍。但是索尔设想，未来的“活的”建筑长得就像白蚁丘一样，它凌乱而无序，但高度智能化，能应对环境中的各种变化，信息丰富且多功能。但在目前，在基础科学和实际应用之间，这一愿景和现实之间存在着巨大的差距。研究人员知道，要想消除这种差距，他们将不得不继续挖掘更多的线索。

当那辆巨大的黄色挖土机疾驶过来，那巨大的铲子伸开来，然后猛地戳到几英尺外的地面上时，特纳甚至没有任何退缩。它铲起满满的一铲泥土并把它堆在一旁越堆越高的土堆上。这位生物学家正盯着这个咆哮着的机器的工作目标：在奥茨瓦隆戈鳄鱼农场后面的院子里，一座6英尺高的土塔正从高茎草的草丛中拔地而起。对农场主来说，这个白蚁丘不过是一种有害之物和眼中钉，必须予以拆除。对于特纳和同事们而言，这可是一个获得一些藏在蚁巢深处的新鲜菌圃的机会。他们将其称为一种多功能性的练习。

每铲一锹，挖土机的机械臂就离土堆近几英寸。最后，它伸展开来，爪子撕破了这个构筑物，从地上挖出泥土然后再缩回去。身材魁梧的安德雷·皮托特（Andre Pitout）是个南非白人，他操纵挖土机，熟练地将泥土一层一层地铲开，直到斯科特指示他停下来。土丘和几英尺之下的巢穴暴露了出来，似乎我们看到的是位于三分之一处的横截面。特纳爬进新挖的坑里，寻找他的目标。数百只白蚁（其中许多白蚁的身体由浅褐色逐渐褪成了白色）在洞里爬来爬去，似乎在评估白蚁丘受破坏的程度。

这个研究团队过去曾挖掘过一个白蚁丘，将其从上至下切成多个薄片，每切下一片都拍下一张照片。这样，在数字化重组时，他们便能够以前所未有的细节创造出一个白蚁丘内部结构的三维模型。但是今天，特纳的主要目标是收集藏在巢穴深处的菌圃，这些菌圃是白蚁的食物来源。这是因为，事实证明，白蚁丘可能确实有自己的空调系统，但它牵涉到菌圃，它的工作原理与伊斯特盖特购物广场完全不同。

白蚁这种动物不仅仅啃食木头。它们的身体无法消化它们带回家的坚硬的纤维素纤维。取而代之的是，它们把这些坚硬的纤维素纤维装在自己的肚子里带回去，把它们排泄出来并喂给生长在巢穴深处的特定的菌落。这些真菌会分泌各种居然能消化食物的酶，而真菌（和白蚁）则吃这些经过消化的东西。

白蚁与真菌有着复杂的关系。大多数真菌菌种是白蚁巢穴的敌人，因为它们觊觎白蚁带回巢穴里的那些咀嚼过的木质纤维。如果这些真菌被允许在白蚁丘中传播，它们会很快毁坏白蚁的巢穴。

白蚁无法控制哪些真菌进入其巢穴。它们所携带的每一口土壤实际上都充满了各种孢子，随时可以发芽，但白蚁只需要一种特定类型的孢子——蚁巢伞属真菌（*Termitomyces*）——生长。这类真菌生长缓慢；当其产生酶并消化白蚁所带回的东西时，它们需要一段时间来吸收由此产生的结构较为简单的半纤维素糖。这给了白蚁一个吃点东西的机会。这样一来，白蚁和真菌都能吃上一顿饭（尽管可能不像真菌想要的那样是一顿大餐）。

白蚁是如何阻止其他较为恶毒的真菌生长和接管蚁巢的呢？难道它们要像发疯的园丁那样四处奔跑，除掉从肥沃的土地上长出来的杂草吗？用不着这么麻烦。白蚁通过控制巢穴中的湿度就可以把这种生长扼杀在萌芽状态。这种生长缓慢的真菌可以在比其他生长迅速的真菌稍微干燥的条件下生长。因此，白蚁将“湿度”保持在对它们友好的真菌足够高，但对其他真菌来说就太低了的水平。它们能做到这一点，主要是靠将湿土从它们的巢穴里弄出来——这也是白蚁将水和泥土一起搬走的另一个原因。

记住，即使是这样的合作关系也不是完全友好的。这是另一种“智能体对抗智能体”的关系，这其中双方都为自己的利益着想。白蚁正在偷窃真菌的食物，而且它们还让巢穴的湿度保持在足够低的水平，致使真菌无法成熟并在白蚁丘里蔓延开来。真菌只是想占据白蚁巢和白蚁丘，并开始疯狂地繁殖。偶尔，你会看到一些蕈类在白蚁丘的顶部结出果实。这表明，尽管受到限制，但有些真菌还是成功地突破了白蚁对它的限制。

菌圃在维持合适的水分梯度方面也发挥着积极的作用。毕竟，它们也不希望有任何其他竞争者来争夺资源。研究人员认为，白蚁巢可以通过其微观表面结构来做到这一点。不管怎么说，理论上是这样的。这就是斯科特在这里挖洞的原因。巢内有许多菌圃，每个菌圃都拥有独立的隔间，在很大程度上与其他的隔间相隔开来（隔间与隔间之间白蚁可以用来发送信息或悄然穿过的那些小洞除外）。

斯科特带着一把铲子下到坑里开始挖掘起来。很快，鲁珀特也加入他的行列。这对科学家们来说似乎是一项非常辛苦的工作，他们已经不像当初开始这一项目时那么年轻了，但他们似乎并不介意干体力活。太阳下山了，保罗也加入了战斗。他心里还有另一个目标：收取这一深藏在白蚁巢深处的蚁后。

斯科特和鲁珀特默默地流着汗，功夫不负有心人，他们终于找到了蚁后。斯科特轻轻地拔出一个黄色的像脑浆一样的物体，轻轻地将它捧在手中。他伸手让别人去摸，然后转身去挖更多的东西。

菌圃非常轻，其质量和触感就像是由混凝纸[①]做的——他指出，这就是它的本质。菌圃的纹理看起来似乎让人觉得眼熟，有点凹凸不平但却很有规律，摸起来有点像是你可以装咖啡杯的托盘，只不过摸上去并不会觉得粗糙，而是十分光滑。

斯科特的挖掘吸引了一群人。三个浅黄色卷发的孩子看得入迷了，伸过手去摸菌圃。很快，那些成年人也跟着伸出手，并向斯科特索要样品带回家给其他人看。刚开始时，由于他们不知道要小心地捧着菌圃，因此这些样品在他们手中都碎裂开了。庆幸的是，白蚁巢里还有很多菌圃。有个妇女是教师，她邀请特纳去给她班上的学生做演讲，特纳欣然同意。

安德烈（Andre）从挖土机上下来，想看看到底发生了什么事。他已经成为斯科特最难应付的学生，接连问了一个又一个的问题，这让这位生物学家感到惊讶并留下了深刻的印象。“所以我们现在掌握了大量的信息。”安德烈坐在他刚刚挖的那个洞的边缘总结道。他看着一只白蚁靠近自己的手指。

“那些兵蚁会咬人的。”斯科特提醒他道。

“嗯，我们和鳄鱼一起工作——它们也咬人！”这个大块头男子大声说道，随后大笑起来。他仔细地端详着手中的菌圃。

“它味道怎么样？”他大声问道。然后，让我暗自惊骇的是，

① 混凝纸（Papier-mâché）：又称制型纸。一种加进胶水或糨糊经过浆状处理的纸。可以用来做成纸型。混凝纸制品装饰华丽、表面光洁、具有东方基调，这种工艺进入欧洲之前就已经在东方流行。18 世纪初叶，法国首先制成了混凝纸产品。制作混凝纸产品有各种方法，如把几张纸胶合在一起，经过模压，可以制成盘、碟或家具面板。——译者注

他竟然伸出舌头舔了舔。(其结论是，它尝起来像发霉的纸巾。)

就在他们挖掘这个尖堆时，鲁珀特已经注意到不远处还有一个尖堆。斯科特点点头，并说道："我估计有两个蚁后。"这让鲁珀特感到吃惊。当我们挖开土堆时，结果证明斯科特是对的。只见保罗小心翼翼地掏出两只巨大的昆虫，其柔软的、令人恶心地蠕动着的身体有小香蕉那么大，他小心翼翼地把它们放进管子里带回家。

对我来说，这不是这个白蚁丘最令人惊喜的地方。保罗指着一只看起来较小、疯狂地在裸露的泥土上跑来跑去的白蚁。这是一种完全不同的白蚁，它在蚁群的中心地带与这座白蚁丘的主要居住者共享空间。

"你会在那里找到蚂蚁，会在那里发现各种昆虫的。"鲁珀特说道，"你会发现各种各样的生物共存于这样的一个构筑物中，它就像是一座城市。"

凝视着这个多功能的蚁丘，我为斯科特·特纳的多功能作品所震撼。今天的挖掘尽管是一次学术检验和大众宣传，但也是一次破坏行为。从这个意义上说，这位科学家本人有点像一只白蚁，在多个层面上工作，或许并不总是在考虑这个问题

回到牧场后，我发现鲁珀特坐在他那张简易小床边的书桌旁，弓着背坐在显微镜前，镜头对准一小片的菌圃。他拿着一支细细的胰岛素注射器，将一小滴水滴在菌圃上。他走到一边，我眯着眼转动旋钮进行调节，透过显微镜看了看。就在那里，水滴仍然完好地停留在表面。这滴小水滴最终会渗进去，不过可能需要一个多小时，斯科特说道。

"如果把镜头推近到合适的位置并调好焦距，你就会看到菌

丝——真菌用以覆盖整个结构的超细毛发。”鲁珀特说道，“这些毛发会排斥水分。你能看到那滴水滴就像漂浮在蜡上一样漂浮在那上面吗？这便是它们的排斥性。但它们可以从超级吸水性——亲水性——转变为超级斥水性。”

斯科特说，这就是真菌让竞争对手出局的方式。如果湿度超过80%，所有这些快速生长的木腐菌[①]就会开始生长并迅速占据白蚁丘。所以在80%左右的湿度时，菌丝这种纤维网络实际上变成亲水性的，吸入尽可能多的水蒸气，把水分从空气中抽离出来；如果湿度低于80%，菌丝会保持疏水性，阻止水分被菌圃吸收，从而保持足够高的湿度，使其能够存活下来。

斯科特让鲁珀特将一滴水滴置于菌圃的黑色边缘，其表面尚未完全被菌丝覆盖。一点都不剩——在没有菌丝作为屏障的情况下，水滴会立即渗下去，就像被纸巾吸走一样。菌圃的构成本质上与纸巾是一样的。

理解这一微观的表面及其根据环境改变行为的能力，可能是建造没有空调设备的建筑的关键。空调的工作在很大程度上是通过抽出空气中的水分来降低湿度的。如果你想创造一个可以做到这一点的被动结构——也许可以通过在墙壁上涂覆一层具有类似菌丝特性的材料来实现——你就可以完成空调所做的大部分工作，而不必不断地进行空气再循环，浪费宝贵的能源且污染环境。

不过，菌圃是如何设法做到这一点的，我们基本上还不得而知。菌圃似乎有着许多与直觉相悖的特性，例如，它在潮湿状态下

---

① 木腐菌（wood-decay fungi）：能分解木材使其腐烂的真菌。属担子菌门。——译者注

似乎比在干燥状态下显得更为脆弱。在这种被动式空调墙成为可能并具有商业可行性之前，还需要对菌圃进行更多的基础研究。

亨特走进房间，转个身来到显微镜跟前。他弯下身，把眼睛贴在目镜上，用胰岛素针将几滴液体滴在菌圃的表面。

“有没有可能将构成菌丝的这种材料提取出来并加以均质化，用它制成一个平面呢？”他问道。不同的材料会因各种不同的原因而排斥水。有些材料具有某种特殊的物理结构，因而能够排斥水滴；而有的材料则是因为其所构成的化学成分而排斥水滴。如果你可以用这种材料制作成平面，并且仍然具有同样的效果，那就意味着菌丝的这些功用在很大程度上取决于其成分。

“不知道。”斯科特回答道，“也许，我们实际上并不知道为什么真菌的菌丝是疏水的。我们既不知道其表面是否存在特殊的疏水结构，也不知道其是否存在某种疏水蛋白质——这两种可能性都有。”

几天后，鲁珀特带着亨特、山姆、马克斯和我爬上了覆盖着色彩鲜艳的地衣的沃特伯格悬崖，而后来到位于奥茨瓦隆戈以西约一小时路程的奥马杰里（Omatjene）[①]的一个牧场。几年前，斯科特和鲁珀特在这里进行过许多早期的实验。按照官方的说法，我们来这里是为了检查一些长期储存的物资，但这或多或少是个可以看到一个大白蚁丘的石膏模型的机会。

这是一个阳光明媚的下午，我们的车在有小腿高的草地上从

① 此处据纳米比亚当地读音音译。——译者注

山羊群旁边慢慢驶过，最后在一个大型笼状物附近停下来。穿过干燥的灌木丛，我们就能看到一个巨大的白色圆锥体，比我们的头还高，填满了笼状物。厚实而坚固的中央隧道及主干道，以越来越窄的通道朝着白蚁丘的丘壁延伸出去，直到到达出口复合体，密集而杂乱的小孔使得白蚁丘的表面呈多孔状。这就让人隐约地联想起一张相互连接的高速公路地图，而出口复合体则是通往相互交织的城市街道的出口。

鲁珀特和斯科特设法把石膏倒进白蚁丘的顶部，让它填满每一个角落和缝隙。一旦这些石膏干了，他们就会在几个星期的时间里小心翼翼地把土壤冲洗掉。最后剩下来的就是一个令人难以置信的错综复杂的通道网络，这让我想起了我们身体中的血管，或者宇宙的节点结构。

蚁丘的一侧似乎不见了。显然是某个院子里的人把笼子的门打开后忘了关，便有牛过来舔舐石膏中的盐分。

鲁珀特指了指表面管道网络以及较小的通道，这些通道进入了出口复合体。这个由大大小小的隧道组成的网络对蚁丘吸收新鲜空气的能力至关重要，这位工程师说道。他戴上了耳机在隧道上轻轻地敲击着，倾听不同的频率。

“我可以像演奏钟琴一样演奏这些管子。”他在谈到这些空心隧道时说道。

“空气在这方面的作用总是短暂的。”他补充道，“这是一系列的风琴管，它们有不同的共振点与长度。”当以不同的速度来回流动时，空气能以恰当的频率撞击这些隧道，使它们产生共振，从而迫使里面污浊的空气与任何经由半疏松的表面过滤进来的新鲜空气混合在一起。“这就产生了氧气和二氧化碳交换的梯度，它们逐渐从地下，从巢穴，一直向上移动到表层，然后进入大气中。”

这座白蚁丘有点奇怪地倾向一方——出口复合体的结构在北面似乎比在南面更为雅致，保存得更好。我向鲁珀特指出了这一点，他表示同意。白蚁倾向于朝向太阳建造蚁丘，这就是出口复合体和更为精细的管道出现在北侧的原因，那里可能会有一整天的阳光。南侧的“复合体”经常被忽视，有时会被冲掉，并且永远无法完全修复。

农民和其他当地人会来看这个石膏堆——虽然白蚁在纳米比亚很常见，但你很少能看到它的内部结构。鲁珀特说，当他们看到它时，他们的反应往往是非常虔诚的：观者会跪倒在地，背诵《圣经》中的一节箴言：“懒惰人哪，你去察看蚂蚁的动作，就可得智慧。”[①]

看到这个由如此之多的由相互连通的蛛丝般的网络所构成的白蚁丘，我能理解《圣经》为什么这么说。人们的大脑在其中发现了一种美，但其模式难以破译，无法理解，故而在人的脑海中，这个设计便在有序与混乱之间摇摆不定。人们很难把目光移开。

虽然团队中的物理学家和工程师们似乎还没有完全准备好顶礼膜拜，但他们显然被深深地吸引住了。他们的视线沿着那些纵横交错的隧道一再向上凝视，直到最顶端，张着嘴，却没有发出任何声音。

当与马克斯一起看着这个白蚁丘时，鲁珀特沉思着他的另一个理论。这种构筑物中贯穿着大小不同的隧道，其间的空气几乎和泥

---

① 本句译文直接引用《圣经》中相应的汉译。——译者注

土一样多。白蚁怎么知道如何挖洞而不会导致整个构筑物坍塌呢？它们什么时候开始挖掘，而又为什么停下来呢？鲁珀特认为，白蚁可能不仅仅是对水分或风有反应，而且对声音也有反应。如果你有节奏地轻弹一种材料，你可能会注意到，当你对它施加压力时，声音的频率会上升。当白蚁在隧道中爬行时，它们有可能捕捉到了这些振动，因而知道最好是挖掘还是加固某个特定的结构。

“你看看保罗对树林里的那些负责隧道开采的白蚁所做的研究，”他说道，“白蚁可以互相追踪，并能让隧道精确地连接在一起。那么这些白蚁也在做类似的事情吗？”

果真如此的话，那么也许有某种谐振模板可以让白蚁从周围物质的振动中获得反馈，使它们能够在必要时加固某个特定的构筑物，并挖掉部分已经不再需要的构筑物，就好像它们正在拆除土丘里的内置脚手架一样。它们肯定见到过白蚁在土丘上敲来敲去，但白蚁们为什么这么做仍然是一个谜。

“这是一些令人困惑的数据，我完全看不明白。我想把我现在获得的这些录音向培养皿里的白蚁回放。”他说，这是他在这次行程中一直希望做的事情。“只是没有时间。总是有其他的项目，总是要拖延到下一次。”

鲁珀特设想，使用传感器和麦克风，通过振动频率的变化来跟踪每根梁所承受的载荷，就能适应环境进行建造了。以这样的方式，大可以建造一座像埃菲尔铁塔那样的构筑物。利用这种反馈，你完全可以在建筑过程中去掉一些不再有用的梁，从而用最少的材料建造一座坚固的构筑物。建筑师通常会设法事先规划如何最有效地使用材料，而你可以边走边找到解决方案。

“你把这个过程做得越来越紧，几乎到了制造汽车的程度。”他对马克斯说道，“你在压缩时间轴，直到它几乎是即时的。直到现在！”

这一观点与鲁珀特长期以来对当前建筑业的批评相差无几。建筑设计常常被视为一个完全独立于工程和建筑的过程。建筑师迎合客户的需求，更多地基于形式而不是功能，创建了一个鼓舞人心的（也许不切实际的）模型，并且在很大程度上避开了与工程和建筑部门的互动。他不知道成本，也不知道该怎么建造，他也不会根据建造者的反馈与他们一起修改他的设计。其他行业——汽车、航空航天、医疗等——都已经整合了这些步骤，并通过一门被称为系统工程学的学科实现了数字化。建筑行业还没有完全做到这一点，而且仍在抵制，鲁珀特补充说道。

这种方法与白蚁建造巢穴的方式截然相反，而鲁珀特和斯科特正是在这里看到了建筑的未来。对于白蚁来说，因此对于研究人员来说，一座建筑物并不是一个固定的物体，它是一个过程。鲁珀特认为，如果未来的住宅能够利用那些驱动白蚁进行适应性、多功能建筑进程的算法，其潜力将大得多。根据人类住房和需求进行修改后，你可以使用相同的构造算法，并将其应用于三个不同的环境——海滨、温暖的低地或者寒冷的山坡——并得到三种完全不同的建筑。

但这并不是建设过程的结束。只要建筑物依然矗立着，随着气候和居民需求的变化，这种情况就会持续下去。毕竟，白蚁丘在不断地变化着，由风、雨或者白蚁自己来决定其建造和拆除。

“很难确定，在这些系统里究竟何是因何是果。”斯科特之前就已经告诉过我，“对我这个生物学家来说，关键是这是一个非常动态的过程。作为一个物体，生物学中并没有这样的一种东西，这些都是瞬态现象。物质在不断流入，物质在不断地流出，虽然形态可能是一样的，实际的成分却随着时间变化而变化，而这正是建筑学还没有完全跟上的地方，因为他们不知道如何借鉴生命系统的动态存在方式来建造一座动态的建筑。”

不过，这种产业变革可能还有很长的路要走。还有很多基础研究要做。即使是白蚁丘中的气流——这是在白蚁的建筑方面斯科特和鲁珀特最为关注的——他们仍然不确定它的工作原理。

“我们仍在试图确定这里的绝对机制。”鲁珀特说道，“我们了解出口复合体以及气体交换是如何通过它进行的，但是我们不了解这种宏观结构。而这就是山姆和亨特正在做的事情。将世界上最敏感的设备带到这里来。因为我们之前已经尝试过所有的方法，但我们仍无法测量这个瞬态系统。”

山姆和亨特一直在研究这种连通性，试图理解空气在白蚁丘中移动的方式。就在我们正要离开的时候，山姆喊道，一如既往地，声音有点大：“非科学问题。如果我在奥马杰里的丛林里撒尿，奥马杰里会不会对我感到不快？”

“想象一下，有一个哈佛毕业生在你的农场撒尿！他们会很高兴的。”鲁珀特说，“他们会对子孙后代说道：著名的诺贝尔奖获得者山姆·奥克奥，他在那里撒过尿。”

在农场的最后一晚，我跟着夜间检查白蚁丘的亨特和山姆在黑暗中穿行。我抬头看能否看到银河系，但没有用——满月是如此明亮，它毫不费劲地照亮了我们前面的道路。亨特让山姆把提灯关掉，他喜欢在月光下漫步。农场的夜晚并不安静。视线未及之处牛在嘶吼，在朦胧的夜色中发出的叫声比白天时的叫声听起来近多了（也更诡异），我不由自主地心生恐惧，唯恐各种各样的威胁可能不期而至：一头有着地盘意识的公牛，一群狒狒，一只脾气暴躁的猎豹。我浑身直哆嗦，赶忙追上他俩。

感觉走了很长的一段路之后，我已完全失去了方向感，我们终于到达了他们想要研究的那些白蚁丘。物理学家希望能够获得白蚁丘一天 24 小时的数据，这样他们就能弄清楚白蚁丘中空气的流动是不是有什么变化。他们的传感器有两种模式：一种用于检测通道内稳定的气流，另一种用于检测瞬态流——瞬态风吹到白蚁丘外面时所引起的那些气流。山姆拿出他的凳子和笔记本电脑，亨特准备好笔记本电脑，然后他们开始工作。

这两位物理学家很容易就成了这处农场里我最喜欢的一对科学怪人。我无法想象还会有别的两个什么人在性格和举止上像他俩那样相差那么大：亨特身材瘦小，说话轻声细语，在话说出口之前总是再三斟酌，对周围的噪声和其他刺激有着敏锐的意识；山姆的个子较高，说话的声音也较大（尽管他似乎没有意识到这一点），很容易被数据分散注意力，而且有一个可爱的习惯——老是撞到东西。他们之间的每一次互动都很有趣，就像《公园与游憩》（*Parks and Recreation*）这样传统的电视喜剧那样安静、惬意而又古怪。他们也是这个团队的最新成员。他们与斯科特和鲁珀特的第一次旅行是在这之前的几个月，前往印度研究白蚁丘。

与印度的那些白蚁丘相比，这个农场外的白蚁丘非常难顺畅地开展研究——易碎而且常常是已经废弃了，部分原因可能是纳米比亚经历了漫长的旱季。如此一来，这两位物理学家们很难收集到有用的数据。不过亨特答应给我看他们从印度收集到的一些数据，让我了解他们收集的信息是如何让他们了解白蚁丘动态的。

在考查了一些白蚁丘之后，我们回到了我们位于侧楼的卧室。亨特把设备放好，山姆把电脑拿出来。首先，他们向我展示了一个土白蚁（*Odontotermes obesus*）——生活于印度的一种白蚁——的蚁丘。

“哇，他们看起来像城堡！”我说道。白蚁丘的顶部是尖的，似乎有凹槽的侧翼从它们凹凸不平的表面脱落开来，在有些地方看起来像是倾斜的扶壁，其他有些地方看起来像是独立的小塔楼，这使得它具有童话城堡般的效果。

两位物理学家测量了白蚁丘内部的气流，他们很快意识到与斯科特·特纳的理论不相符的一点：他们没有探测到任何瞬态现象。白蚁丘的外壁面是不渗透性的——瞬态风根本就渗透不进来。除此之外，这对搭档确实发现空气似乎在白蚁丘内部循环——这看上去也与特纳所想的在纳米比亚白蚁丘里发生的情况相反。

“在这个实验中，我们没有测量到任何瞬态现象。只有一股稳定的气流，向一个方向旋转，或向另一个方向旋转。”亨特说道。

那么特纳的理论不适用于印度的白蚁种类吗？亨特避免卷入生物学上的争论，只专注于数字。

他说：“我们根本就没有从生物学的角度来解释生物学的东西，我们只关心气流的作用和它的驱动力。”

科学家们测量了白蚁丘附属的凹槽区中的空气温度以及白蚁丘

中央腔体内的空气温度。他们发现，位于凹槽区的气团体积较小，位于中央腔体的气团体积较大，随着白天气温的升高，位于凹槽区的气团要比位于中央腔体的气团升温更快，这一温差将为丘内的空气朝着一个方向循环提供动能。到了夜间，凹槽区的气团冷却得更快，从而迫使循环系统改变方向。当循环空气接近白蚁丘的表面时，它将能够透过丘壁与外部空气交换气体。因此，当系统通过加热使空气循环时，它与白蚁群体的新陈代谢无关，而与将二氧化碳排出白蚁丘有关。所以，即使是这种类型迥然不同的白蚁丘，斯科特的结论至少部分适用。

“这也是斯科特很长一段时间以来一直想要说的。”亨特说道。

当亨特描述结果时，我感到他有一些犹豫，也许没有任何人喜欢传递那些不那么理想的消息，不管数据多么公正或者传达信息的人多么中立。不过，特纳和索尔似乎都对结果很感兴趣；也许它只是为研究提供了一种具有意想不到的实际应用的新机制。目前，甚至就连亨特和山姆似乎都不知道非洲大白蚁蚁丘的确切情况。

离开南非时没有看到伊斯特盖特购物中心似乎是一件令人遗憾的事。伊斯特盖特购物中心位于津巴布韦的心脏地带，与纳米比亚只隔着两个国家。无论如何，伊斯特盖特购物中心可能是最著名的“仿生”现代建筑，是建筑仿生学的典型代表。建筑师米克·皮尔斯说他很乐意带我参观他的著名作品，于是我登上了一架飞往哈拉雷[①]的飞机。

---

① 哈拉雷（Harare）：津巴布韦的首都。——译者注

伊斯特盖特购物中心利用了昼夜循环原理。白天，安装在建筑物底部的巨大风扇让空气在地板上循环，热气流过时，冰凉的混凝土齿片将热气吸出。由于烟囱效应，空气从建筑物中上升并通过烟囱排出。一天下来，冰冷的混凝土慢慢变暖。于是在晚上，风扇以很高的速度将冷空气吹过街区，将混凝土的温度降下来以迎接第二天的到来。

斯科特和鲁珀特对伊斯特盖特购物中心的主要批评是：虽然看起来效果不错，但它在一定程度上是基于一些根本上就是错误的科学理论。毕竟，如果这个想法真的是基于白蚁的行为，那么建筑不应该要求巨大的风扇不断地向上推动空气；系统应该能够像白蚁丘一样被动地让空气变得清新起来。如果你必须对一个被视为“仿生设计”的设计做出重大的改变，那么也许这个设计一开始就不准确。当然，正如斯科特·特纳所展示的那样，并不存在任何明显的烟囱效应，白蚁丘的设计是为了呼吸，而不是为了控制温度。

斯科特和鲁珀特尽管批评了伊斯特盖特购物中心，但他们似乎对皮尔斯颇有好感。这也许是因为他们发现皮尔斯的一些想法与他们的颇为接近。建筑师着迷于大自然；他的书架上摆满了许多生物学文献，其中有些是斯科特写的。

事实上，当我到达的时候，他带我去的第一个地方并非购物中心，而是距离他位于哈拉雷的家 10 ～ 15 分钟车程之外，星罗棋布地点缀着高尔夫球场的白蚁丘。时间非常早，大约是清晨六点半，高低起伏的原野上还笼罩着一层薄雾。米克放开了他的两只年轻的大黑狗——杰克（Jack）和班卓（Banjo）。它们蹦跳着进入雾里，留下我们独自在潮湿、齐膝高的草地上跋涉。

七十多岁的皮尔斯手里拄着拐杖，朝着一个杂草丛生的地方走去，那是一个大约 3 米宽的圆形场地，上面的草有几英尺高。他双手扒开又高又密的芦苇挤了进去，直到我几乎看不到他那身蓝色的夹克。我咬紧牙关跟在他的后面，朝着中央挤过去。他在中途停了下来，我终于找到了他。我环顾四周。这里会有白蚁丘吗?

皮尔斯指着地面。就在这片圆形场地中央，有一座我这次行程中所见过的最小的白蚁丘：一个不到 18 英寸高的构筑物，并不是一座土丘，而是一根粗大的圆柱——就好像下雨时，你穿着一只雨靴，把脚埋在泥土里，只留下一条腿露在地面之上一样。我把手伸进齐手腕深的洞里，这个洞似乎一直延伸到地面。其内部温度比周围的空气温度高几度，潮湿得像狗的呼吸一样——我可以感觉到湿气黏在我的皮肤上。

“哦哇。这里面好暖和啊！就像在洗桑拿一样。”我说道。完全出乎我的意料啊。老实说，这并不是我所希望看到的：一个完全不同的白蚁丘，矮而宽的塔就像印度神话中的城堡一样，几乎与纳米比亚的白蚁丘格格不入。

“在这个问题上我和斯科特的看法有点不同。”皮尔斯说道，“这里的草长得这么高，在塔丘上根本就没有风在动。”。

我明白他的意思。我们要穿过那些草地已经够难的了；我相信，这可以非常有效地把风挡住。如果这些是皮尔斯在将烟囱效应视为“仿生设计”过程时所看到的白蚁丘，他这样想是可以被原谅的。

这片黄灰色的原野上点缀着一簇簇高得令人头晕的青草。我们一簇接一簇地跳过去，每次都能在中间找到一个白蚁丘。其中一个甚至看起来像在冒热气，我不禁想起自己在加州寒冷的冬日里呼吸时所形成的雾气。我们碰见皮尔斯的邻居夫妇，他们早晨出来散步。他们之前是种马铃薯的，后来被罗伯特·穆加比（Robert Mugabe）政府“没收了土地”，这位建筑师告诉了我这个题外话。

时值津巴布韦的五月份，临近隆冬时节，因此在白蚁丘表面几乎看不到什么活动。他说，如果是在雨季来临之前的夏天，这个白蚁丘就会热闹起来。皮尔斯把手机上的照片找了出来。他是对的，塔状白蚁丘的内部爬满了白色的小身体。我也就不太愿意把手插进去了。

“在雨季，在下雨之前，这便是所有这一切发生的时候，这个地方全是白蚁。”他说，“它们的整个生命周期都与季节周期有关。如果你每天都看到它们，看到正在发生的一切，你会得到一幅画面，这可能与斯科特和鲁珀特看到的不一样，因为他们俩不可能一直都待在那里。”

但是，当情况需要时，这些白蚁丘或许也能利用风能。通常情况下，高尔夫球手会烧掉这些场地以清除杂草（动机可能有些糟），这样他们就能更容易地找到丢失的球。皮尔斯说，清理掉白蚁丘表面的这些草皮，白蚁丘的形状似乎发生了变化；中空的圆柱状白蚁丘的边缘实际上似乎冒出一个尖顶，朝着风的方向延伸。

当然了，这位建筑师很讨厌他们把那些草烧掉。

“他们正在剥蚀地面。”当我们一路走着，他不满地说道，“他们并不明白，那些植物实际上会死亡，残留物会回到土壤中。如果你将它拖走，它会留在别的地方。通常是留在空气中。太多的碳留在了空气中，而不是土壤里。”

皮尔斯对人工构筑物与自然的关系思考了很多。目前，他正在思考，我们如何与环境中的水系统进行交互——要知道，我们通常只是阻塞它们，或者令其转向，而不是利用它们。

“城市的问题在于，你建造了大面积的密封路面和柏油公路，所以下雨时雨水会流进河里，然后流入大海。”他指出，“为了让城市运转起来，你们在城市的上方建造水坝。这真的有点疯狂。我正在尝试着做的是让城市规划者把水重新注入地下。”

他举起手杖，指着附近的一棵大树。

“大多数建筑师似乎非常热衷于形式，纯粹的形式，而这正是他们设计的动力；我不喜欢看到这一点。”他说道，“我对过程感兴趣，这启发了我的工作。所以当我看一棵树时，就有一棵非常漂亮的树。我喜欢它的形式和形状。但实际上，另一种看待它的方式是把它看作地下水和云层之间的桥梁。所以这是一个过程，它一直在变化。这是一个适应性的构筑物（an adaptive structure）。

现在，他说，他正在设计那些灵感源自树木之“过程”的建筑——这些建筑能够把水收集起来，而不是让它们溜走。

过程，适应性的构筑物——纳米比亚的研究人员在思维方式上与皮尔斯的思维方式可能存在一些差异，但很容易看出他们为什么想要合作。皮尔斯谈论自己的工作越多，听起来就越像是斯科特。

那天晚些时候，我们前往伊斯特盖特购物中心。对于这座建筑，皮尔斯并没有将他的灵感限制在白蚁丘上。除了格状的几何形体外，建筑的一些部分以一个三维的“之”字形凸出来，赋予其表面一种手风琴般的感觉。皮尔斯称之为“多刺的”，他说这是因为它的这一设计灵感实际上源于桶形仙人掌。仙人掌利用其脊状、多刺的表面来减少阳光的照射，从而减少热量的吸收。

“如果你把一个带刺的东西放在阳光下，你会发现它比光滑的东西有更多的阴影。”他解释道。这意味着，虽然尖部变热了，但建筑物的其余部分却没有变热。而在晚上，锯齿形的表面实际上比光滑的表面提供了更大的表面积来散热，这使得它们能够更快地让建筑冷却下来。这是一个双赢的解决方案，对仙人掌和建筑来说都是如此。

米克·皮尔斯当初着手建造一座气候可控、无须安装空调的建筑并不只是为了好玩。拥有这处房产的客户是一家人寿保险公司——英国耆卫保险公司（Old Mutual），他们想要一座没有空调系统的房子，以便控制建造成本并尽可能地降低维护成本。他们也想使用当地的资源，因为进口材料非常昂贵。就在那时，他四处寻找控制温度的方法。

“我不敢向客户提及白蚁，担心他们会把我撵出房间。”他说道。

购物中心的内部让人感到格外的明亮通风，这里照样还是网格状的混凝土设计，一条公共街道正好穿过建筑群的中央，上面只有一个玻璃材质的中庭遮风挡雨。悬挂在公共街道上方的电梯的金属元素使整个建筑有一种蓝绿色的感觉，这是为了让它们能通过外部空气而不是建筑内部系统进行通风。

皮尔斯带我们来到他的建筑师事务所办公室所在的八楼，向我展示了各个套房的样子，以及它们是怎么连接到更大的系统的。在大楼的最底层，巨大的风扇在夜里以非常快的速度把冷空气吸进来——每小时将建筑内所有的空气循环了大约十遍。所有的冷空气都流经每一层下面的有混凝土齿片的管道，将一整天的热量从建筑中排走；而后，在白天，风扇以慢得多的速度——大约每小时两次——让空气吹过通风系统，这样，冷混凝齿可以在空气进入每个房间之前把经过的空气加以冷却。皮尔斯指着天花板，那里有一连串篮球大小的洞；一旦冷空气从地面进入室内，它就会变暖，上升，然后通过这些洞逸出，进入通风井，在那里上浮并从烟囱里冒出来。尽管哈拉雷的气候相对温和可控，但普遍的估计认为，该建筑的节能率达到了 90%。

白蚁丘的通风方式可能与纳米比亚大白蚁丘的通风方式不同，甚至原因也不尽相同。然而在看伊斯特盖特购物中心的设计时，斯科特注意到另一件事：皮尔斯为了让他的设计发挥作用，不得不在地基里放置了大型的混凝土块用于散热。他的这一设计并非受到白蚁的启发；这是建筑师解决设计问题的方案。但事实证明，这实际上是纳米比亚大白蚁蚁丘散热的方式——把土壤当作一个巨大的散热器来使用，斯科特说道。

作为优秀的建筑设计师，皮尔斯和同事们“所采取的解决方案与白蚁真的如出一辙，只是他们根本就没有意识到而已，并且还没有人真正知道这一点”，特纳说道。

皮尔斯指着办公室的窗户，我看到街对面有一些低矮的连排建筑。他说，这是他的下一个项目。

伊斯特盖特购物中心正面临着一个经济问题。它的入住率大约只有 50%，皮尔斯告诉我。与此同时，街对面的非正规市场已经开始繁荣起来，因为那些擅自占住空房的人搬进那些房子里并非法开店销售商品，却无须支付租金。这个问题反映出了津巴布韦的经济状况：在 2000 年前后，罗伯特 · 穆加比开始没收白人农民的土地（有时甚至采用暴力手段）并将它们重新分配给黑人居民，而没有考虑到这些白人农民丧失了制度性记忆和经验，津巴布韦经济于是陷入了非同寻常的混乱状态。恶性通货膨胀到了极其严重的边缘，以至于该国在2009年放弃了自己的货币，转而使用美元。随着不稳定和危机的加剧，人们已将资金撤出正规部门，并越来越多地在非正规部门开展业务。津巴布韦的非正规部门价值约75亿美元——对于一个2013年国内生产总值（GDP）略低于135亿美元的南部非洲国家来说，这简直令人难以置信。

“独立之后，我们几乎是仿照美国加州建了很多购物中心。”皮尔斯说道，“嗯，它们现在是空的。里面什么都没有。即使有些商店，也是在赔钱。而在这些商店的外面，在人行道上，人们在做买卖。他们发现那边的东西要便宜很多，因为他们不需要付租金，也不用缴纳任何的税收。”

皮尔斯对伊斯特盖特如何适应时代的变迁有自己的见解；他想把办公室拆分成几个小隔间，从而降低租金并适应集市式市场（bazaarlike markets）里卖家的风格。他还希望业主考虑将部分套房改造成住宅公寓，让这座建筑可以日夜使用。这或许有助于减少暴力和带来商机，从而振兴该地区。

如果大楼里住了人，“那么你就会有街头咖啡馆、夜生活。不仅如此，你还可以为你的基础设施买单，因为它太贵了。”他说道。

但当他听说路对面的那些房产的业主——同时也是伊斯特盖特购物中心的业主——正在考虑从目前的非法居住者手中拿回这处房产时，他看到了一个更大的机会。那些业主的运营方式是向每位商贩收取一个摊位的费用——通常是一张长2米、宽1米的桌子，每平方米 1 美元——他们可以在这里开店。它非常适合商贩，这比在伊斯特盖特这样的购物中心所付的租金要便宜得多。

“目前没有人被允许进入那个地方，实际上它是由一群疯狂的恶棍来运营的。”皮尔斯解释道，“他们自称‘退伍老兵’。”

在外面，人们也在街上叫卖商品：一个卖蔬菜的女人小心翼翼地把两篮子西红柿摞在一起；几个破烂不堪的店面，可用生态币（Eco-Cash）——一种基于手机的转账服务——支付；还有一辆停着的小型汽车，车门大开，挡风玻璃上一个用胶布贴着的红色纸板指示牌，上面写着“SIM 卡在此注册”。

业主想把所有的这些变成一个停车场。但是皮尔斯认为，没有人想要或者需要在这个地区再建一个停车场。毕竟，许多白天在市中心生活的人步行或乘公共汽车进城。相反，他说服业主们让他尝试另一种受白蚁启发的项目：与非正规市场的卖家合作，而不是与他们作对。

皮尔斯的计划是，把这些建筑变成一个巨大的开放结构，允许他们设置摊位，然后把这些摊位出租给商贩们。他的设计将为他们提供比先前好得多的条件，包括夜间存放他们物品的地方。它不是完全自由的形式——他计划在大楼的第二层设立美食广场——但在很大程度上，商贩可以在这个空间中切分出自己的小空间，他们的集体活动将决定市场的整体布局。那么卖家就会像白蚁一样行事，不知不觉地创建一个自然而灵活的市场体系，能够根据买卖双方不断变化的需求进行调整。

“我只是提供一个框架，”他说，“所以这是一种中间效应，居住者是决定建筑物变化的智能体。”

白蚁以其珍贵的资源——一些泥土和自己黏糊糊的唾液——成功地建造了一座高耸的城市，并根据环境和自身的需要进行调整。较之于白蚁，也许人类并没有那么多的不同：他们总是足智多谋，但不知不觉地成了比他们自身更强大的系统的一部分。皮尔斯对非正规经济谈论得越多，我就越能看出人类和白蚁的相似之处。

“我对人们在这里建造自己城市的方式很感兴趣。”皮尔斯告诉我，“他们以一种巨大的、无比庞大的方式，从无到有，用少量的马口铁和再生塑料创造出他们自己的经济。”

这让我想起斯科特之前在奥提瓦龙戈说过的其他一些关于建筑业的未来的话。

“在我看来，这是建筑设计师们正在努力解决的一个有趣的难题。建筑设计师究竟扮演了什么样的角色呢？他们究竟是生活场所的区分者，还是帮助人们做出想要什么的决定的推动者呢？”他问道。

就皮尔斯而言，他似乎非常愿意选择后者，或者至少为这两种选择找到一个折中的解决方案。这让我觉得很奇怪，因为我想当然地认为建筑设计师希望保留他（她）在这个行业中重要的、不受干扰的地位。

但皮尔斯似乎从来都不是这样的。鲁珀特·索尔从仿生学的角度对伊斯特盖特购物中心的设计提出了诸多批评，但他实际上可能在未来与皮尔斯合作。这也许是因为，他们对未来建筑和建设的愿景并没有多大的不同。

索尔认为，未来的建筑设计师、工程师和施工人员在施工过程中必须一起工作，而不是独立行动。数字化建设将有助于打破这些学科之间的壁垒，使它们能够像大自然一样作为一个整体发挥作用。这就是保罗·巴度尼亚斯大部分工作背后的原理，它诠释了为什么隧道会以这样的角度分岔——是挖掘通道的白蚁和建巢的白蚁之间的妥协，是在寻找食物和快速返回巢穴之间的妥协。如果建筑师是一个智能体，在其脑海里有一定的设计目标，而施工者是另一个智能体，脑海里有材料效率，那么这两个智能体就需要同时工作，每个人都在推动自己的目标，尽其所能地建造出最好的建筑。

在建造伊斯特盖特购物中心的过程中，皮尔斯在很多方面做到了这一点。他每天都和建筑公司会面，当他们遇到问题时，他会和他们一起工作，拿出解决方案。

因此，尽管建筑本身无论是不是像白蚁的巢穴，但这个过程可能比建筑设计师自己意识到的更像昆虫的建造过程。

索尔说，皮尔斯是在像白蚁一样思考。

第六章　蚁群思维

——蚂蚁的集体智能如何改变我们所建的网络

你在陆地上可能找不到像多头绒泡菌（*Physarum polycephalun*）这种黏液菌[①]这么不起眼的生物了。这种亮黄色的物质生活在潮湿的地区，譬如肥沃花园里的土壤中，或者树林里腐烂的木头之下。严格意义上说，黏液菌不是一种霉菌——它既不是植物或动物，也不是真菌——因此常常被归类为原生生物。原生生物是一种非正式的、不相关的、由单细胞生物组成的大杂烩，这些单细胞生物有的独立存在，有的群居，从而模糊了“使细胞成为一个有机体”与“使细胞成为更大的生命体中的一个单元”之间的区别。

① 黏液菌（slime mold）：或称为黏液霉菌，是一种原生菌类，分类学上的名称为“Myxomycota”的次门级分类单元，意思是“真菌动物”，这样的名称表现了其外观与生活形态。它们保有变形虫的身体构造，但是也与真菌类同样拥有能够释放孢子的子实体，而这些特征也使它们看起来和霉菌相似。现在的系统分类学将其归位在植物与真菌之间，与其他原生生物在亲缘关系上有一段距离。黏液菌是生态系统中的重要分解者之一。它们捕食细菌、真菌孢子和其他生活在腐烂的植物物质中的微生物，有助于分解死去的植被。——译者注

虽然黏液菌（slime mold）与其名字的后半部分——霉菌（mold）并不相符，不过它确实与其名字的前半部分相符。其令人恶心的光泽让它看上去就像巨人鼻子里喷出的四处飞溅的鼻涕。它可以有多种形式：半透明和膜状，或者呈胶质投射物一样的球状。它没有胳膊，没有腿，没有鼻子，没有眼睛，没有大脑，没有任何明显的附肢和能力。然而，一旦有了足够的食物支撑其生长，它的表面积可以在一天内增加一倍。如果找不到吃的东西，那么这种极小的单细胞生物就会像阿米巴虫[①]一样，伸出其身上像脚一样的卷须（即“伪足”），动身爬到一个更合适的位置。

它的这些奇特的天赋远远超出了它的这些体能。2010年，日本科学家把一些黏液菌放在一个像东京地图一样的平面的中央。在地图周边的每个城市，他们都摆放了燕麦，这是黏液菌最喜欢的食物——在野外，黏液菌以在树木碎屑中找到的细菌和真菌为食。渐渐地，黏液菌势不可当地扩大了它的范围，最终接触到梦寐以求的燕麦。接下来，它就开始约束自己的活动轨迹，直到只剩下与每个残留下来的食物源的连接。结果，它的活动轨迹看起来非常像东京铁路系统的地图。

我们不妨来看一看黏液菌的成就是多么的不可思议。首先，交

① 阿米巴虫（amoeba）：即变形虫，“阿米巴”为音译。是原生动物门肉足纲根足亚纲变形虫目变形虫科的一属。虫体赤裸、柔软，因可向各个方向伸出伪足，以致体形不定而得名。其伪足除具行动的功能外，还能摄食。需要说明的是，黏液菌和阿米巴是近亲。单个黏液菌就像阿米巴虫，缓慢移动以细菌等为食。当食物缺乏时，许多这样的“阿米巴虫”便缓慢聚集到一起，形成相当大的各种不同形态的团体，开始转移地点，去寻找食物谋生。——译者注

通网络必须兼顾几个不同的目标：它必须让人们尽快到达目的地，这意味着无须为了到达相邻的城市而经停五站。其次，也不必为此而进行过多的基础设施建设，毕竟政府的资金不是无限的。最后，它必须具有足够的内置冗余容错能力，以承受网络故障并改变线路绕过那些堵塞路段。

建立这样一个系统必须有一大批高学历的专家。这需要多年的精心规划和监督。然而，黏液菌虽然在其无定形的身体里没有一个神经元，却完美地优化了它在满是燕麦的枢纽之间所建立的网络——一方面最大限度地减少资源的使用；另一方面最大限度地获取燕麦，同时还有足够的弹性来承受网络中偶尔发生的崩溃。

黏液菌的能力不止于此。这种阿米巴虫般的生物也非常善于解决迷宫问题，它用自己的身体填满每一个角落和缝隙，直到它找到位于另一端的燕麦，然后收缩到最短的路径。研究人员甚至发现，它似乎能够预测到环境的变化，当灯光每隔一段时间闪烁一下时，它实际上都会往后退缩（黏液菌喜欢黑暗）。在我最近为《洛杉矶时报》撰写的一篇研究报告中，它们甚至表现出了一种原始形式的智慧，能够“得知”掺有苦味奎宁的桥梁实际上是可以安全通过的。

别担心，这一章并不会全是关于黏液菌的，尽管它们确实是非常迷人的生物，足以颠覆我们对智能、适应和韧性等方面的许多先入之见。这种生物是如此的原始，完全说得上是集体智能（collective intelligence）[①] 的典型例子。黏液菌基本上就是一个大细胞，但在

① 集体智能（collective intelligence）：从许多个体的合作与竞争中涌现出来的一种共享的或者群体的智能。这种智能通常在细菌、动物、人类以及计算机网络中形成，并以多种形式的协商一致的决策模式出现。——译者注

其内部却含有大量的细胞核。科学家们认为，它们是由尾巴上有鞭毛的单个细胞聚集在一起形成了我们所看到的巨细胞，为了整体的生存，单个的细胞在黏液中失去了自己的个体身份。这和其他包括工蜂在内的群居生物的哲学没有什么不同：为了蜇那些入侵者，工蜂必须牺牲自己的内脏；照顾蚁后所产幼蚁的工蚁一生不能产卵。

所有这些生物都显示出了所谓的集体智能。考虑到我们把自己视为一种个人主义的物种，“集体智能”这个观念对人类有着无尽的魅力。我们已经习惯了由某个具有中央控制力的建筑师来建造构筑物和设计网络的想法——不妨想想2003年的《重装上阵》（*Matrix Reloaded*），《黑客帝国》三部曲中的第二部电影，尼奥（Neo）在片中遇到了建筑师，后者据说设计了以其名字命名的系统。但黏液菌不需要大脑，蚁后也不是城市规划者。在自然系统中，没有一种生物掌控全局，然而它们却做得很好，在人类第一次用双脚站立之前，它们就已经在地球表面爬行了若干个百万年[①]。

相反，这些令人难以置信的、适应性强的、具有潜在智能并且极具弹性的系统，是细胞的一个部分和另一个部分（或动物群落中的一种动物与其他动物）之间简单交互的结果。在这些非常简单的交互中，最微小的调整就是允许这些系统出现复杂的行为。这是一种设计网络的方法，研究人员才刚刚开始探索。

黛博拉·戈登（Deborah Gordon）的实验室里爬满了蚂蚁。它们生活在一只大箱子里，有塞满东西的手提箱那么大，带一个红色透明盖子。这并非是气氛照明——一些种类的蚂蚁，如美洲收获蚁

① 科学家认为，黏液菌在地球上存在了数亿年之久。——译者注

（*Pogonomyrmex barbatus*），在玻璃下面是看不见红光的。这使得这位斯坦福大学的生物学家和她的学生能够察看这些通常被称为收获蚁（harvester ants）[①]的昆虫，同时让它们自认为是在安全的暗室内。

在这个大盒子里有一组透明的小盒子，和智能手机差不多大，每个盒子通过透明的塑料管与其他盒子相连。这是蚂蚁的巢穴，它们每天在这里过日子，带食物进来并抚育幼蚁。其中一些盒子是潮湿的，上面涂抹着潮湿的灰泥，这样其顶部就会形成水滴，然后蚂蚁就会收集并饮用这些水滴。有种管子的开口不是朝着另一个小盒子，而是朝着外面，就像悬在海洋上方悬崖边上的污水管。就在其中一根管子的外面，我看到了一堆黑色的、皱巴巴的东西——很可能是蚂蚁的粪堆和墓地，因为它们把垃圾倒在那里，同时也把死去同伴的尸体扔在那里。戈登确保所喂的种子足够蚂蚁吃饱，但为防止有野心的工蚁试图爬出它们的住所，她在墙上涂了一层类似于特氟龙的不粘涂层。

原来这些小盒子实际上是实验室里最好的豪华套房——不仅宽敞，而且设施齐全。房间的另一头则是经济型的住所，里面有一排较小的容器，它们的侧面不是红色的，而是透明的，差不多与鞋盒一般大小。

“我们饲养这些蚂蚁主要是为了获得它们的 DNA，所以它们不

---

① 收获蚁（harvester ants）：隶属于切叶蚁亚科，该属由 151 种现存种和 1 种化石种组成。收获蚁属的蚂蚁大多数种类工蚁多型，主要分布于古北区、东洋区和热带非洲的草原、干燥地区或人类居住的村落附近，具有收集植物种子作为储备食物的特点，并因此得名。收获蚁收集种子后将之去皮、贮存，做成“种子面包”以供蚁群食用。它们收集种子的工作也促进了某些种子植物的传播。——译者注

会过得很安逸。”戈登解释道。

尽管这些蚁群的规模不大，但它们似乎拥有那些更大的蚁群所没有的东西：名称。在一个盒子上，我看到用大写字母写着“Bertha”（贝尔莎）一词；在另一个盒子上，写的则是“Artemis”（阿尔忒弥斯）。戈登告诉我，无论哪个学生在挖掘蚁群时发现了蚁后，都可以给它命名。考虑到蚁群中所有的蚂蚁本质上都是雌性的，用这些女性的名字给它们命名似乎很合适。

戈登把门打开回到走廊，午后的阳光透过一端的窗户欢快地照射进来。和大多数校园建筑一样，大门的两侧是软木布告栏和贴好的各种演讲海报。她办公室的门几乎就在实验室的正对面，门的一侧悬挂着一张巨大而杂乱无章的黑白海报，上面满是略微拟人化的蚂蚁、老鼠、章鱼、豹子，甚至还有一只带有剪贴板的蜗牛。

她的办公室里满是蚂蚁艺术品：一只吉娃娃[①]大小的巨型蚂蚁，由三块大石头做身体，用金属棒做腿和触角；各种昆虫的素描；还有一张照片，照片上一条狗正在思考该如何对付一只在它鼻子下方的地板上跑来跑去的昆虫。桌子上摆放着十几只玩具蚂蚁，颜色各异，大小不一，从高尔夫球般大小的到足球般大小的都有。

黛博拉·戈登一开始并没有打算研究蚂蚁。在欧柏林学院以优异成绩获得法语学士学位后，她在斯坦福大学获得了生物学硕士学位，在那里，她写了一篇论文，验证鲇鱼是否真的像报道中所写的那样，在地震发生前跳出水面。她希望弄清楚这种现象是否真的存在，其机制又是什么。戈登想知道，当地震活动改变了水的电场时，鲇鱼是

① 吉娃娃（Chihuahua）：一种产于墨西哥的狗。——译者注

否会做出反应。她后来发现，这些鲇鱼的确会做出反应。只是有一个问题。

“每次发生地震时，鲇鱼全都死了。”戈登说道，然后她又补充说，“这在统计上非常重要，但也令人费解。”

杜克大学的一位教授激发了戈登对发育生物学和胚胎发育研究的兴趣。但那是20世纪70年代后期，今天的科学家们用来观察活细胞移动和相互作用的许多复杂的成像技术当时尚未问世。因此，这位生物学家转而研究一个能让她看到其组成部分的系统——蚁群。

“我对没有中央控制的系统感兴趣。所以胚胎就像是一个蚁群，没有任何东西引导不同细胞发育成不同种类的组织，它是通过细胞之间的相互作用发生的。”她解释道，“我想看看这样的过程。事实上我希望能看到这样的过程，因为通过看，我能了解得最多。在胚胎发育的过程中观察胚胎是很难的，但我们可以观察蚂蚁之间的互动，并看到它们的互动是如何导致蚁群的行为的。”

将蚁群视为一种超个体的想法已经在科学界渐渐地站稳了脚跟，研究人员开始在群集性生物的行为和某个器官中细胞的行为之间找到相似之处。四十年过去了，蚂蚁社会的许多错综复杂现象仍然让她着迷。我问她是否考虑过再次改变研究领域，转而研究别的东西。

“一路走来，这个问题我已经想过多次了。”她说，“但我总觉得蚂蚁值得我去了解，它们是我优先关注的课题。”

这位科学家向来不怕没有问题可以研究。戈登穿梭于丛林和沙漠之间，研究了不同种类的蚂蚁，但她最了解的是美国西南部的收获蚁。每年夏天，她都会前往亚利桑那州，在她研究了大约三十年的同一地点进行考察，那里有数百个蚁群。工蚁的寿命通常只有一年左右，但它们的蚁后在野外可以活 25 年，甚至更长——而蚁群的寿命与蚁后一样长。这意味着戈登见证了一些蚁群从其朝气蓬勃的青春年代一直到它们辉煌的黄金岁月。

这种特殊的收获蚁，通常被称为红色收获蚁，在干旱的美国西南部地区建立了营地。它们体型较大，工蚁长约 1 厘米，因此易于用肉眼追踪。它们的巢穴虽然在地下，但在草原上却十分显眼，因为它们会在巢穴周围留下一大片清理过的泥土。这种蚂蚁得名于它们收集、剥壳和食用过的种子；在极端干燥的环境中，蚂蚁通过代谢种子内的脂肪将水分抽离出来。种子的外皮被搬到巢外，随意地堆成一堆，而且越堆越高。蚂蚁似乎用涂抹在自己身体上的油脂浸透了这堆垃圾，这种油脂的气味就像飘扬在堡垒上空的旗帜一样，有助于引导出去觅食的收获蚁返回蚁巢。

蚁群里所有的蚂蚁都是雌性的，除了一年中蚁后生产有翅成虫（alates）[①] 的时候。有翅成虫，顾名思义，是有翅膀、有繁殖力的雄蚁和雌蚁。它们会从该地区所有不同的蚁群飞出，并在某个神秘莫测的地点邂逅。每只雌蚁与多只雄蚁交配，随后雄蚁死亡（它们已经完成了使命）；而那些已加冕为蚁后的雌蚁则飞离这里，去建立它们自己

① 雄蚁是由蚁后所产的未受精卵发育而成的，它和由受精卵发育而成的天使蚁后同样具有两对翅膀，通常称为有翅型、有翅繁殖蚁或有翅成虫（alates）。所谓天使蚁后，是指蚁群发展到一定规模后，蚁后所产下的有生殖能力的卵。天使蚁后成熟后，经历婚飞交配，要么自立门户，建立自己的王国，要么回到原来的蚁群，接替蚁后成为新的统治者。——译者注

的蚁群。每只蚁后都会在地上挖一个安全的洞穴，进行第一轮产卵，用自己储存的脂肪喂养幼蚁；首批幼蚁一旦成年，就开始觅食与筑巢，而蚁后再也不会出现在光明中。

你可能会认为蚂蚁是害虫，它们侵入你的厨房就像偷袭你的野餐篮子一样容易，但是蚂蚁承担了许多有价值的生态系统服务。它们为植物播撒种子，让它们搭顺风车去往新的地方，它们的地下巢穴由许多相互连接的房间组成，据信可以使土壤通气。它们让土壤变得肥沃，在一些森林中，它们充当了其赖以生存的树木的防御体系。

在蚂蚁被视为猎食糖分的家园入侵者之前，它们的勤奋和职业道德早就给人类留下了深刻的印象。“懒惰人哪，你去察看蚂蚁的动作，就可得智慧。”《圣经》这样告诫读者。在古希腊神话中，宙斯将一群蚂蚁变成了一个被称为密耳弥多涅人（Myrmidons）的传奇民族，他们是一群忠诚勇敢的战士，在《伊利亚特》（*Iliad*）中跟随阿喀琉斯 (Achilles) 上战场。在收获蚁的家园——美国西南部的沙漠里，美洲原住民霍皮族人（Hopi）有一个关于蚁族的传说，他们在一场世界末日的大火中——令人想起《圣经》中清洗世界的那场洪水——庇护了他们的祖先。他们的祖先，古老的普韦布洛人（Puebloans），非常像蚂蚁，是一个以在悬崖边建造房屋而闻名的母系社会，这些房屋有时让戈登想起蚁巢来，也许是因为它们实质上都是用泥土建造的。

但是许多关于蚁群的描述采取了非常法西斯的解读——以动画电影《小蚁雄兵》（*Antz*）为例，电影里的兵蚁（似乎主要是雄性）大声对排成队形的其他蚂蚁发出命令。就连漫威影业 2015 年的电影《蚁人》(*Ant-Man*)也赋予了这种昆虫一幅更令人同情的画面，让保罗·路德(Paul Rudd)所饰演的那个角色具备了以高度复杂的指令来指挥整群蚂蚁的能力。这几乎与你所获知的真相相去甚远。蚂蚁并不听从上级的命令，哪怕它们想听也听不了。蚂蚁的环境没有受到严格控制，而是混乱与无序的。它们只是对所处环境中的刺激做出极其直接的反应，因为它们通常几乎看不见东西。这种昆虫彼此通过触须接触对方的身体来闻包裹在它们身体上的碳氢化合物的气味。当然，这些微粒中的信息必须非常简单。

当戈登刚开始研究蚂蚁时，科学家们对蚂蚁存在一些错误的想法，这些错误的想法似乎反映了当时流行文化中的一些错误观念。就像在反乌托邦小说《美丽新世界》[①] 一样，蚂蚁被视为受到高度控制的种姓社会，其成员的特征和职责是在出生时就已经注定了的(就像《美丽新世界》中把城市人分为阿尔法、贝塔和爱普西隆等五种种姓)。当然，这对人类来说是一个诱人的想法，因为在有文字记录的历史中，无论是在殖民时代的印度还是封建时代的欧洲，我们常常实施各种各样的种姓制度。这似乎有一定的道理，比如说，工蚁和兵蚁在体型上可能存在巨大的差异，兵蚁通常体型较大，颚部也更大，用以攻击入侵者。

---

① 《美丽新世界》(*Brave New World*)是英国作家奥尔德斯·赫胥黎(Aldous Huxley，1894—1963)创作的一部反乌托邦小说，书名直译就是“勇敢面对新世界”。故事设定的时间是公元26世纪左右，那时的人类已经把汽车大王亨利·福特尊为神明，并以之为纪年单位，它的元年是从福特第一辆T型车上市那一年开始算起。在这个想象的未来世界中，人类已经人性泯灭，成为在严密科学控制下，身份被注定、一生为奴隶的生物。故事里，近乎全部人都住在城市。这些城市人在出生之前，就已被划分为“阿尔法”“贝塔”“伽玛”“德尔塔”“爱普西隆”五种种姓。——译者注

这个想法实际上由两个不同的部分组成：一个是，个体的目的在其产生之时便完全注定好了；另一个是，它的目的是单一的。长期以来，这个概念不仅影响着像蚂蚁这样的群集性昆虫，还影响着从遗传学到神经科学的各种学科。几十年前，科学家们认为，每个基因只是简单地编码了生物体中的特定特征或过程，而神经元拥有特定的记忆。但是当科学家们了解到分子化学的复杂性后，他们不得不放弃这种简单化的想法。

“每个基因只编码生物体表型的某个特定部分的观点已经被基因与基因相互作用，彼此之间存在大量的调节、动力和交换的观点和发现取代。”戈登指出，“过去科学家认为，每只蚂蚁都有自己的工作，并且独立于其他蚂蚁完成自己的工作，每个基因都在编码某些特定的东西。但现在我们不得不放弃这种贯穿整个生物学的想法。”

“当我开始研究蚂蚁的时候，我的想法是，每只蚂蚁都是相对独立地按照编程，一遍又一遍地完成自己的任务。”戈登说道。但后来，戈登提出了一个截然不同的观点：蚂蚁不断地对周围的其他蚂蚁的行为做出反应。“同样的思维转变也发生在整个生物学中，伴随着计算机科学的革命，人们开始思考分布式过程（distributed processes）[1]。”

---

① 这里的分布式过程（distributed processes）也即分布式处理（distributed processing），是计算机科学中的基本思想，指的是连接到网络的多个计算机协同完成信息处理任务的工作方式。例如，让互联网上的多个计算机运行同一个应用程序。而分布式处理系统（distributed processing system）则是指由若干台结构和功能上独立的处理机通过互联网络连接组成的计算机系统。每台处理机独立完成所承担的部分工作，所有处理机协同完成任务。——译者注

戈登谈论到一个被称为“应急”（emergency）的概念：大规模复杂系统可以通过许多不同个体之间非常简单的互动而产生，不需要任何中央计划。在蚂蚁身上，她成功地用一个非常简单的工具——牙签——证明了这一点。

在红色收获蚁群中，蚂蚁有各种不同的分工。有些是巡逻蚁，在黎明时分离开巢穴。巡逻蚁充当煤矿里的金丝雀的作用：如果它们安全返回，便证明觅食者可以安全地出门。觅食蚁稍后一些时候出发，沿着巡逻蚁巡逻的方向出去寻找食物来源，并把觅得的食物运回巢穴。负责巢穴维护的工蚁收集种子外壳、尸体和其他杂物，并把它们全部搬到巢外；负责垃圾堆放的工蚁则把这些垃圾堆积起来，并往这些垃圾堆里注入芳香的油脂。总的来说，这些外勤工蚁约占整个蚁巢蚂蚁总量的四分之一。其他蚂蚁仍然在巢内从事巢穴的维护并照料幼蚁。当然，蚁后并没有下达任何命令，其工作是充当蚁群的卵巢，利用自己唯一一次交配过程中所获得的有限的精子供应，不断生产出更多的蚂蚁。

按照旧的思维方式，觅食蚁一直是觅食蚁，巡逻蚁一直是巡逻蚁，而垃圾工蚁——嗯，你懂的。但是戈登决定通过强调其中一个群体的能力并观察整个蚁群的反应来检验这个想法。她在蚁巢入口附近放置了一堆牙签，这个位置肯定会让负责巢穴维护的工蚁咬伤下颚骨的。果然，大约半小时后，牙签都被移到了巢穴表面的边缘。戈登又进行了一次试验——不过这一次，她为蚂蚁的身体涂上了颜色，以便能够识别和追踪个体。果然，当牙签堆出现时，需要临时征用额外的巢穴维护工蚁，觅食蚁的数量减少了。当然，如果她拿出食物，觅食蚁的数量就会增加，而维护巢穴的工蚁、巡逻蚁和处理垃圾的保洁蚁的数量就会下降。当她单独跟踪那些身体涂颜色的蚂蚁时，戈登可以看到，这些蚂蚁确实在根据情况转换任务。因此，单个蚂蚁的目标并非像主流理论所宣称的那样是一成不变的。

但戈登意识到，它们并没有平等地在不同的工作之间转换。工作中似乎存在等级制度：如果需要更多的觅食蚁的话，其他任何工蚁都可以切换到较为紧急的任务上去。然而，如果它们需要移动一堆牙签的话，其他团队都无法提供帮助。相反，更多较为年轻的蚂蚁从蚁群内部爬出来，帮助那些维护蚁巢的工蚁。而那些觅食蚁、巡逻蚁和保洁蚁只是四处闲逛，直到它们再次有活要干。请记住，戈登所描述的这四类蚂蚁——垃圾工蚁、巢穴维护蚁、觅食蚁和巡逻蚁——只占蚂蚁总数的四分之一。在大多数情况下，它们似乎被流放到蚁巢的外围，从不深入蚁群内部。而那些在蚁巢内部剥种子壳、照料幼蚁与维护巢穴内部的蚂蚁似乎从未离开蚁巢外出过。当然，内部的工蚁可能会把一些垃圾搬上来，但它们通常会把垃圾放在最外面的一个房间里，然后其中一只外勤工蚁会从那个地方把垃圾捡起来，带到外面去扔掉，就像一个队列传递水桶一样。在任何给定的时间，蚁巢里大约三分之一的蚂蚁都在巢穴的中间层无所事事地闲逛着，也许是在等待指令。

事实证明，一只蚂蚁是内勤蚁还是外勤蚁似乎决定了它们身体的气味。蚂蚁在阳光下待的时间越长，覆盖在其身体表面的碳氢化合物的油脂层就会发生化学变化，这种气味就相当于它们当前工作的标签。（“就像木匠手上的老茧是木匠的职业标签一样。”戈登说道。）蚁龄较小、刚抹过油脂的蚂蚁待在蚁巢做家务。随着蚁龄的增长，工种的不断转换，它们逐渐向上和向外移居，最终成为觅食蚁，远离蚁群核心。

戈登还注意到，当面临这些干扰时，年轻的蚁群似乎比年老的蚁群更容易做出反应，它们会派出一批蚂蚁来应对突如其来的混乱或意外收获。相比之下，较老的蚁巢的反应似乎要谨慎得多，能够使所有工作流程保持在相对正常的水平上。

也许较老的蚁群中的蚂蚁更为成熟？不然！虽然蚁后可以活几十年，但工蚁最多只能活一年。在这样的员工流动率下，与一个三年的蚁群相比，一个二十年的蚁群并没有太多的制度记忆。

真正不同的似乎是蚁群的大小。一个新的蚁群在其第一年时大约有 500 只蚂蚁；到第二年时大约有 2000 只蚂蚁；但到了第五年，这个数字已经飙升了 5 倍，达到了 10000 只左右。有些蚁群的蚂蚁数量可能会慢慢增加到 12000 只左右。但大多数情况下，一个蚁群大约在第五年达到成熟的规模。

为什么蚁巢的规模如此重要，以至于它可以改变一个蚁群的个性？戈登意识到，这一定与蚂蚁之间的互动有关，也就是说，与它们之间互动的量相关。想想一只觅食的蚂蚁：它四处游荡，找到一顿美味多汁的野餐，然后带着一块食物回到蚁巢。当它到达蚁巢时，它会遇到一只在入口处等待的蚂蚁，那只蚂蚁可能会用触角去“嗅”这只返回的蚂蚁。记住，蚂蚁在自我清洁和互相清洁时，会在覆盖有角质层的身体上涂抹一层油脂。这种难闻的油脂有助于蚂蚁识别本蚁群的成员，并将它们与其他邻近蚁巢的蚂蚁区分开来——而且这也表明了它们当前的任务。于是在家里闲逛的蚂蚁嗅到了带着食物回来的蚂蚁的味道。而后一只又一只蚂蚁赶往入口处。在某个时刻，在入口处等待的蚂蚁从返回巢穴的觅食蚁那里获得了足够多的信号，于是做出了出发的决定。

戈登对这一理论进行了验证。她取了一些小铝片，在上面涂上碳氢化合物和食物的气味（以模仿蚂蚁觅食时带回的种子），然后以看上去是恰当的返回速度把这些小铝片扔进蚁巢里。果然，这引起了更多的蚂蚁离开蚁巢去寻找食物。表面仅涂有碳氢化合物的铝片没有任何效果；表面仅涂有食物气味的铝片也同样没有任何效果。两条线索必须同时具备才行。戈登的实验说明，蚂蚁是多么的单纯啊，它们居然会为一块油腻腻的小金属片所骗。而且更令人难以置信的是，它们的系统是如此有效，如此灵敏，如此有活力——如此明显地智能——尽管它们只依赖少量的信息行事。难怪《圣经》里会说，蚂蚁不必拥有智慧就能取得惊人的成功。

这些互动是较老蚁群成功的关键。把大蚁群想象成大城市的市中心，把小蚁群视为小城镇的主要街道。在城市里，你总是被周围的人群挤在一起，互动率非常高。在一座冷清的小镇上，街上的行人很少，互动率要低得多。因此，应激源（stressor）[①]很难在一个大的群体中引起强烈的反应，因为可能会做出反应的蚂蚁已经频频遭到其他正在进行正常工作的蚂蚁发出的信号的狂轰滥炸。但在一个小群体中，由于能淹没应激源信号的互动较少，反应就会强烈得多。

“蚁群越大，互动率就越高，互动的反馈就会受到抑制。”戈登说道，“因此，更老的、规模更大的蚁群反应更稳定。”

无论蚂蚁是否具有传统意义上的聪明才智（smart），我们都可

① 应激源（stressor）：能引起应激的事物或情境。——译者注

以从成功的蚁群身上学到很多东西。戈登年复一年地回到同一个研究地点，这是一片大约 330 码 × 440 码[①] 的区域，在离新墨西哥州边境不远的一条铺有路面的道路边。在这片近 30 英亩的土地上，大约有 300 个蚁群，这个数字多年来一直相当稳定。她注意到，不同的蚁群似乎有不同的个性——这些个性在困难时刻很容易就区别开来。红蚁喜欢在清晨工作，当中午沙漠太热太干时，它们就会回到蚁巢中去。待在外面的蚂蚁会面临脱水死亡的危险。在最热的日子里，许多蚁群减少了觅食活动；而有些蚁群却迎难而上，采集各种种子来满足它们对食物和水分的需求。

起初，戈登以为那些比较活跃的蚁群肯定胜过那些明显懒惰的蚁群，后者在炎热的日子里不愿觅食。然而，她决定用一个靠得住的标准衡量它们的成功：繁殖。那些拥有更多子代蚁群（daughter colonies）的蚁群想必是做得对的。戈登在测试地点对这些蚁群进行了取样，仔细绘制出它们之间的基因关系。她发现，过度活跃的蚁群没有她想象的那么好。事实上，恰恰在那些工蚁于炎热的日子里不愿意出去觅食的蚁巢中，蚁后最终成了母亲、祖母，甚至是曾祖母。在亚利桑那州这样的地方，谨慎行事是值得的，因为蚂蚁在过于炎热的天气里寻找种子时，身体蒸发掉的水分比它从收集的种子中获得的水分还要多。这是一种简单的、难以反驳的演化数学。

戈登知道，她所关注的是，要想驱动一个更大的系统，该如何传递极其基本的信息。她已知道，蚂蚁的行为方式与蚁群的关系、

① 码（yard）：老式量度单位，起源于一跨步的平均长度。1 码 = 91.44 厘米。330 码 × 440 码约等于 121406 平方米（30 英亩）。——译者注

细胞的行为方式与胚胎的关系，还有神经元的行为方式与大脑的关系，它们之间可能存在许多潜在的相似之处。蚂蚁通过与它们最近的邻居交换化学信号来交流，神经元也是如此。蚁巢内的觅食蚁在嗅到一定数量的觅食蚁回来之前是不会外出觅食的。同样，大脑中的神经元在收到一定数量的刺激后才会兴奋起来。

想想那些即使在最热的日子里也外出觅食的蚁群（我们不妨称为 A 型蚁群）和那些选择待在蚁巢内的蚁群（我们可以称为 B 型蚁群）。这种性格上的差异也许在很大程度上取决于蚂蚁个体对刺激的敏感度——对于觅食蚁来说，这种敏感度就在于，它们必须遇到多少带着食物返回蚁巢的蚂蚁之后才会决定是否外出觅食。如果这个数字很高，蚂蚁将不太可能出动；如果这个数字很低，它马上就开始行动。（我也看到神经元的行为也有相似之处。也许在不同的人身上，相同类型的神经元在被激活之前受到的刺激可能有多有少，而这可能会导致两个人在行为和性格上表现出一些明显的不同。）

总之，这两个复杂的应急系统都是发送和响应简单信息——小数据包——的结果。神经元和蚂蚁都是有生命的网络，戈登提出了一个算法来描述蚂蚁网络的觅食状况。也许她意识到，这种算法可能对其他类型的网络，甚至是非生命网络也有用。于是，她向斯坦福大学计算机科学家巴拉吉·普拉巴卡尔（Balaji Prabhakar）寻求帮助。

最初，普拉巴卡尔觉得茫然。“你知道这是怎么回事，就像生物学领域的人想见你一样……你见她一部分是出于好奇，另一部分则是出于礼貌，并不期待能发生什么。”他告诉我。

但是经过一天的思考，他意识到确实有一个类似的人造系统：传输控制协议（the Transmission Control Protocol，TCP）。它和互联网协议（IP）都是互联网的基本通信语言，您可能熟悉 TCP / IP。TCP 有助于规范互联网上的数据拥塞，事实证明，它的运行方式与蚂蚁的运行方式大致相同。

其工作原理是这样的：假设一个叫本（Ben）的人想给他的朋友杰里（Jerry）寄一个大包裹。现在，为了把这个异常大的包裹寄走，本把它分成若干个容易处理的小件，每个小件都贴上一个号码，然后逐件将它们寄走。杰里每收到一个包裹时，便立刻写一封简短的感谢信，确认包裹已经收到。本由于有点不放心，只有在杰里确认上一个包裹收到后才发送下一个包裹。这就建立了一个真正有效的反馈回路，使网络在局部范围内自我调节。毕竟，如果杰里没有及时回复那封感谢信，那可能意味着很多事情：邮政人员未将包裹送到杰里的家，或者他难以将感谢卡寄给本。不管怎样解释，都意味着邮递员来回传送信息的能力（简而言之，网络带宽）太低，本无法发送下一个包裹 / 数据包[①]。

TCP 在允许因特网从连接在少数研究人员之间的少量计算机发展到今天的全球网络方面是必不可少的。其原因在于，它具有集中式网络所没有的可扩展性。试想一下：在一个集中的系统中，网络越大，需要监控和维护的连接就越多。这意味着中央枢纽需要更多的工作，所有的常数计算都必须在那里完成。但是在分散式、无主导的网络中，如在 TCP 中，每个试图向另一个节点发送信息的

---

① 英文中“packet”兼有“包裹”和“数据包”之意。——译者注

节点只关心它的本地环境，即它立即接触到的连接。不管网络有多小，或者它最终会变得多大，都是如此。

现在，这个系统对你们来说应该是耳熟能详了。这非常类似于收获蚁在蚁巢入口处等待时所做的事情：它们把触角伸向那些满载食物回来的觅食蚁，从而决定是否外出。在这两种情况下，信息返回率决定了蚂蚁和本是否继续发送更多的东西。如果电脑有因特网（Internet），蚂蚁就有戈登称之为“蚁特网”（Anternet）的东西。

与实际上才问世几十年的互联网不同，“蚁特网”很可能已经存在了大约 1.5 亿年。如果人类早在几十年前就能聪明地关注蚂蚁，他们就可以节省多年的研究和开发时间。

戈登从研究一种蚂蚁（即收获蚁）中学到了这一切。那么，是否还有一些为其他的蚂蚁物种所使用的聪明的网络算法，迄今人类尚未设计出来，蚂蚁却使用了上亿年呢？收获蚁简单的网络规则是数百万年演化的结果，是几百万年来它们对周边环境压力——气候（具体来说，就是气候所带来的运营成本）、食物资源、捕食以及对食物资源的竞争等——做出反应的结果。减轻其中的一些压力，再叠加其他的一些压力，你可能会得到一个迥然不同的算法——一个可能对我们也有用的算法。

“世界上有 14000 种蚂蚁，我们仔细研究了其中的 50 种左右。”戈登说道，“我认为，还有大量的算法有待我们去发现。我们可以用这些算法来研究它们如何集体搜索，如何管理各种活动以及如何创建各种网络——总之，研究蚂蚁能做的各种不可思议的事情。”

红色收获蚁是她认识时间最长的物种，她现在仍然能从它们身上学到很多新的东西。当她开始研究这些蚂蚁时，没有人知道这些蚁群能活多久。经过二十年的研究，她得出结论，蚁后的寿命肯定有十五年左右。十年后，这些蚁群依然强大。但随着时间的推移，戈登将研究范围扩展到不同环境下的各种蚁种。她发现，它们的集体智能显示出不同的思维过程，这取决于生态系统的特殊压力——如果你愿意这样认为的话。

在沙漠中，蚂蚁正在应对稀缺资源以及可控的竞争。这意味着，除非出现积极的刺激，否则它们往往会按兵不动，节省能源。但对于生活在郁郁葱葱的森林里的蚂蚁来说，气候舒适，但也有许多其他种类的蚂蚁在争夺同样的资源，因此情况正好相反：蚁群往往会继续前进，除非它们遇到负面刺激。

这与墨西哥热带森林中的树栖龟蚁的情况极其相似，这是戈登在暑假不用上课期间考察的另一个蚁种。在这些潮湿的气候中，蚂蚁在寻找食物的时候不需要担心自己会被烤熟，而在森林的树冠上，似乎有很多东西唾手可得。但是这里还有很多其他的蚁群，包括许多不同的蚁种，都在寻找这些相同的资源。戈登研究的是龟蚁（棱齿牙形石属切叶蚁 *Cephalotes goniodontus*），这种蚂蚁以其独特的头盔而闻名：它的面部上方有一个宽阔的盾状头盔。这些蚂蚁在树间觅食，很少来到森林的地面。她和助手们不得不搬来梯子，以便能观察其巢穴和足迹。即使如此，还是有一些龟蚁远在树梢间，根本看不到。这些蚂蚁的觅食范围比它们的近亲收获蚁更广。它们收集各种可食用的宝物，包括蜥蜴和鸟的粪便、毛毛虫粪便、少量的真菌和地衣。戈登看到它们在寻找花蜜和其他植物的汁液，有时它们会停下来，与在小径中间遇到的同一蚁群的同伴分享这些汁液。至于它们会接受什么样的饵料，可以肯定，像蛋或鱼这样的蛋白质从来都不起作用，不过蛋糕有时会起作用。它们似乎喜欢吃浸在甜蜜的芙蓉花汁里的棉花，然而它们最喜欢品尝的食物似乎是人的尿液（当然，我不知道是谁的尿液）。

与收获蚁的单一巢穴不同，龟蚁群实际上在树洞中有多个巢穴。这些树洞通常看起来是以前被其他昆虫挖过的，它们用树枝上的小洞作为这些巢穴的入口。其头盔的用途就在于：如果另一种蚂蚁循着龟蚁留下的痕迹碰巧来到一个洞口，一只戴着头盔的龟蚁会立刻将自己的身体塞进门口，用它那又宽又平的头堵住洞口。戈登认为，它们的行为可以作为网络安全的一个模型。设想一个系统，当威胁出现时它能做出动态的响应，而不是试图建立一种静态的、密不透风的整体性保护——在任何情况下，这种静态的保护都是一项不可能完成的任务。

尽管龟蚁中的兵蚁可能身披铠甲，但它们并不特别好战；事实上，它们几乎和平到了极点。如果另一种蚂蚁循着龟蚁所走的路径寻找食物来源，龟蚁就会放弃该路径，直到其他蚁种离开。这几乎令人惊讶，要知道，龟蚁可是做了许多跑腿的工作才建起这些路径，把某一棵树上的一根小树枝移到刚好和一枝藤蔓相连起来，然后沿着蜿蜒的路线爬到另一棵树的叶子上，那里可能有食物来源。这些路线弯弯曲曲的，通常是直线距离的 2 ～ 5 倍。在一个蚁群中，一条直线长度为 39.4 英尺的路线实际长度为 162.4 英尺，其中包括从一个植被点到另一个植被点的大约 29 次过渡。

这些路线不仅很长，而且也很脆弱。树叶可能被吃掉，树枝可能被折断，风可以吹走藤蔓。戈登在2007年至2011年的几个雨季中对该蚁种进行的一项研究表明，龟蚁对此似乎毫不在意。她描述了一条特别的小径，它所依靠的是一根被缠绕的藤蔓固定住的断枝：

当风把断枝吹走时，这一连接也就中断了。当断枝被风吹离原来的位置时，来到这棵树上的蚂蚁就会在这间隙之处等待着，就像等待渡轮的乘客一样。直到风停了，断枝又回来了，它们才会爬到断枝上去。

不过，有时候它们也没有足够的耐心来修复一条受到破坏的路线。于是，蚂蚁必须找到并建起一条通往食物来源的新路线——这是它们非常擅长的工作，因为它们的视力很差，且生活在一种相当混乱的环境中。戈登认为，通过学习它们创造新路径和修复旧路径的简单规则，就可以开发出一种算法，帮助人类构建各种更有弹性的网络，能够承受那些突发的和不可预测的网络中断。她补充说，这也有助于阐明大脑中类似的过程是如何发生的。

“当路径中断时，它们会很快修复它。随着时间的推移，它们还能进行修整，这样就能走得更快捷。”她解释道，“这个修整过程看起来就像儿童大脑中的突触修剪。这也是设计任何网络的一种有效的方式。在网络中，信息在传递但可能会发生中断——电缆系统、通信设备莫不如此。”

这位生物学家甚至将蚂蚁送入太空。在太空中，国际空间站的宇航员们观察着铺道蚁（草地铺道蚁 *Tetramorium caespitum*）在失重状态下是如何改变其搜索模式的。受到该实验的启发，戈登还设计了一个极其简单的“生境模型”，除了材料是日常材料（纸、泡沫板和有机玻璃）之外，就跟空间站上使用的那种“生境模型”一样。整个生境模型都用活页夹固定在一起。世界各地的学生都可以利用这些生境模型来记录它们所在城镇的各种本土物种的集体搜索行为，并且（如果他们愿意的话）将结果发给斯坦福大学的研究人员。也许，在世界各地学生的帮助下，科学家将可以利用众包[①]数据发现各种生态系统中物种所使用的不同的搜索算法。

“我对蚂蚁研究得越多，我就认为我们对它们的了解越少。但是……当然，我们正在更加开放地以新的方式思考这个问题。”戈登说，“因此，我认为这不是一个我们已经知道了多少东西的问题，而是一种让我们能够更好地看到正在发生的事情的思考能力。”

迄今为止，戈登已经研究了许多蚁种，所以我问她，哪一蚁种是她最喜欢的。在我问过的所有问题中，唯独这个问题似乎把她难住了。

“你知道，我花了很多时间研究收获蚁，我很了解它们，我和它们一起成长。”过了一会儿她又说道，“我研究的龟蚁真是太神奇了，它们是那种看起来很奇怪的蚂蚁……它们简直太奇妙了，看起来反应非常缓慢但解决问题的速度却非常快。”

“有一些蚁种我不太喜欢，比如阿根廷蚂蚁。”她很快补充道，“它们真的很有趣，但我不是很喜欢它们。”

“为什么呢？”我问道。

“为什么？因为它们太过霸道。”她微笑着说道，“它们非常执着，我不得不佩服这一点。但是……它们是外来入侵物种，它们消灭了本土物种，所以当它们出现时，附近就不会有其他的蚁种。我

---

① 众包（crowdsource）：（尤指利用互联网）将工作分配给不特定的人群。——译者注

觉得，它们拿走的比应得的多。它们很贪婪。”

阿根廷蚂蚁和火蚁都在戈登的黑名单上，但她仍然在研究它们。毕竟，这些入侵物种已经取得了巨大的成功，它们肯定做了一些“正确的事”——我再也找不到一个更贴切的词来形容了。戈登在佛罗里达州的迈阿密海滩长大，就在那时火蚁在美国的亚拉巴马州的莫比尔市立足才几十年。在接下来的几十年里，这些掠夺成性的蚂蚁从美国东南部向西南部漫游，一直蔓延到加利福尼亚州，遍及至少美国的 14 个州以及位于加勒比海地区的波多黎各自治邦。它们是一种攻击性强、会叮蜇人的蚁种；被它们叮蜇的伤口将持续数日；直到最近，它们实至名归地获得了一个“不可战胜的火蚁”（*Solenopsis invictus*）[①] 的称谓。

它们在很多方面都是学术上令人着迷的物种。佐治亚理工学院的大卫·胡（David Hu）研究了这些昆虫在它们的故乡南美洲如何互相抓住对方，将下颚骨钩在对方的腿上，从而把它们自己变成巨大的球体，在危险的亚马逊山洪中充作救生筏。救生筏甚至似乎有某种内部结构，尽管这很残忍：工蚁们把蚁群中的幼蚁放在这一救生筏的底部，或许是因为它们更有浮力，有助于防止整个救生筏沉没。这个过程中如果有些幼蚁淹死了，那就顺其自然吧！只要蚁后是安全的，就能再繁殖出更多的幼蚁来。胡感兴趣的是控制救生筏、桥梁和其他结构形成的简单规则，也就是说：这些规则到底是如何帮助工程师设计出更智能、更动态的材料的呢？

---

① 这一拉丁名指的是火蚁属下的红火蚁，这是一种破坏性极强的入侵物种，原产南美洲。*Solenopsis* 乃“火蚁属”，指被其蛰伤后会出现火灼感；*invictus* 为“不可战胜”之意，强调其难以防治。——译者注

胡是一名机械工程师，他对蚂蚁的态度比一般的蚁学家要冷静一些。戈登记得，曾有一次，大卫·胡去澳大利亚参加一个社会性昆虫的讨论会，并向与会的科学家们展示了一段一群蚂蚁被（非常温和且无害地）压扁的视频来演示它们的物质特性。这引起了与会的那些非常喜欢这种昆虫的生物学家的不安。“看起来很有意思。”她谈到这种截然不同的态度时说。

戈登本人对火蚁和阿根廷蚂蚁这类霸道的蚂蚁感兴趣，是因为它们所使用的搜索模式以及它们随着蚂蚁密度的变化而变化的方式。例如，当火蚁密集地聚集在一起时，它们会选择非常曲折的路径，彻底搜索小区域。但是，在一大片区域内，来自同一蚁群的蚂蚁相对较少的时候，蚂蚁就会走又长又直的路线，选择大面积地搜寻，而不是彻底地探索。它们是如何调节自己的行为的呢？你应该猜得出来：通过它们碰到同一蚁群的姐妹的频率以及相互间触须接触的频率。

戈登认为，即使是从这些入侵物种身上，人类也能学到宝贵的经验教训。她还认为，我们不应该给它们太多的信任。《火蚁之战》（*the Fire Ant Wars*）一书认为，火蚁数量的增加可能在很大程度上要归咎于人类。该书记载了围绕这种入侵昆虫的传播所展开的政治和哲学冲突。来自密西西比州的众议院议员杰米·惠滕（Jamie Whitten）是控制美国农业部（U.S. Department of Agriculture）的某委员会的主席；他也是20世纪六七十年代为继续使用杀虫剂而努力的议员之一，尽管越来越多的环保人士警告说，这些化学品对其他动物具有很强的毒性。（惠滕似乎与杀虫剂生产商之间关系十分密切；据《纽约时报》报道，他所写过的一本书[①]显然是为了反驳环保经典著作《寂静的春天》[*Silent Spring*]，他的这本书后来被证实是由农药行业官员构思并资助的。）例如，杀虫剂灭蚁灵，就像之前释放在火蚁身上的各种化学药剂一样，被证明在杀死生物方面非常有效——只是所杀死的并不是要杀的生物。使用这些杀虫剂后，鸟类和哺乳动物的尸体开始出现在路边。美国环境保护局的实验室检测结果显示，在美国东南部接受测试的居民中，有超过三分之一的人，其脂肪组织中含有灭蚁灵。

“这确实是一种致癌物质。”戈登说。

具有讽刺意味的是，这种杀虫剂为火蚁的入侵扫清了道路，因为这些化学物质杀死了本地的蚂蚁，使得它们的领地可以被自由占领。如果没有人类对火蚁施以援手，该地区其他蚁种的竞争可能会或多或少地抑制火蚁的扩张。20 世纪 90 年代，当火蚁在加利福尼亚州的奥兰治县蔓延时，在州长格雷·戴维斯（Gray Davis）的主导下，又有一场关于是否喷洒另一种杀虫剂的讨论。显然，来自美国东南部的教训并没有让美国人有所顾忌。

现在，黄金之州的加利福尼亚正在应对蚂蚁版的“异形大战铁血战士”（*Alien vs. Predator*）[②]。

---

① 1966 年，惠滕写了《我们可以生存》（*That We May Live*），主要是为了支持经济发展，支持化学农药，以此回应雷切尔·卡森那本推动了现代环境运动的经典之作《寂静的春天》。——译者注

② 《异形大战铁血战士》是由保罗·安德森执导的一部科幻电影。剧情为南极洲冰层下发现了一座神秘的金字塔，两大外星物种“铁血战士”与“异形”在此进行终极之战。无论谁赢，我们人类都是输家。作者在这里将火蚁与杀虫剂分别喻为“铁血战士”与“异形”，它们都有害于人类。——译者注

“在加州，火蚁正在与阿根廷蚂蚁对抗。”戈登解释道说，“目前还不清楚会发生什么。火蚁需要更多的水……所以我们能想象的一幅情景是，你所知道的每一个沿着加利福尼亚海岸的高尔夫球场将布满火蚁，而阿根廷蚂蚁会在它周围活动。”

然而，由于该州水资源短缺的问题十分严重，这两个物种都由于干旱而受损。戈登已经开始寻找正在抵抗这两种入侵物种的本土物种，这其中包括一种生活在加利福尼亚州北部的本土蚁种——冬蚁（winter ant），它可以将毒液滴到凶残的阿根廷蚂蚁身上，致死率高达 79%。她也开始在美国其他地区看到希望。

她说：“东南部地区发生的一件有趣事情是，本土蚁种实际上已经开始反攻了。”她说道，“有些地方曾经有过火蚁的存在，现在已经没有了。”

马可·多里戈（Marco Dorigo）是意大利计算机科学家和布鲁塞尔自由大学的机器人专家，他也是最早提出“基于蚂蚁的算法”（ant-based algorithms）这一概念的研究人员之一。早在 20 世纪 80 年代末，当他还是米兰理工大学的研究生时，遗传算法[①]的想法就已经逐渐成为计算机科学家非常感兴趣的话题。这本身就是一个仿生学的思想，从其出现时起就开始发挥作用。遗传算法试图利用达尔文的自然选择进程——正是这一进程推动了演化——来构建更有效的计算机代码。计算机程序在我们今天的生活中随处可见，例

① 遗传算法（genetic algorithms）：其工作方式源自生物学，是模拟达尔文生物演化论的自然选择和遗传学机理的生物演化过程的计算模型，是一种通过模拟自然演化过程搜索最优解的方法。——译者注

如，在科学家们用来绘制宇宙地图的超级计算机中，在我们使用的笔记本电脑中，在我们驾驶的汽车中，在我们储存牛奶的冰箱中。这些人造之物里的每一个程序都很容易受到黑客攻击或人为错误的攻击。

问题是，任何一个人，甚至一群人，都难以处理这种日益复杂的问题。事实上，这一教训不仅适用于计算机科学，也适用于所有领域。在 20 世纪中期，随着原子的分裂和 DNA 的发现，许多科学家认为，物理学等基础科学大多已经研究得差不多了，剩下的只是寻找一些新的方法来运用这些基本的理论知识。除了错误地假设“基础科学的需求已经过去”，他们还假定，如果你知道了那些基本规则，你就会知道事物在每个中间阶段以及更高的阶段是如何运作的——就好像，在学习了字母表中有限的一组字符之后，你就可以构建你想要的任何单词、句子、段落和书。相反，任何复杂的系统都应该易于分解，简化为其组成部分。

1972 年，物理学家、诺贝尔奖得主菲利普·沃伦·安德森（Philip Warren Anderson）在《科学》杂志上发表了一篇题为“更多的是不同”（More Is Different）的著名文章，对这一论点加以条分缕析。

“建构主义的假设在面临规模与复杂性的双重困境时，就会崩溃。”安德森写道，“事实证明，基本粒子的集体的巨大而复杂的行为，不能按照少数粒子的特性简单地外推来理解。相反，在每一个复杂的层面，都会出现全新的特性。而对这些新的行为的理解则需要进行研究，我认为，这种研究和其他研究在本质上同等重要。”这些想法在随后的几十年里开始流行起来。约翰·霍兰德（John Holland）是一位计算机科学家，也是复杂系统研究领域的一位巨人，他开始思考如何将自然界复杂性的经验应用到计算机编程上。他还对约翰·冯·诺依曼（John von Neumman）和斯坦尼斯瓦夫·乌拉姆（Stanislaw Ulam）的观点产生了兴趣，这两位科学家都参与了曼哈顿计划，并且在20世纪40年代，他们在洛斯阿拉莫斯国家实验室的时候提出了被称为“自我复制自动机”的思想。所谓“自我复制自动机”，简而言之，就是指持有自我复制指令的计算机代码。

“换句话说，冯·诺依曼早已证明了像DNA这样的东西肯定存在，而且在克里克（Crick）和沃森（Watson）发现DNA的结构之前就已经证明了这一点。”霍兰德于2015年8月去世，密歇根大学的科学家斯科特·佩奇（Scott Page）在一篇纪念他的文章中这样写道。

霍兰德于1975年出版的《自然系统和人工系统中的适应》（*Adaptation in Natural and Artificial Systems*）一书将继续影响从神经生物学到计算机科学在内的广泛领域的思维。他提出的概念中就包括遗传算法，这是对推动了自然选择的诸多机制的一种人工模拟。举个例子，假设你有一种鸭子需要吃藻类或种子，但是由于最近爆发了枯萎病，周围唯一的藻类是有毒的，剩下的植物种子只有那些喙形特殊的鸭子才有办法吃到。在这种鸭子中，有些可能有较合适的喙形；有些可能承受得了毒性；有的可能这两种遗传优势都没有。但一般说来，那些不能食用具有毒性的食物且喙形不合适的鸭子在繁殖下一代之前就会死亡。其余的鸭子会交配，把它们的基因混合到下一代雏鸭身上。那些具备抗毒性且喙形适当的鸭子将更有可能一代代地生存和繁殖下去。在这个过程中，当鸭子在进行基因交换时，可能会发生基因的随机突变。如果这些基因没有用处，它们可能会消失；但如果它们提供了其他有用的优势，它们就会留存下来并被复制。

霍兰德将其应用到计算机编程中。结果是：一个系统，如果可以运行一段计算机代码的不同变体，那么就可以根据其成功进行评估，并基于这一成功给出“复制”的概率。最成功的程序可能有60%的成功率，次之的可能有30%的成功率，以此类推。表现最差的程序通常会被完全淘汰。剩下的程序将进行“匹配”，通过在随机选择的时间间隔内交换代码位来生成新的程序。有时候，在复制过程中突变可能会被引入所产生的“后代”代码中，就像在细胞中可能发生的一样。它们会一直这样进行下去，直到程序“演化”到能够最有效地执行所需任务的程度。这个思想在今天的计算机科学和机器人技术中普遍存在：科学家们不是试图精心设计完美的代码，而是让“演化”来完成这项工作。

早在20世纪80年代，多里戈之所以对这一思想感兴趣，是因为强化机制——你可以“奖励”程序中的良好行为（在这种情况下，所谓“奖励”就是指赋予它较高的复制概率），来创建一个正反馈循环（positive feedback loop），推动系统达到预期的结果。

“当时，”多里戈说道，“演化计算[①]的遗传算法领域正在蓬勃发展。因此在科学界，已经开始有许多研究人员从大自然中汲取灵感来解决现实世界的问题。”

---

① 演化计算（evolutionary computation）：一种通过模拟自然界的生物演化过程搜索最优解的方法，包含遗传算法、演化规划、演化策略、遗传程序设计等。——译者注

1989 年左右，当多里戈刚开始攻读博士学位时，他参加了一次生物学家们的演讲，演讲向他展示了另一种强化机制：蚂蚁通过沿路留下信息素来引导彼此。

“这些生物学家正在解释蚂蚁如何能够找到食物来源与蚁巢之间的最短路径——它们仅仅使用信息素，根本不需要了解环境地图。”多里戈回忆道，“就在那个时候，我有了一个想法：也许类似的机制可以用来解决数学难题。”

其中一个棘手的问题就是旅行推销员问题。事情是这样的：一个领带推销员在推销领带的途中需要访问若干个城市，他想在它们之间选择最短的路线而且不重复，并最终到达他的起点。他该怎样安排路线？

要找到这个问题的最佳答案，委实需要数量惊人的计算能力。由于这是一个组合问题，这就意味着哪怕在列表中添加一个城市，计算时间可能需要成倍增加。他说，如果你能用一天的计算时间解决 50 个城市的问题，再加上一个城市，计算时间可能会增加到两年。

“52 个城市可能要花一千多年的时间。”他说，“这个问题的复杂性呈指数级增长，这就使得找到最佳解决方案基本上是几乎不可行的。”

但是蚂蚁非常善于找到最短路径，它们可以通过信息素路线做到这一点。其基本思路是这样的：通往食物来源有两条路，一条短，一条长。一只随意移动的蚂蚁可能会走很长的路，当它带着食物回来时，会把信息素释放在身后。这意味着更多的蚂蚁会循着有气味的路径走那条较长的途径，而这也意味着每只蚂蚁都要额外多跑腿。但另一只蚂蚁可能会随意偏离这条路径并找到较短的路线，更快地将食物带回，随后会有更多的蚂蚁沿着这条路径。因为走在较短路径上的蚂蚁会更频繁地把食物带回家，它们最终会释放出更多的信息素，这意味着它们留下的气味很快就会比那条较长路径的气味更浓烈。请记住，信息素分子最终会蒸发掉，所以这条路径上的气味如果没有那些把食物带回蚁巢的蚂蚁的不断补充就会逐渐消失。

多里戈设计了一种算法，用假想的蚂蚁沿着旅行推销员问题中的城市的点线“地图”爬行，只是稍作一点修改。如果一只蚂蚁发现了一条它真正喜欢的路线，便会释放出大量的信息素。如果是在一条有点长的路线上，它只会释放少量的信息素。这种信息素可以通过编程蒸发掉，比在自然界蒸发的速度快得多。许多头脑简单的蚂蚁同时做这件事，就像它们在巢穴周围觅食一样，它们很快就能找到一个不错的解决方案。它们选择的路线可能并不是最短的，但已经足够好用了，多里戈表示。这也与现实生活类似：蚂蚁不一定能找到绝对好的觅食方案，但它们的确能找到一个比大多数方案都要好的方案。

“如果你是一个旅行推销员，你想要访问 100 个城市，你知道你得等你的电脑在一千年后才能为你提供最优答案，你就不会在乎这一最优答案了，那是没有用的。”多里戈指出，“但是，如果计算机能在几分钟内给出一个相当好的答案，那么这个解决方案就足够好了，而且很有用。因为只要几分钟，你可以等。”

于是，蚁群优化算法诞生了。此后，多里戈和其他研究人员使用了受到各类群体行为（从觅食到孵化排序）启发的算法，用以解决一系列现实生活中的问题。他们为一家与意大利面食制造商巴里拉（Barilla）合作的公司设计了一款路径选择软件，告诉他们可以使用哪一种卡车，将卡车发往哪里，使用哪条道路，以及将什么类型的货物装上卡车。这种算法也被电话公司采用，当电话线路拥挤或其中一条线路出现故障时，电话公司也用它来安排通话的线路。最近，联合利华（Unilever）的科学家们发布了一个受到蚂蚁启发的系统，用于大型工厂中安排不同的任务。

多里戈的文章和著作已经被引用了大约 8 万次，他估计其中大约三分之二涉及他在蚁群优化算法方面的成果。但最近他转向机器人——设计和建造一群类似昆虫的机器人，尽管它们的感知能力有限，却可以在不需要监督的情况下完成特定任务（诸如“移动大型物体”）。这不是一件容易的事，你不仅要处理计算机编程，还必须处理各种各样的机械故障等，因此这将项目开发时间从几个月延长至几年。但多里戈预计，将来，这种机器人将成为探索海洋与外太空、建造建筑物、执行救援任务，或者仅仅是维持家庭清洁的廉价而有效的工具。但目前这项工作还处于最初阶段。

不管怎样，他说道，无论哪种方式，重要的是要不断地向大自然寻求灵感，因为如果你不从一开始就学习这些经验教训，你就不能把它们应用到集体智能中去。计算机科学家和生物学家之间的合作是关键，但这些合作需要明智地选择，他补充道。

“你不能随意地雇一个工程师，让他和任何一个生物学家一起工作。”多里戈说，“感觉自己更接近工程学的那些生物学家，以及感觉自己更接近生物学的那些工程师……你必须把这些人捏合在一起。”

多里戈与一位名叫盖伊·特洛拉兹（Guy Theraulaz）的生物学家一起工作，此人从事学术研究的时间与多里戈大致相同。和黛博拉·戈登一样，特洛拉兹也在研究细胞结构，只不过具体而言，他研究的是大脑中的神经元——在20世纪80年代，当时几乎没有什么工具可以做到这一点。但幸运的是，当时特洛拉兹正在马赛的普罗旺斯大学攻读硕士学位，在同一个研究所，有个研究生物的团队让他能够探索许多相同的问题：黄蜂。

黄蜂是蚂蚁的远亲，作为个体它们也相当的愚笨。只有通过它们的集体互动，我们才能从整个大脑器官中获得一些我们称之为“智能”的东西。研究这些只在最近的邻居之间互相传递信号的昆虫，将使他能够探索这些复杂系统的秘密。

简言之，让我感到震惊的是，正是技术的缺乏促成了人们对集体智能（collective intelligence）的研究，这是多么具有讽刺意味啊。如果过去的科学家们拥有今天的精密仪器和成像技术，从而能够记录细胞活动的行为，那么我们对群体智慧（swarm smarts）[①]的了解会和今天所了解的一样多吗?

这并不是说研究黄蜂的行为在那个时候很容易，即使是放在实验室玻璃容器里的一小群只有20只左右的黄蜂，他们也必须每天花8个小时仔细观察每只黄蜂的一举一动，并将它们的信息输入一台非常简陋的电脑里。特洛拉兹本人不得不开发能让他们追踪昆虫的软件。

---

① 作者有时用“集体智能”（collective intelligence），有时又用“群体智慧”（swarm smarts）或“群体智能”（swarm intelligemce）。译者仔细推敲上下文，感觉三者意义近似。——译者注

“这是一个非常激动人心的时期，但是你必须想象，在那个时候，我们还没有麦金塔电脑（Macintosh）[①]……这是个人电脑的开始。”特洛拉兹说。

特洛拉兹与多里戈以及他们两人的同事埃里克·博纳博（Eric Bonabeau）一起撰写了一本关于群体智能（swarm intelligence）的书。他还从事群机器人系统（swarm robotics system）研究工作。但近年来，他花了很多时间研究不那么明显的群居动物，包括羊群和鱼群运动的数学规则。他对集体智能如何在人类中出现特别感兴趣，并且一直在研究法国和日本的大批学生的行为——遗憾的是，他还不能告诉我更多的结果，因为它们还没有出版。

蚂蚁（以及蜜蜂和黄蜂）在世界各地随机移动，它们必须应对环境中可能扰乱稳定系统的各种随机扰动。它们依靠来自环境和彼此之间的正反馈和负反馈来减少判断上的大部分错误。它们甚至不需要相互直接沟通就能做到这一点——一只蚂蚁现在可以把信息素留在地上，而另一只蚂蚁稍后可以接收信号。正如前一章所述，一只白蚁可能会把一块泥土扔在地上，而另一只稍后经过的白蚁可能会把满嘴的泥土扔在同一个地点。这是对“当你看到一堆泥土时，你就把泥土扔下去”这一内在规则的反应。这是一个被称为“协同机制”（stigmergy）的概念，它是这些蚁群成功沟通的关键。

然而，在人类群体中，沟通常常会出现可怕的错误。尽管人类是已知的唯一拥有完整语言系统的物种，但我们似乎允许不良信息像良好的信息一样迅速而广泛地传播。一个差评，无论中伤到

---

① 麦金塔电脑（Macintosh，简称 Mac）：苹果公司自 1984 年起开发的个人消费型计算机。——译者注

什么程度，都可能毁掉一家刚刚起步的餐厅在 Yelp[①] 上的声誉。像哈丽特·塔布曼（Harriet Tubman）或亚伯拉罕·林肯（Abraham Lincoln）等历史人物的照片被贴上了虚假的标签，迅速地充斥整个社交媒体，其泛滥无法被阻止。这种现象不仅仅是互联网的产物。要知道，自从语言出现以来，谣言就像病毒一样在人群中传播（是一些像事实这样脆弱的东西所阻挡不了的），直到它们慢慢消失。

这就是人类群体的奇怪之处。如果你众包一些类似于估算“这个罐子里有多少豆子？”之类的问题，你让每个人都猜，不管猜得有多离谱，你把这些数字平均一下就可以得出一个非常准确的判断。但是如果你允许所有的猜测者互相交流，特洛拉兹说，最终的估计可能会有很大的偏差。

人类似乎没有像蚂蚁那样，拥有一种阻止不良信息传播的负反馈控制机制，因为对于蚂蚁来说，信息素（pheromone）会蒸发掉，不良信息并不会永远存在。（好信息同样也不会永久存在，但随着越来越多的掌握了正确信息的蚂蚁不断地将信息素释放在它们的路径上，这一正确的信息可能会不断地刷新。）在某些情况下，或许对于像亚马逊（Amazon）这样的在线大卖场、Yelp 这样的商业评论平台，甚至任何使用众包反馈机制的地方，如果研究人员为网站开发出一种算法，该算法可以将评论视为在一段特定的时间后蒸发掉的信息素（informational pheromone），那么这一问题有可能得到

---

① Yelp是美国著名商户点评网站，创立于2004年，囊括各地餐馆、购物中心、酒店、旅游等领域的商户。用户可以在 Yelp 网站上给商户打分，提交评论，交流购物体验等。——译者注

解决。

他指出，人类之所以不能很好地对沟通行为进行调节，还有另一个原因：人口太多了，因此无法做到。看看与生活在“昆虫版大城市”中的物种相比，生活在微小种群中的蚂蚁会发生什么事情。那些生活在蚁群个体数量少于 12 只的蚁巢里的蚂蚁，每只蚂蚁个体通常具有高度发达的认知能力——它们眼睛大大的，脑袋大大的，它们通常具有丰富的信号指令系统，可以用于彼此沟通。但是如果你观察生活在超大型巢穴中的蚁群，其中一个巢穴可容纳 2000 万只蚂蚁，那么个体的认知能力就会大大降低。它们往往极其盲目，它们依赖于少量的化学信号，它们交换的数据非常有限、简单。

“它们过滤信息，并从由小信号所组成的小型“曲目”（a very small repertoire of small signals）中提取出正确的答案。”特洛拉兹解释说，“这是它们应对可扩展性问题的方式。这就是我们现在想要对人类做的事情。因为我们人类正处在演化的某个特定阶段，在这个阶段，我们之间的互动越来越多。我们创造了互联网；现在，我们创造了便携式电脑，我们创造了智能手机。我们之间的互动越来越频繁，但问题是我们没有过滤信息。”

这是一个违背直觉的想法：我们是否仅仅因为拥有太多的信息而无法做出正确的决定？当然，我知道，当我在看一张菜单，菜单上密密麻麻的各种选项比我所需要的多时，我便会感到不知所措；如果可选择的选项有限，我很快就可以做出选择时，我会觉得愉快。然而，在某种程度上，这似乎与生活在一个依赖信息自由流动的民主社会背道而驰。

然而，已经有一些例子似乎表明，信息少未必是坏事。2014年，一位美国国家公共广播电台的记者采访了住在马里兰州郊区的一位名叫伊莱恩·里奇（Elaine Rich）的药剂师。她在接受记者采访时恰好在估计叙利亚难民潮。（她考虑过的其他问题包括：朝鲜是否会在 2014 年 5 月 10 日之前发射一种新的多级导弹？）

里奇和大约 3000 名志愿者参与了“良好判断项目”，该项目由三位心理学家和一些情报界专家发起，旨在挖掘所谓的群体智慧（wisdom of crowds）。这些志愿者做出的预测，其准确度常常超过了那些训练有素的中央情报局（CIA）分析师。但是，与那些受过训练的专家不同，他们没有受过训练，没有经验，也无法接触大量机密情报。事实上，药剂师说她甚至没有在网上四处寻找一些来源不明的信息。她只是简单地用谷歌检索一下。当要做出正确的猜测时，信息越少越好。里奇的猜测真的非常准——她的预测让她在 3000 名预测者中名列前 30 名。

心理学家警告说，尽管该项目取得了成功，但尚不清楚这是否适用于所有情况。尽管如此，它还是提供了一个充满希望的信号：在这个复杂而混乱的世界中穿行，可能并不像我们想象的那么复杂。

第四编　可持续发展

第七章　人造叶

——寻找一种清洁的燃料以为我们的世界提供动力

第八章　城市生态系统

——建设一个更加可持续的社会

Part IV SUSTAINABILITY

7. The Artificial Leaf: Searching for a Clean Fuel to Power Our World
8. Cities as Ecosystems: Building a More Sustainable Society

第七章　人造叶

——寻找一种清洁的燃料以为我们的世界提供动力

若你沿着竖井下到地下一英里处的矿井，你会感受到一种从未见过的黑暗。在地球表面，即使是在夜里，你总是知道太阳在地平线附近。深入这密实的地表之下，这种确定性简直微乎其微。

在南达科塔这片废弃金矿的深处，隐藏着一个装满超纯净氙的容器，科学家们将用它来寻找暗物质。在这里，厚厚的泥土和岩石层可以保护探测器免受地球表面所遭遇的那种持续不断的辐射冲击。物理学家们正在寻找的相互作用将会是极其微弱的，而且最重要的是，没有外部的“噪声”淹没这些读数。

昏暗的隧道不时被刺眼的荧光灯照亮。裸露的岩石上覆盖着细小的、令人窒息的粉尘。这里天气很热，而且空气很不新鲜——完全不适合人类生存。然而，当我们沿着横贯隧道地面的铁轨前行时，我注意到一小块光秃秃的干土上闪过一丝绿色：一株非常非常小的植物，大约两英寸高，只有两片暗淡的圆叶子。显然，它刚刚从种子里钻出来。

这棵小小的植物使每一个人停下了脚步，包括那些帮助我们穿过隧道的经验丰富的矿工和那些日夜待在涂着熟石膏的白色实验室洞穴里工作的科学家们。尽管我穿着笨重的采矿服，脚上穿着沉重的靴子，头上歪斜地戴着头盔，但我还是设法跪下来用肘部支撑着身体并拍摄这个小小的奇迹。（在我拍照的时候，一位实验物理学家拍了一张我翘起屁股拍摄植物的照片，然后把照片发给我，并配上了标题："为了子孙后代"。）

他半开玩笑的标题是很有先见之明的：在报纸上刊登了我的相关文章很久之后，这一时刻仍让我久久难以忘怀，因为它证明了植物这种将光与空气合成为糖分的有机物不可思议的顽强生命力。

植物是自养生物体，它们可以自己制作食物。地球上其他一切不能自给自足的生物都必须吃另一种生物才能生存。一些动物吃植物，然后其他动物吃这些动物。当它们死后，还有一些动物吃它们的尸体，而它们的营养最终会回归土壤。这是一个生长和死亡的良性循环。但是，如果没有像植物一样的自养生物不断地向系统注入新的能量，循环将会迅速崩溃。无论你在吃沙拉还是在吃牛排，你最终吃的都是阳光的产物。

无论你相信与否，陆生植物是生命之树中一个相对较新的成员。虽然简单的光合微生物（类似于今天的蓝藻）大约在 35 亿年前可能就出现在水中，但植物仅在距今 4.5 亿年前才成功登陆。这委实令我感到震惊，因为我们知道，植物构成了地球上几乎所有陆地生态系统的支柱。水中和陆地上的光合生物从根本上改变了大气，它们不断地从大气中抽出温室气体并泵入氧气，最终给人类和其他所有需要进行有氧呼吸的生物提供了足够多的空气。

《自然·地球科学》（*Nature Geoscience*）期刊编辑 2012 年 2 月份发表的一篇文章称，植物改变的不仅仅是我们的大气层。植物积极地塑造了我们的土壤和海洋的地球化学，不断地分解岩石中的矿物质，并向环境释放新鲜的营养物质。它们还塑造了景观：在植物扎根陆地之前，河流只是一片片宽阔的、边界模糊的土地；植物根系控制着河流的边缘，使得河流有了明确的边界，而它们释放的有机质沉积物改变了三角洲的形状。

"如果没有生命的活动，地球就不会是今天的地球。"他们写道，"即使有许多行星能够提供我们所知的生命所必需的地质构造、流水和化学循环，但它们看起来似乎都不太可能像地球。"

他们的结论是：尽管天文学家们一直不断地在天空中寻找一颗类似于地球的系外行星——祝他们好运吧——但是我们永远也找不到这么一颗行星。

"随着我们对地球的过去进行更深入的研究，"他们写道，"越发明显的一点就是，地球上许多看似原始的环境特征出现得相对较晚，而且是由生命演化所带来的。"

因此，就我们所知，甚至就我们永远只能知道的一点，地球只有一个。我们被永久地困在这里。但是，我们很快就会陷入过度开发它的危险。一千年前，人类仰望夜空时会看到成千上万颗星星组成的令人眼花缭乱的阵列，并想象其中一些可能会有生命体的存在。而今天，天空似乎变得没有那么多星星了，许多闪烁的物体实际上是绕地球运行的卫星。但那些星星并没有消亡，它们只是隐藏在我们人类文明所产生的空气和光污染的背后。

然而，最危险的污染可能是可被星光轻易穿过的物质。像二氧化碳这样的气体，对可见光是透明的，是造成所谓的温室效应的原因。阳光穿过这些气体，照射到地球表面，被地面吸收，然后以红外线（或热辐射）的形式重新释放出来。但是热能并没有从地面逃逸到太空中，而是被空气中的二氧化碳分子捕获，并送回地球。如此一来，全球气温在 20 世纪急剧上升。有一张标志性的曲棍球杆状图形象地说明了这一切：近一千年来气温都在缓慢下降，然后，就在一个世纪前突然直线上升。

极地冰盖因气温的急剧上升正在融化，从而导致了海平面的上升。据报道，佛罗里达州州长里克·斯科特（Rick Scott）禁止工作人员使用“气候变化”这个词，在未来的几个世纪里，该州沿海的大部分土地可能会沉入海底。据估计，如果目前全球气候变暖的趋势持续到 2050 年，地球上四分之一的物种将面临灭绝的危险。

当我们燃烧化石燃料——石油、天然气、煤炭等所有那些由早已死亡的生物形成的浓缩易燃能源时，我们正在毁灭数百万年来的碳储存。这种新释放的二氧化碳不仅加速了温室效应，还会被海洋吸收，导致海洋酸化，杀死那些需要碳酸钙矿物质才能形成骨骼和外壳的物种。

想想看：地球生命史上最严重的灭绝事件并不是大约 6600 万年前小行星撞击地球所导致的恐龙灭绝，而是由大约 2.52 亿年前西伯利亚地盾[①]火山活动释放大量的碳所引发的全球海洋不可避免的酸化。在过去六万多年间，随着二氧化碳渗入世界各大海洋，尤其是最近这一万年间，这种破坏活动更是登峰造极。它最终杀死了超过 90% 的海洋物种（以及超过三分之二的陆地动物），灭绝了整个物种谱系，我们只能通过它们所遗留的化石才得知其曾经存在。

幸运的是，传统化石燃料的供应在某种程度上是有限的。这种可怕的灭绝被称为二叠纪－三叠纪边界灭绝事件[②]，可能需要

---

① 大约 2.52 亿年以前，地球上发生了有史以来最为严重的一次灭绝事件，超过 96% 的海洋物种和 70% 的陆地物种消失，这就是“二叠纪末大灭绝”，即人们熟知的“生物大灭绝”。然而，关于二叠纪末大灭绝的原因至今尚无定论，许多猜测指向了西伯利亚地盾（Siberian Traps）。研究者认为，占地约为阿拉斯加州面积的西伯利亚地盾火山岩在全球变暖并导致二叠纪末生物大灭绝发生中扮演着重要角色：巨量的熔岩从地下喷涌而出，并在地表下方蔓延，导致地壳表面出现巨量的火山岩浆，岩浆达一千米深，覆盖的面积足有美国大小。大规模火山活动在短时间内释放了巨量的温室气体，提高了空气和海水的温度，进而导致物种在短时间内灭绝。——译者注

② 也称二叠纪－三叠纪灭绝事件。是一个大规模物种灭绝事件，发生于古生代二叠纪与中生代三叠纪之间，距今大约 2.514 亿年。若以消失的物种来计算，当时地球上 70% 的陆生脊椎动物，以及高达 96% 的海洋生物消失；这次灭绝事件也造成昆虫的唯一一次大量灭绝。计有 57% 的科与 83% 的属消失。在灭绝事件之后，陆地与海洋的生态圈花了数百万年才完全恢复，比其他大型灭绝事件的恢复时间更长久。此次灭绝事件是地质年代的五次大型灭绝事件中规模最庞大的一次，因此又被正式称为大灭绝（Great Dying），或是大规模灭绝之母（Mother of all mass extinctions）。二叠纪－三叠纪灭绝事件的过程与成因仍在争议中。根据不同的研究，这次灭绝事件可分为一到三个阶段。第一个小型高峰可能肇始于环境的逐渐改变，原因可能是海平面改变、海洋缺氧、盘古大陆形成所引起的干旱气候；而后来的高峰则是迅速、剧烈的，原因可能是撞击事件、超级火山爆发，或是海平面骤变引起甲烷水合物的大量释放。——译者注

2.4亿亿千克[①]的碳，而研究人员估计，今天只有大约0.5亿亿千克的碳以化石燃料的形式存在。但是在二叠纪－三叠纪边界灭绝事件中，问题不仅仅是注入海洋的碳的数量，而且是它注入的速度，尤其是在该事件持续期的最后一万年里注入的速度。海洋中迅速变化的化学物质使得物种几乎没有时间去适应。大灭绝就这样无可扭转。今天，人类产生的排放物正在造成海洋酸化，其速度与那次大灭绝事件时酸化的速度大致相当。

因此，开发出一种可行的、不会向空气中释放更多碳的可再生燃料，绝非只是一个有趣的理论问题。这对我们所栖居的星球的存活至关重要。

人类迫切地想要了解植物的秘密，从而创造一种清洁、可再生能源的愿望可以追溯到一个多世纪以前。这比当今以买卖及控制全球市场为特征的石油危机和政治闹剧的出现早多了。

1912年，在纽约举行的第八届国际应用化学大会上，一位名叫贾科莫·恰米钱（Giacomo Ciamcian）的亚美尼亚裔意大利科学家在一次预言性的演讲中提出了太阳能的想法。在这篇刊于赫赫有名的《科学》杂志上的演说稿中，恰米钱认为未来充满了令人兴奋的可能性，但他同时也发出了让人胆寒的警告。

当时，地球上的人口数量大约为17亿，还不到当前71亿人口的四分之一。众所周知，工业革命乃19世纪加速发展的引擎，将西方国家转变为经济强国，而非洲、印度和中国似乎仍然充满可供

---

① 此处的“亿亿千克”即10^{13}吨，最好表述成10太吨（词头“太［拉］”，英文为T，表示10^{12}）。——译者注

他们开发利用的原材料（或人力）。煤炭在18世纪开始真正为工业革命提供燃料，已经取代了木材作为首选的燃料。我们对工业化危害环境（如导致全球气温上升、二氧化碳排放和海洋酸化）的了解则是几十年以后的事，并且至少是两次世界大战以后的事了。

但是城市里滚滚而来的烟尘已经在欧洲留下了印记。并且，尽管当时他们并不知道，但在气候变化成为严峻现实的数十年前，阿尔卑斯山的山地冰川已在逐渐地变黑与融化。煤炭是恰米钱所生活时代的“化石燃料”，它为工业和运输业的巨大发展提供了动力。

即使在那个时候，恰米钱也已发现，这种产生如此多污染物的燃料充其量只是一种有限的资源。从地下挖出的煤炭越多，价格就会越高。这是因为，煤炭的储量越挖越少，人们只有往更深处挖才能挖到煤。这种掠夺性发展的速度并没有逃过这位化学家的眼睛。如果你领会了他所说的这一切，并用“化石燃料”（包括石油和天然气）代替“煤炭”，听起来就像可再生能源研究人员和环境科学家今天发出的可怕警告。

“现代文明是煤炭的女儿，因为它以高度浓缩的形式向人类提供了太阳能。也就是说，这是一种历经漫长的几百万年时间积累起来的能源形式。”他告诉与会者，“现代人征服世界的欲望越来越强烈，为此他们挥霍无度地使用它；就像那莱茵河上神秘的黄金一样，如今的煤炭是最大的能源和财富来源。地球上仍然蕴藏着大量的煤炭，但煤炭并不是取之不尽、用之不竭的。未来的能源问题开始引起我们的关注。”

同样的模式也适用于今天的碳氢化合物。我们开采的石油和天然气越多，供应就越少，开采成本也就越高。我们以石油为基础的经济使一些国家变得非常富有；它的买卖决定了世界各地的政治联盟和政治对抗。恰米钱所看到的这种“挥霍无度”一直延续到今天，导致地球生态系统发生了前所未有的、不可逆转的变化，从而导致了所谓的“第六次大灭绝”，这一事件堪比摧毁了地球上大量生命的五次大灾难（这其中就包括 6600 万年前导致恐龙灭绝的那次小行星撞击地球事件。）

“化石形式的太阳能是现代生活和文明中唯一可以使用的能源吗？”他问道，“这就是问题所在。”

他相信，答案就在于太阳无限的能量中。

“即使考虑到大气中对热量的吸收以及其他情况，我们看到，到达一个热带小国（就以一个拉丁姆[①]大小的小国来说）的太阳能就相当于全世界每年开采的全部煤炭所产生的能量！面积 600 万平方千米的撒哈拉沙漠每天接收的太阳能相当于 60 亿吨煤炭！”

尽管数据略有差异，但恰米钱所提出的观点与今天太阳能倡导者所提出的观点是一致的。即使在今天，阳光照射地球表面一小时所带来的能量也超过了全球人口全年所消耗的能量。只要我们知道如何充分利用太阳能，它就可以满足人类日益增长的能源需求。

作为一位充满激情与活力的科学家，恰米钱可以非常投入地做一次长达一个半小时的演讲。“在演讲结束时，一名助手迎上前来，帮他穿上一件厚重外套——就像我们那些现代足球选手们精疲力尽地从赛场上下来休息时那样。”一位在 1913 年拜访过他的研究人员惊叹道。

---

① 拉丁姆（Latium）：古地区名。在今意大利中西部拉齐奥区，以居住拉丁人得名。是意大利的一个大区，其政府所在地为罗马。——译者注

这位科学家的屋顶在许多方面都是他实验室的核心——他沿着它的边缘排了一排高高的天鹅颈形的玻璃管，就像一排漂亮而有序的石笋一般；当光线照射到它们时，它们一定给这座建筑增添了一种超凡脱俗的气氛。也许这个实验室激发了他对未来的憧憬。

他写道："在这些不毛之地，一片片没有烟雾也没有烟囱的工业集聚区将拔地而起；玻璃管森林将延伸在无垠的大地上，到处都将矗立着玻璃建筑物；这些玻璃管和玻璃建筑物里将发生光化学过程，而这正是迄今为止植物一直保守着的秘密。"

这位科学家的愿景并非毫无根据。在他雄心勃勃地预言"将会出现一个将由太阳提供动力的世界"的近三十年之前，美国发明家查尔斯·弗里茨（Charles Fritts）于1883年用半导体硒制成了第一块太阳能电池。弗里茨认为，他的太阳能电池可以与托马斯·爱迪生（Thomas Edison）最近开始为客户提供家庭照明的燃煤发电厂一较高低。不过由于硒的纯度不够高，其设备的效率只有1%，这让他受到了阻碍。（无论如何，历史表明，与爱迪生正面交锋并不值得。爱迪生是一个残忍的商人，他将自己员工的发明拿去申请了专利，把新生的电影产业从新泽西一路赶到了后来的好莱坞，还发起了一场针对电气天才尼古拉·特斯拉［Nikola Tesla］——著名的电动汽车制造公司特斯拉就是以他的名字命名的——的诋毁活动，并且得逞。）

因此，恰米钱关于那些高大的玻璃建筑的愿景的确没错，尽管不是他所希望的原因。摩天大楼是城市景观的标志，但它们的能源效率却低得惊人，而为这些城市提供能源的电力——一种貌似清洁的能源——主要还是通过燃烧煤炭产生的。

了解植物的秘密并不足以开启一个新的能源时代，因为这一愿景需要付出比当前虽有缺陷却廉价的选择要高的代价。这是演化进程中的巨变，无论是好是坏，它都可能会经历一场危机。毕竟，正是因为恐龙的彻底灭绝才使原先被占据的生态位出现了空缺，使原先默默无闻的哺乳动物群体发生了戏剧性的多样化，进而导致了我们人类的出现。问题是，下一次环境灾难来袭时，谁将从演化的轮盘赌中获益，谁最终将蒙受损失？

对于人造叶而言，40年前，在1973年至1974年间，发生了这样一场危机：当时阿拉伯石油输出国组织对美国实施石油禁运，以回应美国卷入1973年的阿以战争。

对于我采访过的大多数太阳能研究人员来说，他们共同的创伤就是：加油站前排起了长队，按车牌配给汽油，油价飙升至每桶12美元（约为此前价格的4倍）拖累了经济。这种共同的创伤记忆很好理解，因为许多目前正处于事业黄金时期的研究人员都是在20世纪70年代初长大成人的。

但这一石油禁运以及随后几年的石油危机，也为清洁燃料研究人员提供了机会，使得能源研究出现了前所未有的多样化。这场危机推动了1977年美国能源部的成立、国家可再生能源实验室的建立，以及包括氢气在内的清洁燃料领域研究经费的突然大量涌入。这场恐慌导致人们做出了极有远见的决策，因为它迫使西方世界的领导人吉米·卡特（Jimmy Carter）认识到，我们这个社会必须减少对石油的依赖。诚然，这些决策并非出于保护地球免受进一步破坏的崇高理想，而是出于政治霸权和经济稳定的考虑。尽管如此，它们还是为更好的想法生根提供了土壤。

这种对可再生燃料的突如其来的兴趣并没有持续多久。禁运解除后不久，石油价格稳定下来，世界经济开始恢复正常。1980 年当选的美国总统罗纳德·里根（Ronald Reagan）拆除了卡特在白宫屋顶上安装的太阳能电池板。大部分用于氢研究的资金都枯竭了，许多科学家转向了更有利可图的领域。但在这期间的几十年里，仍有一些人坚持了下来，尽管他们的各种努力日益分成两个阵营：一个是在太阳能电池板等非常成功的技术中所使用的半导体，另一个则是想在与植物内部的自然系统相似的系统中使用有机分子。近年来，他们的集体工作已经开始取得成果，尽管他们仍旧面临技术上的和实践上的重大障碍。

被 20 世纪 70 年代的石油危机激怒的科学家中有一位是德国电化学家海因茨·格里舍尔（Heinz Gerischer）。1937 年，年轻的他开始在莱比锡大学学习化学。后来，第二次世界大战打断了他的学习，他入伍服了两年兵役。但由于他的母亲是犹太人，因此他被认为不配参战，在 1942 年被逐出军队。没有参加战争，格里舍尔得以在 1944 年完成了学业，但是那些年对他的家庭而言可以说是艰难的：他的母亲在 1943 年自杀，他的姐姐在次年的一次空袭中丧生。

格里舍尔在与化学家卡尔·弗里德里希·朋霍费尔（Karl Friedrich Bonhöffer）合作后找到了支持和灵感。卡尔家族深深地烙着反纳粹烙印：他的兄弟迪特里希·朋霍费尔（Dietrich Bonhöffer）是一个路德教牧师和神学家，因密谋暗杀阿道夫·希特勒（Adolf Hitler），与他的兄弟克劳斯（Klaus）以及两个姐妹的丈夫一起被处死。格里舍尔在被逐出军队后之所以能继续学业，部分是因为卡尔·朋霍费尔的缘故。据报道，这位化学家和大学里的其他人帮助隐瞒了格里舍尔的犹太血统。朋霍费尔还激发了格里舍尔对电化学的兴趣，一系列的研究最终使他在该领域做出了许多重大贡献，包括在半导体方面的开创性研究以及它们在光驱动化学中所起作用的研究。

就像植物一样，硅电池通过将光子能量转化为电子来获取阳光的能量，但它们的相似之处基本上仅此而已。下面是对它们如何使用这个技巧的一个非常基本的描述：以硅的晶格为例，其电子序数为 14，有 14 个质子和 14 个电子。（还有 14 个中子，但在这个解释中我们不关心它们，因为它们不带电荷。）这些电子，根据它们的能级，可以在某些规定的能带[①]上占据特定的位置：最低能带中有 2 个位点（spots），高于这个能带的每个带中有 8 个位点。所以，硅在最低能带中有 2 个电子，在第二能带中有 8 个电子，剩下的 4 个电子占据了第三个能带，也就是最高能带中一半的空位。最外层，也就是最高的能带被称为价带[②]。就我们的目的而言，价电子才是重要的，因为这些电子可以从价带跃迁到导带[③]，一旦在导带中被引导成电流，它们的能量就可以被释放出来。

---

① 能带（energy band）：在孤立原子中，原子轨道的能级是量子化的，当大量的原子周期性排列形成晶态固体时，原子轨道线性组合形成的分子轨道为准连续的能级。——译者注

② 价带（valence band）：由原子的价轨道线性组合而形成的能带。该能带被价电子占据。对于金属，价带是导带；对于半导体和绝缘体，价带是绝对零度时被电子全部充满的最高能带。——译者注

③ 导带（conduction band）：在绝对零度下，未被电子占满或者完全空的能带。导带中的电子很容易吸收微小的能量而跃迁至稍高能量的轨道，使固体具有导电能力，常用来解释金属和半导体的导电性。——译者注

然而，要实现这种跃迁，电子需要一点额外的能量，足以让它们跨越“带隙”。这就是介乎价带和导带之间的“禁区”。这种能量以光子的形式存在。你们可能还记得高中物理课上讲过，光既是粒子又是波：粒子是光子，是能反弹到电子并将能量转移到带电粒子的小能量包，给电子提供它到达导带所需的能量。在那里，它可以自由地解开安全带，在晶体舱内移动，不受母体原子的影响。

但是，如果你想要电流，你必须让这些电子在电路中流动。也就是说，你必须引导它们。所以科学家们用硅做了这个实验，用的是正极 - 负极结，也就是 p-n 结[①]。

硅是一种漂亮的晶体。记住，它在最上面的价带中有 4 个电子。这些电子是形成共价键的电子——它们和另一个原子共用电子，这样它们就能在价电子层中拥有完整的 8 个电子。硅把它的 4 个电子分别与其他 4 个硅原子的 1 个电子相连，结果便形成了完美的交织晶体。在二维的渲染下，它看起来像是井字棋盘。

但是完美是没有用的，因为在纯硅晶格中，所有的电子都被束缚在键中，因为它们不能穿过晶体，所以不能发挥任何实际的作用。因此，科学家们将一些杂质引入晶体，这种做法被称为掺杂，从而让硅具有导电性。然后，他们将两片略有不同的硅片夹在一起制成了一个太阳能电池：第一种是掺杂了硼的 p 型硅，由于硼只有 3 个价电子，所以它在晶格中留下一个空位，或者说是“空穴”；

① 采用不同的掺杂工艺，通过扩散作用，将 p 型半导体与 n 型半导体制作在同一块半导体（通常是硅或锗）基片上，它们的交界面所形成的空间电荷区称为 p-n 结（p-n junction）。p-n 结具有单向导电性，是电子技术中许多器件所利用的特性，例如半导体二极管、双极性晶体管的物质基础。——译者注

第二种是掺杂了磷的 n 型硅，它有 5 个价电子，这对晶体来说太多了。现在，由于在掺杂着磷的硅中多余出来的电子输掉了亚原子的“抢座位游戏”——价带中的所有 8 个空位都已被填满——它们在晶体中四处游荡。（正电荷，也就是空穴，也会“移动”：当一个电子进入一个空洞时，它会留下另一个洞。然后另一个电子冲进来填补这个洞，留下另一个洞。正因为如此，你可以把空穴想象成与电子做反方向移动。所谓空穴，也就是缺少了一个电子而已，这把我彻底弄糊涂了。）

当你把 p 型硅和 n 型硅连接在一起，并通过外部的电线把它们连接起来时，p 型硅通过电线从 n 型硅中吸进额外的电子。现在两边的硅对这种交换感觉很好，因为所有的空穴和多余的电子都找到了匹配的对象。但是硼原子和磷原子一点也不开心——磷想要回自己的电子，而硼则觉得自己背负着一个从未想要的多余的电子。这种交换创造了一个中性的“耗尽区”，电子只能在一个方向上穿过。这就是产生电场的原因。

现在，当阳光把一个电子踢进导带里时，这个漫游的电子就会感受到来自不开心的磷原子的吸引力，并被拉到 n 型硅的价带上。当然，这意味着 p 型硅中掺杂着硼的硅现在失去了一个电子。所以它开始从外部的金属线攫取电子——当电子沿着导线从 n 型硅移动到 P 型硅时，你可以通过运行它来获得能量，比如说：把一个灯泡放置在屋顶上，连接到你家的能源网上，这些微小的粒子可以为你的世界提供能量。

硅并不是制造太阳能电池的唯一材料。也有些人使用砷化镓或碲化镉；另一些人则使用非晶态硅，这种材料的太阳能电池效率较低，因为它没有晶体结构，但它的制造成本不是非常高，而且可以制成薄而柔韧的面板。此外，还有染料敏化光伏电池，效率较低，但制作的原材料成本较低。（令人兴奋的是，它们有可能以低廉的成本印刷并粘贴在建筑物的侧面。当然了，对于大规模发电来说，其效率可能太低。）还有一些人避开了无机材料，转而专注于探究自然的叶子内部发生的复杂电化学过程，这些自然的叶子设法欺骗光子，使电子四处移动，从而制造出有用的化工产品来。毕竟，人们认为，大自然已经能够在室温下使用有机化合物来完成同样的壮举。而典型的太阳能电池板需要高纯度（因此十分昂贵）的半导体才能工作。

“他们只是用不同的方法来做同样的工作。”亚利桑那州立大学化学教授德文斯·古斯特（Devens Gust）说道。他的研究倾向于建立更有机的、真正像叶子一样的人工系统。“人们想要做的是找出那个最好的。到目前为止，唯一真正实用的系统是光合作用，它使用的是由分子组成的系统。”

在这一点上很难和他争论。尽管看上去效率低下，但大自然已经开发出迄今为止最强大、最持久的系统，既不需要苛刻、昂贵的化学品，也无需极度地加热或冷却。尽管如此，硅和其他半导体在竞争上已经有了几十年的先发优势、巨额研发经费的优势，以及最有可能进入市场的技术。因此，出于本章的目的，我将主要关注它的发展。（在任何情况下，技术上的差异似乎主要在于聚光能力方面。如果找到合适的水裂解和二氧化碳还原催化剂，它们都可以从有机和无机两个方面去努力，帮助开发商业上可行的人工光合作用。）

在 20 世纪 60 年代，科学家们正在研制光伏设备的潜力，这些设备既昂贵又难以制造。为了造一个 p-n 结，研究人员必须用一个 n 型半导体，小心翼翼地在其顶部涂上一层薄薄的 p 型原子（或用一个 p 型半导体，在其薄层上掺杂 n 型原子）。问题是，这些掺杂物常常会渗入材料中，超过应有的深度，搞坏结点。这是一个棘手而又烧钱的工艺流程。格里舍尔意识到，在固体半导体（无论是 p 型半导体还是 n 型半导体）和流体电解质之间创建一个接口，就可以省去很多繁重的工作。

“格里舍尔发现，半导体液体结电池要比 p-n 结电池更容易制造，因为它们的结是在半导体浸入氧化还原对溶液中时自发形成的。”当时在新泽西州贝尔实验室（Bell Laboratories）工作的化学工程师亚当 · 海勒（Adam Heller）在 1981 年发表的一篇关于光化学电池的发展与演变的论文中写道。（氧化还原对溶液基本上是一种充满互补离子的溶液：有些离子可以还原，有些离子可以氧化。因此有了“氧化还原反应”这个术语。）

格里舍尔对他那一代同行的影响是广泛而深刻的，一位科学家将格里舍尔的同事数量用时间函数模型描述成“指数曲线”。他在加州理工学院度过的 1977—1978 学年也不例外，目前这里是人工光合作用联合中心（JCAP）的所在地。

“正是他教会了我光电化学。”约翰 · 特纳（John Turner）说道。约翰 · 特纳是位著名的太阳能燃料研究者，任职于位于科罗拉多州戈尔登市的美国国家可再生能源实验室（NREL）。特纳在本科阶段曾经研究过电池，在攻读博士学位期间则研究过电化学测量技术；但他在加州理工学院做博士后研究时，格里舍尔这位德国科学家恰好在这座校园里短暂工作。“我就是在这里学习光电化学的，导师是海因茨・格里舍尔。”

带着对光电化学这一新发现的热爱，特纳于1979年加入了美国国家可再生能源实验室（时称太阳能研究所）。使用电来裂解水，也就是电解，早已不是什么新奇的现象；一个孩子（在成人的看护下）用两支铅笔、两根电线、一杯水和一个9伏的电池就可以做到了。

但是，利用太阳能发电来制造氢燃料的想法是在1972年真正开始起步的。日本科学家藤岛昭（Akira Fujishima）和本田健一（Kenichi Honda）在《自然》杂志上发表的一篇论文中证明，二氧化钛———一种存在于涂料和防晒霜中的不起眼的成分——能够吸收光线并裂解水。（碰巧的是，这一发现为藤岛昭赢得了2003年海因茨・格里舍尔奖。）尽管二氧化钛因为几个原因没有成功——很大程度上是因为它只能吸收紫外线波长范围内的一小部分阳光——然而这篇论文发表于石油禁运前一年，美国《国家科学院院刊》（*PNAS*）的一篇论文称其发表时机堪称“完美”。

“这开辟了一个广阔的领域，我也成了这一领域的一员。”特纳说道。

特纳指出，水裂解的工业用途远远超出了运输燃料——氢是提炼食用油的关键成分，也是制造氨的关键成分。氨是化肥中的一种物质，可以让地球多养活30亿人。即使氢主要是通过一种叫做蒸汽重整的廉价方法获得的，这种方法将氢从甲烷气体中分离出来，并将二氧化碳释放到空气中。这个过程并不干净：用这种方法每生产1千克氢，就会产生12千克二氧化碳。当你考虑到全世界每年生产超过5000万吨的氢（其中，美国有900万吨）时，那些二氧化碳排放量真的开始多起来。

科学家们曾希望通过让太阳产生氢气来处理这个工艺流程，而不是从化石燃料中提取氢气。光电解这个过程包括两个步骤：聚集光子并把它们转化成电荷，然后用电荷把水裂解成氢和氧。这两个步骤是分开进行的：使用半导体将电荷收集到一个地方，然后通过导线将其传输到浸在液体中的金属电极上。这种裂解水的方法很清洁，但最终是一个成本高昂的方法，特纳说道。

特纳说："如果你把昂贵的电解槽和昂贵的光伏电池连接起来，仅仅在白天运行，你就会发现其成本会有多高。"特纳说道。

研究人员也曾尝试将半导体直接浸入液体中，使它们基本上可以同时进行聚光和裂解水的工作。然而问题是，浸入液体中的半导体会很快被腐蚀，导致设备无法工作。

特纳设法克服了这些问题，正好造出了一种实用、有效的装置。1998 年，他和奥斯卡·哈塞列夫（Oscar Khaselev）宣布，他们发明了一种集成的无线设备，可以吸收阳光并将其转化为氢气，其效率达到了创纪录的 12.4%。它的效率大约是将太阳能电池板和电解槽分开的最佳有线版本的两倍，并且这是它从 1998 年到 2015 年保持了 17 年的记录。

这项记录竟然保持了如此之长的时间，委实令人叹为观止，尤其是在前沿技术领域，但其他人花了近二十年的时间才打破了这项记录。这也说明了问题，同时也令人感到失望。特纳自己也承认有很多问题，但主要挑战之一是要找到可以使用一天以上的半导体和催化剂（特纳所使用的设备和材料在运行了 20 个小时后便明显递降了），而且价格低廉并可以大规模生产（特纳使用了铂和其他稀有元素）。

特纳已经提高了装置的使用寿命，进行了大约 100 小时的实验；

现在，他们正在努力把那一效率纪录夺回来。但成本最终是人工光合作用商业化的主要障碍。如果生产氢气的装置过于昂贵，无法与石油和天然气竞争的话，无论政治或环境方面的需要有多么迫切，这种能源战略的转变几乎就不存在什么商业上的动力。特纳亲眼看见了 20 世纪 80 年代的情况，当时原油价格下跌，尽管 20 世纪 70 年代石油引发了多次经济创伤，可再生能源研究的资金开始枯竭。

“美国应对这些风险的方式类似于一个吸烟者，他意识到心脏病的风险，开始跑步，但仍继续吸烟。”特纳在 1999 年《科学》杂志上的一篇文章写道。

直到今天，尽管在制造一种高效、具有商业竞争力的装置方面仍存在不少难题，但这位电化学家仍然是氢的信奉者。毕竟，我们以化石燃料为基础的文明仅仅存在了三个世纪，地球却已经在承受由此带来的后果。特纳想要一个可持续千年的能源基础设施。

丹·诺塞拉（Dan Nocera）[①] 是哈佛大学的一名化学家，他还清楚地记得 20 世纪 70 年代的石油危机所带来的余波——对清洁能源的政治兴趣激增以及随后几十年的融资崩溃。他目睹了许多同行

---

① 丹·诺塞拉（Dan Nocera）即丹尼尔·乔治·诺塞拉（Daniel George Nocera，1957— ），美国化学家，现任哈佛大学化学与化学生物系帕特森·洛克伍德能源教授。他是美国国家科学院院士、美国艺术与科学学院院士。2006 年，他被誉为“无机光化学和光物理领域的主要力量”；被《时代》杂志评选为 2009 年最具影响力的 100 人之一。诺塞拉在生物和化学中的能量转换机制方面开辟了基础研究的新领域，包括多电子激发态和质子耦合电子转移（PCET）的研究。他致力于人工光合作用和太阳能燃料的研究应用，包括模仿植物光合作用的“人造叶”。2009 年，诺塞拉成立了 Sun Catalytix（阳光催化公司）。这是一家开发人造叶的初创公司，2014 年被洛克希德·马丁公司收购。——译者注

转向其他研究领域。

“但我从来没有离开过它。”诺塞拉靠在椅背上说道，“世界上其他人则转向了其他研究，因为你们全都需要得到研究经费……很明显，对我来说，这种情形总有一天会再次出现。”

诺塞拉坐在位于哈佛大学马林克罗特大楼灯光昏暗的走廊尽头的高级办公室[①]里，这座大楼那令人敬畏的名字与它的砖面和粗大的爱奥尼克圆柱十分匹配。他的办公室很大，但很空，我把椅子挪到离他的桌面更近的地方，以便更好地查看他在屏幕上显示的图表。这位化学家刚从澳大利亚参加完一个太阳能主题的会议回来，可能还在倒时差，但在课间和主题演讲之间的空档，他还是抽出时间带我去参观了实验室。

如果你听说过人造叶[②]，那么你可能就会听说过诺塞拉的名字。2011 年，这位化学家登上了全球各地头版头条的新闻，当时他宣布发明了一种装置，可以将水裂解成氧气和氢气，使用的催化剂是地球上丰富的元素，如钴和磷酸盐（在制氧气的一侧），以及镍和钼（在制氢气的一侧）。当太阳照射到该装置上时，由三结叠层太阳能电池[③]产生的带正电的空穴[④]被送到阳极，在那里，钴－磷酸

① 高级办公室（corner office）：高级办公大楼的角落房间，不但空间方正宽敞，更有两面对外的景观窗。这样的办公环境，自然要留给重要人物。——译者注

② “人造叶”(artificial leaf)：模拟天然绿叶的光合作用，创造出一个人工系统，产生清洁燃料氢和甲醇，为燃料电池或环保汽车提供能量。——译者注

③ 三结叠层太阳能电池（a triple-junction solar cell）：由宽带隙非晶硅电池、中带隙非晶锗硅电池和窄带隙非晶锗硅电池依次叠合构成的电池。各子电池分别吸收不同光谱段的阳光，具有较高的稳定效率。——译者注

④ 带正电的空穴（the positive holes）：太阳能电池中，原子中的电子被激发后留下的运动空位即是空穴，带正电荷。电子可以在空穴之间移动。——译者注

盐催化剂利用它们从水分子中剥离出电子，留下氧分子（O_2）和氢离子（H^+）。电子朝相反的方向移动，到达阴极，镍－钼－锌催化剂将剩余的氢离子缝合在一起形成氢气（H_2）。

这是一个漂亮的小装置：一副扑克牌大小的三结叠层太阳能晶片可以放在阳光下的一杯水中，一边会立即开始形成氧气泡泡，另一边则会立刻形成氢气泡泡。从理论上讲，氧气会散逸到空气中去，而氢气则被收集和储存起来，以便之后在发动机中燃烧或用于燃料电池。当氢燃料被消耗时，它会与空气中的氧重新结合，这意味着其唯一的排放物是水，但没有产生任何的温室气体。

这种人造叶既不是无线太阳能发电机的首次尝试，也不是最后一次尝试，但由于它美观大方，因而受到了行业出版物和主流媒体的热捧。它不需要电线，而且可以在脏水中工作，这意味着它十分耐用，完全可以在不容易获得清洁水的农村条件下使用。它不仅拥有悦耳易记的名字，而且真的无害。

我第一次与诺塞拉交谈是在 2013 年，当时我并没有完全意识到，他是在新奥尔良一家餐馆的楼梯井里给我打的电话。那天晚上他给美国化学学会年会做了一场卡夫利讲座（Kavli Lecture）[①]，他从与其他著名科学家共进晚餐的时间中挤出几分钟，在相关新闻稿截稿前与一名记者进行了交谈。他相继在 2008 年和 2011 年发表了开创性的声明，而在 2013 年的那次电话中，他依然热情洋溢、精力充沛，

---

① 弗雷德·卡夫利（Fred Kavli，1927—2013 年）是一位挪威裔美国商人和慈善家。他所创立的 Kavlico 公司是全球最大的传感器供应商之一。2000 年，他建立了卡夫利基金会，以“促进造福人类的科学，促进公众对科学家及其工作的理解和支持”。卡夫利基金会每年会资助科学界举办卡夫利讲座（the Kavli Lecture）。——译者注

或许还在那天的年会上得到了众多化学家的掌声。后来我查了一下那次讲座，以便了解那天晚上他的想法。

这位从麻省理工学院转到哈佛大学的科学家从事人造叶研究的历程可以追溯到三十多年前。在石油危机平息、研究经费枯竭后，他在新奥尔良说："能源消失了，研究经费又不见了。我没有会议可去，这不是很悲哀吗？"他告诉新奥尔良的听众："我所有的朋友都成了从事有机金属催化剂研究的化学家，而我偏偏执着于能源研究。"

诺塞拉坚持下去的方法是做基础研究，他认为这些研究最终可能有益于许多学科，其中包括模拟光合作用——如果有一天他能够重新回到这个领域的话。在模拟光合作用中，有一个过程被称为质子耦合电子转移，它是理解植物如何同时完成水氧化和质子还原为氢的复杂过程的关键。光伏电池利用阳光以带负电荷的电子的形式来移动电流。但是植物可以通过使质子携带正电荷，将电流转化为化学电流——尽管质子比电子重近2000倍，而且更难移动。诺塞拉说，质子耦合电子转移通过描述"电子与质子之间如何互相交谈"来阐述这一过程，以便保持光合作用这项复杂工作的顺利进行。

"每个人都在寻找一种神奇的材料，这种材料就是半导体。它能吸收光，并能裂解水。"诺塞拉说道，这在一定程度上要感谢1972年本田与藤岛的发现[①]。但在2001年，甚至在研发出一种从

① 1967年，东京大学25岁的硕士研究生藤岛昭与导师本田健一共同发现了二氧化钛单晶表面在紫外光照射下水的光分解现象，即"本田－藤岛效应"（Honda-Fujishima Effect），由此开创了光催化研究的新篇章。这个发现过于超前，到1972年才在《自然》杂志上发表论文。——译者注

酸性溶液中生成氢的铑基催化剂之后，他意识到这种神奇的材料可能并不存在。一方面，很难找到一种催化剂来吸收足够宽的太阳光波段，使之真正发挥作用；另一方面，水的裂解每次需要 4 个电子，但半导体通常是一个接一个地产生电子，这也是二氧化钛整体效率较低的另一个原因。因此，诺塞拉最终又转向了硅（这一经过检验并且可靠的技术）来从阳光中产生电子，同时寻找合适的催化剂，以捕获其中的 4 个电子并进行水的裂解工作。

“你永远无法制造出一种神奇的材料，就像你永远无法制造出一种神奇的分子一样。”他说道，“我在这方面已经有经验了。”

诺塞拉说道，从某种程度上说，把这两项任务分开进行就像是从自然这本书上移出背面页而单独保留正面页一样。植物细胞也可以在催化作用之外进行光收集和电荷分离。尽管如此，许多从事半导体太阳能燃料研究的科学家都回避了“人造叶”这个词语，因为对他们来说，他们试图发展的过程根本就不像叶子。他们的观点是：植物利用有机分子使电子穿梭于水中的不同位置——主要是在 pH（酸碱度）呈中性的环境中——让这些电子在这个过程中一直工作着，直到最终将氢离子（也简称为质子）锁定在被称为糖分的碳基（以碳 - 碳键为骨架）分子中。它们的效率很低，只能将照射到叶子表面的 1% 左右的光转化为能量，而且其过程并不稳定。这与太阳能发电机截然不同，太阳能发电机需要像硅这样高纯度的无机材料来跳过制糖和直接裂解水这样的环节，而且效率比自然界可能的效率要高得多。

这位化学家并不否认人造叶的运作机制与生物学中的不同；他的目标是把叶子的功能转化成一个工作装置。当然，要想做到这一点，你必须研究大自然是如何将光转化为能量的。

“你对分子之所以有深入的理解，是因为你可以确定每一样东西。”他说道。一旦你做到了这一点，你就可以应用这些经验教训，使用各种无机材料，在各种不同的条件下，生产出不同的最终产品。

诺塞拉还发现了自然和太阳能燃料之间的其他许多相似之处，他说这些都为他的研究工作提供了资料。在他的办公室里，他拿出了一幅光系统Ⅱ[①]内部结构的图示，光系统Ⅱ是植物中第一个吸收光并利用光来氧化水的复合体。它弯弯曲曲、色彩鲜艳地再现了紧紧缠绕着的蛋白质；一条蓝色的波形曲线代表 D1 蛋白，它含有一种被称为放氧复合物[②]的含锰化合物。这个复合物的艰巨任务就是拿走 2 个水分子，并把 4 个氢离子分离出来，这样 2 个氧就能结合在一起形成 O_2，也就是中性的氧气。这个过程被称为氧化水，实际上并不容易发生，因为它破坏了将复合物固定在原位的蛋白质。这

① 光系统（photosystem，PS）：是进行光吸收的功能单位，是由叶绿素、类胡萝卜素、脂和蛋白质组成的复合物。每一个光系统含有两个主要成分：捕光复合物和光反应中心复合物。光系统中的光吸收色素，其功能像是一种天线，将捕获的光能传递给中心的一对叶绿素 a，由叶绿素 a 激发一个电子，并进入光合作用的电子传递链。科学家们发现，植物体中存在两种色素系统，各有不同的吸收峰，进行不同的光合反应。随着近代研究技术的进展，科学家可以直接从叶绿体中分离出两个光系统，它们中的每一个都具有特殊的色素复合体及一些物质。其中，吸收长波长（>680nm）光的系统为光系统Ⅰ（Photosystem Ⅰ，PS Ⅰ），吸收短波长（≤680nm）光的系统为光系统Ⅱ（Photosystem Ⅱ，PS Ⅱ）。——译者注

② 放氧复合物（oxygen-evolving complex）：光系统Ⅱ的组分物，由三条多肽链结合锰簇及氯和钙离子等形成的复合物。靠近类囊体腔一侧，其功能是催化水的裂解，提供最初的电子，释放质子和氧。——译者注

和用硅片来氧化水并没有什么不同——因为硅被氧化了；也就是说，它生锈了。但是在植物中，系统已经习惯了这种磨损；实际上，每隔 30 分钟，它就用含有锰分子的不完整的配体来取代蛋白质。

“每一种植物都是这样的。”诺塞拉说道。

这种自我修复过程是诺塞拉在他自己的水氧化催化剂（一种带有磷酸盐缓冲液的钴离子）中发现的一种特性。研究人员认为，当他们让电流通过该装置时，阳极会从漂浮在液体中已经电离的 Co^{2+} 中吸走更多的电子，使它们变成甚至更加离子化的形式——Co^{3+}。这种物质从液体中析出并与半导体表面的磷酸盐离子结合。此时，电流就会从钴中夺走另一个电子，使其成为 Co^{4+}。这种超电离的形式可以把电子从水分子中剥离出来，去掉氢，让氧结合在一起形成氧气。在这个过程中，钴离子获得了电子，成为 Co^{2+}，并从表面上分离出来漂浮在液体中，然后这个过程又重新开始。

2008 年，诺塞拉和他的合作者马修·卡南（Matthew Kanan，现为斯坦福大学教授）偶然发现了这一化合物的这种特性；他们只是为了找乐子试着把它放在半导体薄片上，并假设当表面开始长出一层绿色物时，这个尝试就失败了。但是在晶片上开始形成氧气泡，研究人员检查了催化剂之后，他们意识到他们手上有了一种特殊的化合物——这种化合物在重复使用之后可以再分解，然后，只要输入少量的能量，就可以一次又一次地重新组合起来。对诺塞拉来说，这是对植物的自我修复性锰配合物的完美模拟。

这一发现至关重要，因为氧化水——剥离电子，留下一堆质子在四处漂浮——是反应中比较难、比较复杂的一面。诺塞拉在产氢的一侧使用了一种由镍、钼和锌制成的不同的而且价格低廉的催化剂，并在2011年设计出了他的人造叶。

这位化学家并没有给我看那台装置。这是2014年的年末，媒体炒作的阶段早已过去——有关他的杂志报道以及他在阳光下拿着树叶的精致视频的宣传阶段早已过去了。尽管诺塞拉的装置引起了全球公众的注意，并使他受邀在化学研究会议和机构上发言，但他仍因其目前的技术无法满足他对未来所做的承诺和预言而受到一些同行的抨击。

“自我修复的另一个表述是‘不稳定’。”特纳指出，“如果某个东西是稳定的，那就不需要自我修复。如果某样东西是不稳定的，那它总有可能是无法自我修复的。”

请记住，人造叶并不一定是最有效的太阳能燃料装置：该装置在有线配置中的运行效率为4.7%，在该装置中太阳能电池板和电解槽由一根电线连接在一起；而在集成的、更像叶子的形状下运行则只有大约2.5%的效率。诺塞拉的研究表明，这种方法的成本更低。然而，这种裂解水的装置的效率与半导体有关——在技术进一步完善、制造成本进一步降低之前，各种成本仍将居高不下。（人造叶包含一个三结叠层太阳能电池，它本质上是将3个光伏半导体系统夹在一起，以捕捉不同波长的太阳光。虽然这提高了太阳能的发电效率，但这意味着要使用大约三倍的材料。从材料的角度来看，这也使得它的成本稍微贵了一些。）

阳光催化公司（Sun Catalytix）成立于2008年，诺塞拉创立该公司的目的在于将人造叶技术商业化。阳光催化公司除了获得美国高级能源研究计划署（the Advanced Research Projects Agency-Energy）——美国国防部下属的一家为尖端技术提供资金支持的机构——的资金支持，还获得了来自印度塔塔集团（Tata）的风险投资。然而，尖端也同时意味着被扎得鲜血淋漓，阳光催化公司的资产在 2014 年的年中——在我造访该公司前的几个月——就被卖给了洛克希德·马丁（Lockheed Martin），当时阳光催化公司还没有任何接近商业化的产品。随后，洛克希德·马丁大张旗鼓地改变了方向，转而专注于开发流体电池存储技术，这显然是一项短期内更容易实现的技术。

"风投干的尽是这种蠢事，没错吧？"他边说，边朝着显示器挥了挥手。"电脑，还有应用程序。这些都是低资本密集型的，不需要花费很多钱就可以让人们在地下室写软件。能源却是资本密集型产业。而在你面前的都是大型的能源公司——你正在与他们竞争。"

诺塞拉的观点是这样的：即使人造叶在效率上有了巨大的飞跃，而且成本降低到足以与碳氢化合物燃料竞争的程度，目前也没有什么好办法来大规模储存氢燃料。氢是元素周期表上最轻的元素，它所产生的气体必须经过极度压缩，这就需要一种全新的存储技术和能源基础设施。无可否认，我们的能源基础设施是在过去 150 年间建起来的，都有一些年头了；一下子再建一个新的电网在经济上是不可行的。（如果你是在问，为什么不让每个人都自己制造氢气呢？这个问题问得好。每个人家里都有一台氢气发生器和燃料电池电解槽，这在经济上可能可行，也可能不可行。但无论如何，由于历史遗留问题，这个问题没有实际意义：自从托马斯·爱迪生的第一座燃煤发电厂使集中发电变得便宜和方便以来，我们就已经离不开电网了。）

"我确实认为我开发的模型是正确的。"诺塞拉说道，"这意味着，如果你在这个行业做研究，真的有设想，想要改变一些事情，你就不能把贪念放在第一位。因为我用 30 个人和 1.1 亿美元都做不到。”

诺塞拉仍然认为他的人造叶制氢技术对于发展中国家是非常有用的，那里几乎没有或者根本就没有现成的电网可用，而拥有独立的能源来源可以极大地改善农村地区人们的生活水准，将他们的一天延长到黑夜，让孩子们学习，让成年人通过努力来摆脱贫困。在美国，这在短期内似乎不会发生。所以他与哈佛大学威斯仿生工程研究所的研究人员合作，设计了一套系统：他们把氢（大概是用某种人造叶制成的）喂给转基因细菌，这些细菌用氢来制造异丙醇。异丙醇是一种酒精，不但可以用作一些生物塑料的前体[①]，也可以用作传统的液体燃料。再加上现有的光伏技术，该设备的效率可达 10% 左右。诺塞拉称之为仿生叶。

“我只是希望世界开始使用氢气作为燃料，但我无法说服世界。”他告诉我道，“因此，为适应当前的能源基础设施，它就必须变得更加混乱。”

加州理工学院坐落于洛杉矶市中心的东北部，映衬在圣盖博山脉朦胧的蓝绿色背景下。时值 2015 年的早春，尽管一些树木似乎正遭受着南加州干旱的影响，但仍有许多绿色的树冠遮蔽着从绿草如茵的校园中穿过的那些人行道。这让人松了一口气，因为在帕萨迪纳这里，阳光照射似乎总比市中心更强烈。

---

① 前体（precursor）：在代谢或合成途径中，位于目的化合物（最终产物）之前的一种化合物。——译者注

这是一个阳光明媚的日子，当时还在哈里·格雷实验室的本科生内森·刘易斯（Nathan Lewis）正从校园里走过，带着他准备好的含有铑配合物的样品来到另一座装有核磁共振机的大楼，他将在那里对其中的原子的物理和化学性质进行分析。管子的一半安全地放在他的口袋里，另一半则伸出来，暴露在阳光下。当他把它拿出来的时候，他看到被阳光照射的那一半已经从蓝色变成了黄色，并且产生了一种气体——经证实是氢。

“哦，太棒了！”当我们穿过校园时，刘易斯谈到了这一意外的发现。“真的，这是加州理工学院首次涉足太阳能燃料领域，而且是在 20 世纪 70 年代的石油危机期间——你知道的，那是一段快乐的时光。”

从那以后，铑本身就没有引起多大轰动——事实上，这种金属并没有完全催化作用——但它已经播下了一个想法的种子。2005 年前后，在把职业生涯花在其他追求（包括电子鼻[①]）上之后，刘易斯和他的团队成员在一个度假村聚会，讨论了下一步的研究方向。大约在同一时间，他和家人去夏威夷度假——一年一度的旅行。他 13 岁的儿子问：为什么他们去年去过的那个海滩上的珊瑚被漂白了？刘易斯尽其所能地解释道：我们向空气中排放的二氧化碳正在沉入海洋，使海洋“起泡并发出嘶嘶声”，于是海水酸化，不再适合海洋生物生存。

“我们不能停止排放二氧化碳吗？”儿子问道。

---

① 电子鼻（electronic nose）：一种由选择性的电化学传感器阵列和适当的识别装置组成的仪器。能识别简单和复杂的气味。——译者注

“除非有人找到办法。”刘易斯说道。

“嗯，”儿子又问，“你为什么不找个办法呢？”

在度假期间，研究人员们绘制了一张他们可能建造的装置的草图。他们没有使用平板，而是画了两组高而细的半导体微丝，让人联想起一片微型森林。当时的思路是这样的：一旦光在砷化镓、硅或任何其他半导体中产生自由电子，电子必须自始至终通过材料到达导线才能产生电流。这是一次危险的行程，因为它让电子有时间与一个带正电的空穴重新结合，而不会让它进入导线产生所急需的电流。但是，如果你制造微丝的话，那么半导体可以在一个很长的表面积上吸收光，而电子需要一个短距离传送——快速通过只有针的直径这么短的距离——去撞击催化剂。这是一个电化学问题的几何解。

“我产生这个想法是因为受到了生物的启发——我们想要的是像颤杨树[①]这样的东西，它们可以吸收远距离的光，但把激发态[②]向旁边移动一小段距离而不是原路返回。”刘易斯解释道，“这就是太阳能电池如此昂贵的原因，因为你需要一定的厚度来吸收光线，但是那些被激发的电子只有沿着原来的路线回来，才能到达电

① 颤杨（aspen trees）：三种杨柳科杨属植物的通称，即欧洲颤杨（*P. tremula*）、美洲颤杨（*P. tremuloides*）、美洲锯齿白杨（*P. grandidentata*）。原产于北半球，以树叶在微风中颤动而闻名，较其他杨属植物分布于较北更高处。树皮灰绿平滑，分枝无规律；绿叶繁茂，秋天转为鲜黄；春天葇荑花先于树叶开放。——译者注

② 激发态（excited states）：原子或分子吸收一定的能量后，电子被激发到较高能级但尚未电离的状态。激发态一般是指电子激发态；气体受热时分子动能增加，液体和固体受热时分子振动能增加，但没有电子被激发，这些状态都不是激发态。——译者注

线。如果半导体的纯度不够高的话，它们就会在途中产生热量然后消失。”

就像森林里的大树垂直生长以容纳大量的光吸收体一样，这些表面积大得多的微丝要比那些平坦的表面更好地吸收光线。虽然我不确定刘易斯在我们谈话的时候是否知道这一点，但事实证明，微型电线可能比他想象的更像颤杨树：在它们白色的树皮下，沿着整棵树的长度，树木有一层薄薄的绿色光合作用层，在无情的冬季，当树叶凋落时，这层光合作用层可用来吸收阳光并产生燃料。

在此基础上，得到美国国家卫生基金会（NSF）资助的太阳能燃料化学创新中心诞生了，它是由美国能源部于 2010 年资助成立的人工光合作用联合中心的基础。人工光合作用联合中心在过去的 5 年时间里从能源部获得了 1.22 亿美元的资金支持，其总部设在加州理工学院，在劳伦斯伯克利国家实验室（Lawrence Berkeley National Laboratory）建立了一个卫星校园，并在加州的其他几所大学召集了一些研究人员。其目标既雄心勃勃又直截了当：制造出一种可以利用太阳光，廉价、可靠地生产燃料的装置。在刘易斯看来，在此之前，我们在理解人工光合作用方面取得了很多的进步，但都是零零碎碎的。这里的一种特殊催化剂或那里的一种半导体方面所取得的突破，除非能够集成到一个更大的系统中，否则是没有用的。人工光合作用联合中心开始“一应俱全地”构建这个系统，这位科学家说道。

这位化学家带我进入乔根森大楼，人工光合作用联合中心就在这栋楼里。这是一栋白色的建筑，正面有着巨大的玻璃幕墙，可以让大量的阳光照射进来。极简主义的室内设计给人一种未来感：墙壁、地板、天花板和楼梯都是白色的，把那些从大玻璃窗照射进来的光反射回去。透明的有机玻璃似乎支撑着金属护栏，半开放式的楼层平面让人们在二楼行走的时候可以看到楼下大厅里的一切活动。这个地方是刘易斯和一个同事设计的，和我见过的化学实验室里黑暗、狭窄的走廊和封闭的房间相比，它看起来很不一样。

“是的。我想让这个实验室在同一层楼，但我们没有足够的空间做到这一点。”当我们爬楼梯时，他说道，“因为我想让所有的互动都发生在不同的项目上。我们差不多达成所愿，因为那个大会议室在一楼……我们还有吃的。”

我们戴上透明的防护眼镜——实验室门口墙壁上贴有箱子，这些眼镜就很便利地放在里面。一旦进入实验室内部，每个实验室都开始变得更容易辨认，因为它们都有一堆大型的科学仪器，其中一些看起来非常熟悉。因为这些高科技工具中有几样是以实验用化合物取代油墨的喷墨打印机。

“它们从我们关心的所有不同元素中喷射出不同的墨水；每个点都有我们所选的一组不同的颜色、不同的墨水，然后我们将它们退火①成氧化物。”刘易斯说道。他的声音盖过了房间里嗡嗡作响的机器。

---

① 退火（anneal）：一种热处理工艺，指的是将金属材料或非金属材料缓慢加热到一定温度，保持足够时间，然后以适宜速度冷却。而在生物化学中，DNA 分子受热变性，双链分开；若再缓慢冷却至室温，则在 260nm 处吸光度降到变性前的值，这一过程也称为“退火”。退火处理，可使变性 DNA 的两条多核苷酸链重新聚合成双链螺旋结构，恢复其本来的理化性质和生物学功能。——译者注

他拿起一张大幻灯片，上面是一排排的打印点。它们真的很漂亮——每个点的色调略有不同，就像一个小小的潘通[①]调色板，每种颜色都代表着不同的化学成分。

“它们是美丽的。上面有1800个点，每个点都有将近2000种不同的成分。”他告诉我。“我们可以在午餐前打印出100万种化合物。”

这基本上是一个高通量的设备，为太阳能燃料装置寻找具有理想特性的合适材料。这台打印机只是至少三种用于生产化学品的方法中的一种，其所生产的那些化学品的特性将受到一系列不同的测试：用细小的电线来测量电流，用X射线轰击来揭示它们的结构，用扫描机器人来测量一个化合物反射多少光（劣质的）和穿过多少光（优良的，这样光就能到达下面的半导体）。

其中有些化学品是经过设计的，研究人员预测了给定化合物的化学特性以及其中已知的元素，但也有一些只是偶然的惊喜。不管怎样，如果真有什么难以找到的催化剂，刘易斯计划找到它们。

“我们所发现的事物中，没有一件比我们首先思考和设计的事物做得更好。”他说道，“但这种情形肯定会改变，因为我们没有那么聪明。”

刘易斯列出了构成一个完整系统所需要的五个基本要素：两种催化剂，一种用于氧化水，另一种提取所产生的氢离子（第一次反

① 潘通（Pantone）：是总部位于美国新泽西州的一家专门开发和研究色彩而闻名全球的权威机构，也是色彩系统的供应商，提供许多行业包括印刷及其他关于颜色如数码技术、纺织、塑胶、建筑以及室内设计等的专业色彩选择和精确的交流语言。——译者注

应中剩余的质子）并将其转化成氢气；两种半导体，一种用来捕捉蓝色波长的光，另一种用来捕捉红色波长的光；还有一种薄膜，可以将这两部分分开，同时有选择地让正确的离子通过。例如，有一种膜，它只能将在光电阳极处产生的质子传递到光电阴极一侧，在那里它们会配对并夺取一些电子来制造氢气。

“这并不是说，有了一种神奇的催化剂或者有了一种神奇的光吸收体就能取得突破，所有这五个基本要素都会起作用，你必须拥有很多这样的东西。它们必须同时发挥作用。这就像造一架飞机——仅有一个引擎，并不意味着你有一架会飞的飞机。”他说，“你需要翅膀，也需要设计。飞机必须符合空气动力学，它要能离开地面。总之，它意味着很多东西。因此当我们有了这么一个设想时，我们却没有这几样东西。我们没有办法制造微细线，我们没有办法让它们朝向太阳，我们没有任何的膜，我们也没有催化剂——我们没有这其中的任何一样东西，更不用说让这些东西在一起发生作用。”

最重要的是，反应不能在中性 pH 的溶液中发生：它只有在酸性溶液中或者在碱性溶液中，化学反应才能起作用。这实际上是刘易斯与诺塞拉的无线“人造叶”之间的一个大的争议点——在中性水中进行反应的想法不会持续很久，因为裂解水的行为改变了半导体表面附近水的 pH。在氧化侧释放质子会使局部液体酸性增强；通过将质子在还原侧转化为氢气来消耗质子，则使水的碱性增强。

“催化剂被设计成在中性 pH 下工作，没有任何体系可以在那里停留很长时间。”刘易斯说道，他把它称为大学一年级学生的化学。“这是建立一个你能维持的系统的唯一方法，这是从一百年来的电解工作中得到的真知：局部 pH 要么为酸性，要么为碱性，这样才可能发生反应。”

（另一方面，诺塞拉则认为，高酸性或碱性溶液具有腐蚀性，制造可持续的设备的最佳方法是在中性条件下运行。）

在光电阴极和光电阳极隔室之间有一层膜也是设计的关键，刘易斯说道。这些气体不能混合，否则会爆炸。而他在“人造叶”上遇到的另一个重要问题在于，当这两种气体从催化剂涂层表面冒泡时，他没有什么妥善的办法来安全地分离它们。

“我们从来不称它为人造叶。”他谈到人工光合作用联合中心的努力时说道，“这只是个还不错的行话而已，但它并不是一片叶子，它不是一个生命系统，它看起来不是绿色的，它不吸收二氧化碳来制造糖。它是一个太阳能燃料生成器，只不过从外观上看像一片树叶而已，就像鸟看起来像一架飞机一样。”

通过人工光合作用联合中心和加州理工学院太阳能化学创新中心（CCI Solar）的共同努力，刘易斯说，他们最近发现了一种全新的催化剂家族，它们擅长于将水还原为氢，而且是由廉价、易得的元素制成的。

“我们选择将它们发表在同行评审的期刊上，而不是发表激动人心的新闻稿。”他补充道。这句话让我印象深刻，因为他指的是公众对《科学》以及其他期刊上的出版物（如诺塞拉的论文）的关注。“我们本可以这么做，但我们却没有。”

人工光合作用联合中心还有一个基准测试设备，用以测试其他科学家制造的催化剂的长期可行性。刘易斯说，他们中的大多数人都做得非常糟糕。“即使是钴？”我问道，暗指诺塞拉的一个催化剂。

“一天之内就死了。它已经完了，“刘易斯说道，“所以你看到了那些展示，你知道的。不过我的意思是，谁想要这样的一天，对吧？”

尽管刘易斯和诺塞拉在和我的谈话中几乎没有提到过对方的名字，尽管他们甚至共同写文章探讨太阳能燃料的未来，但他们引用他人研究成果的方式让我觉得，他们的观点并不完全一致。这是一种奇怪的同门之争：刘易斯本科时师从哈利·格雷（Harry Gray），诺塞拉是在读研究生期间师从哈利·格雷（虽然不是在同一时期），但两人都认为是格雷激发了他们对人工光合作用的兴趣。

“尽管他们被称为‘学术上的兄弟’……但他们几乎在所有事情上都有分歧。”另一位太阳能燃料研究者对我说道。

人工光合作用联合中心一直在寻求用酸性溶液和碱性溶液来制造太阳能发电机，因为他们还不确定哪种系统最终会是最好的。每种系统都有其优势。例如，有一些廉价的催化剂可以用于碱性 pH 系统；但在光电阴极上，硅在酸性条件下是稳定的。刘易斯说，他们认为自己已经具备了基于碱性溶液来制造一个系统所必需的五个要素；用酸性溶液，他们还差一个要素。

在我采访的几个月之后，加州理工学院宣布，人工光合作用联合中心的科学家们确实已经制造出了一种被媒体称为“人造叶”的装置，能以 10.5% 的效率裂解碱性溶液中的水（在这种情况下，用的是氢氧化钾溶液）。这与约翰·特纳的记录相差无几，他们真是了不起，成功地做到连续运行 40 个小时；该设备的性能在

80 小时左右开始下降。（一年后，刘易斯告诉我，他们已经让它运行了数百个小时。）

研究人员似乎正朝着正确的方向前进。但就在我访问人工光合作用联合中心的时候，该中心的五年协议已经到期，它的进展和目的已经提交给能源部审查。人工光合作用联合中心的巨大吸引力在于，它始终如一地致力于开发一种太阳能燃料发电机，让许多不同的研究人员在同一屋檐下从不同的角度研究这个问题。现在，它的资金将被削减大约一半，它的成员将不再享有五年期限的工作保障。刘易斯说，当时在加州理工学院人工光合作用联合中心大约有130 人在从事太阳能项目的研究，这个数字现在不得不削减下来。不过他又补充说，在该中心之外，大约还有一百多名加州理工学院的研究人员在从事太阳能燃料的研究。尽管可能不会像以前那样齐心协力，但太阳能燃料的研究还将继续下去。

“弄清楚与太阳能燃料相关的一切，这是人工光合作用联合中心所做的一个独特的部分。我们希望能把它保留下来。”刘易斯说道，“不过，由于我们的预算被削减，我们不知道还能保留多少。”

除此之外，该中心还收到了一个难度更大的新指令：从设计氢气发生器转向设计一种能固定二氧化碳以制造碳氢化合物燃料的装置。生产这种液体燃料有明显的优势，正如诺塞拉所指出的那样，它们很容易储存在传统汽车和现有的能源基础设施中。不过，这是一项更加艰巨的任务，因为你必须把更多的电子和质子串在一起才能制造出一种可用的燃料。

“这样做是否是最佳方式目前还存在争议，但这就是将要发生的事情。”刘易斯说道。目前的计划是继续研究这两个项目。毕竟，如果你也要用碳、氢和氧合成分子，你可能需要知道如何制造氢。

“我们还有未完成的任务，对吧？”在我们离开实验室之前，他说道，“毫无疑问，我们还有未完成的任务。”

在杨培东[①]的办公室里有一幅很大的画，画的是一棵树，其树冠宽阔，枝繁叶茂。在一箱箱的教材和好几个架子的奖状中，这样一件装饰品看上去是那么的怪异与抢眼。

“那是我女儿的画。”这位伯克利加州大学的化学家说，“更确切地说，一半是。这一半是我妻子画的，那一半是我女儿画的。”

这是一件很漂亮的作品，显然是用爱画出来的，我喜欢它宝石般的色调。但考虑到杨培东的研究方向，这件艺术品给我的印象是非常的科学：他建立了一个本质上由两个不同过程——分别以无机半导体和活的、会呼吸的细菌为核心要素——混合而成的“合成叶”系统。

2015 年，当杨培东凭借他在纳米线、光子学和太阳能燃料方面的研究获得麦克阿瑟天才奖时，我立即责备自己。其他研究人员曾告诉我，他是该领域的重要人物，值得交谈，但我却迟迟没有采访他。现在，有这么多媒体在关注，我确信他不会有时间为一本书谈点什么，因为再将接受报纸和电视采访时的话重复一遍对他来说是没有意义的。不过令我惊讶（和宽慰）的是，他邀请我到学校去参观他的实验室，并谈论他的研究。

① 杨培东（Peidong Yang）是伯克利实验室材料科学部的化学家，领导开发基于溶液的技术，用于制备核 / 壳纳米线太阳能电池。——译者注

“如果我们想要模仿叶子中发生的事情，准备向自然的光合作用学习，那么我们至少需要了解叶子中发生了什么。”他告诉我，“在叶子中，有两个催化循环——一个是水氧化，另一个是二氧化碳固定。这是自然光合作用的基本化学过程。所以如果我们想设计一些无机材料来做同样的工作，本质上化学或物理学应该是相似的。”

与诺塞拉和人工光合作用联合中心最近才转向液体（或碳氢化合物）燃料研究不同的是，他从事液体燃料生产的基础科学研究已有几年了。杨培东一开始并没有计划生产太阳能燃料；1999年，他加入伯克利，研究如何更好地制造纳米线——细小的针状晶体排列，比人类的一根头发还要细一千倍。物理定律开始在这些尺度上发生根本性的变化，这些材料对量子效应的反应开始以非常不寻常的方式表现出来。纳米线是如此之小，它们可以比光的波长还要小，这一特性使得纳米线有可能以比同一半导体在扁平、块状材料形式下高得多的效率传导单个光子。杨培东从基础科学的角度对纳米线感兴趣，探索它们的特性及其在各种领域的潜在应用。他研究了它们对太阳能电池的光收集能力的影响，把它们变成了微小的光子发射激光器，并建造了能够吸收废热并将其转化为电能的阵列。（我们所产生的如此多的能量——无论是在发电厂，还是在我们温血动物的体内——实际上是以热能的形式损失的。想象一下，如果你能重新获得这些电能，并把它们重新投入系统中去，你就能使发电厂的效率大大提高，并用汽车发动机产生的热量为收音机和其他电子产品提供电源。在更小的尺度上，你可以用自己的体温给手机和其他个人设备充电。）

当美国前能源部长朱棣文（Steven Chu，时任劳伦斯·伯克利国家实验室主任）启动以创造碳中和燃料[①]为目标的赫利奥斯（Helios）[②]项目时，杨培东被完全推入了太阳能燃料领域。这位化学家很快意识到，在半导体方面的研究不足以解决这个紧迫的能源问题。他不得不把实验室分成两部分，一部分用于研究半导体纳米线，另一部分用于研究覆盖其表面的催化剂。他告诉我，在他大约35名研究人员的团队中，大约一半人在研究纳米线，还有一半人在研究催化剂。在他打开实验室的门时，钥匙叮叮当当作响。

我们走过一个实验室的工作台，上面排列着四五个加热板，看起来就像漂亮的邮资秤；在每个加热板的上面都放着一个高壁的培养皿，里面装满了某种透明的溶剂。他指着两扇并排挨着的门，在那里，他们方便地把合成叶的两大主要功能的研究分开来：将光转化为电，并用电（借助合适的催化剂）来分解二氧化碳。“这是光

---

① 碳中和燃料（carbon-neutral fuels）：是指不会产生净温室气体排放或碳足迹的燃料。实际上，这通常意味着以二氧化碳为原料的燃料。拟议中的碳中和燃料大致可分为合成燃料（通过化学氢化二氧化碳制成）和生物燃料（通过光合作用等消耗二氧化碳的自然过程产生）。用于制造合成燃料的二氧化碳可以直接从空气中捕获，从发电厂的废气中回收，或者从海水中的碳酸中提取。合成燃料的常见例子包括氨和甲烷；当然，更复杂的碳氢化合物，如汽油、柴油和航空燃料也已成功地人工合成。——译者注

② 古希腊神话中古老的太阳神，月神塞勒涅和霞光女神埃奥斯的弟兄。在古希腊鼎盛时代，被奉为阳光之神，盲人的医治者，又以失明作为惩罚人的手段。公元前5世纪开始与阿波罗混同。传说他每天早晨从东方升起，乘着四匹喷火的马拉金车在天空运行，傍晚在西方落入环绕大地的瀛海奥克阿诺斯，夜间乘一只金杯回到东方。三峰岛（西西里的古称）有他的畜群，由他的女儿们放牧。——译者注

源，”他指着一间房间里的灯说道，“而隔壁就是黑暗面。那边没有光，它只是在做电化学。”他解释说，不同的催化剂可以将二氧化碳转化为不同的产品。

另一个房间是激光实验室，它的窗户被黑色的塑料垃圾袋和绿色胶带小心翼翼地遮蔽住了——这是一种安全防范措施，以防任何光线捣乱。他补充说，他们这里有低温恒温器，可以把材料的温度降到绝对零度以上 10 开尔文[①]。

“你为什么要这么做？”我问道。难道这些材料不应该在室温下工作吗?

“通过研究温度相关的特性，我们可以更好地理解物理特性。”他说道。只有了解这些纳米线在极端条件下如何工作，他才能了解它们的真实情况。（这有点像是把和老朋友的自驾游视为是对性格的考验。汽车抛锚时，她会发疯吗？在她连续八次播放同一首难听的歌之后，我该作何反应？）

然后，杨培东向我展示了他的实验室中最引人瞩目的部分：生物实验室。在这里，他和同事们将纳米线和细菌结合起来，将二氧化碳转化为醋酸盐、丁醇，甚至是聚合物。

“我们这里有培养箱、培养物、培养基，这些是细菌生活的

---

① 绝对温度（absolute temperature）乃热力学温度旧称，其单位是“开尔文”，简称“开”，英文是“Kelvin”，用国际代号“K”（但不加“°”）表示温度。“开尔文”是为了纪念英国物理学家开尔文勋爵（Lord Kelvin）而命名的。以绝对零度（0K）为最低温度，规定水的三相点的温度为 273.16K，“开”定义为水三相点热力学温度的 1/273.16。热力学温度 T 与人们惯用的摄氏温度 t 的关系是：T（K）= 273.15 + t（℃）。文中所说的绝对温度以上 10 开尔文相当于我们惯用的摄氏温度 −263.13℃。——译者注

地方。”杨培东指着设备解释道。“这就是我们有电极的装置，这是液体介质。还有，这是一个太阳模拟器。”他轻拍着玻璃箱补充道。

光线照射进去，二氧化碳从附近的一个水箱中冒泡进入水中。这种被称为鼠孢菌属卵形隐藻（*Sporomusa ovata*）的细菌，附着在半导体纳米线上，抓住了由阳光提供电能的电子，用它们将二氧化碳还原成醋酸盐（这是一种用途广泛的小分子，可以用作其他碳化合物的组成部分）。然后将这种醋酸盐喂给经过基因工程培养出来的大肠杆菌，这些大肠杆菌会将乙酸酯转化成多种产品，其中包括青蒿素（一种抗疟疾药物）的前体紫穗槐二烯、丁醇（用作液体燃料），或聚羟基丁酸酯（俗称 PHB，一种可生物降解的聚合物，可以用来制作塑料制品）。

杨培东说，纳米线是整个过程中光线吸收和催化作用这两部分的关键。再加上它们奇特的量子特性，它们的反射也比光滑表面的反射要少，也不会让太多的光子从面板表面反弹出去。额外的表面积可以捕获更多的光，并且通过给细菌更多的空间来获取电子，它还可以让更多的表面积用于催化。这一额外的表面积至关重要，因为你不能将更多的太阳能电池板铺设到更多的基板面去，就像在一个系统中一样，一个典型的光伏太阳能电池板产生的电荷会被传送到一个单独的电解槽中去，这也是你无法改变的。在光电电池中，半导体被嵌入充满液体的电池中，没有空间可以发展。此外，理想情况下，你不会想要铺设更多的面板，因为这会占用更多宝贵的基板面。纳米线应该有助于在尽可能小的空间内制造出尽可能高效的装置。

这项工作仅仅是对原则的证明，而就实际应用而言，这项技术还有很长的路要走。纳米线的太阳能转换效率为0.38%，反应中的大肠杆菌部分更有希望，丁醇的转化率为26%，聚羟基丁酸酯的转化率为52%。最终，杨培东不想依赖细菌来完成减少二氧化碳并将其转化为对人类有用的物质的工作。如果研究人员能够设计出氧化水和还原氢的催化剂，那么他们应该可以为二氧化碳做到这一点。不幸的是，说起来容易做起来难，因为这种分子不喜欢被分解。

“二氧化碳是一种非常稳定的分子，”杨培东告诉我，“它实在是太难裂解了。”

一旦你裂解了二氧化碳分子，其所构成的各种元素就会不断地寻找“约会的对象”。这些新的“单身”的碳原子与任何数量的氧和氢结合在一起，形成各种不同的化学物质，而不一定是杨培东想要制造的。部分问题在于，一旦二氧化碳分子被还原，它可能必须经过几个中间阶段才能得到最终产物——对于活细胞来说，这件事跟玩杂耍一样容易，因为活细胞中充满了适合这项工作的精确调整的酶；但对于单一的催化剂来说，就不那么容易了。最终，或许需要开发多种催化剂，将二氧化碳从温室气体一路转化为可用的产品。

“目前整个系统中最薄弱的环节，无疑就是二氧化碳催化剂了。”杨培东说道。

然而，从那时起，杨培东和他的同事们取得了进展。2015年发表在《美国国家科学院院刊》上的一篇论文披露，他们将太阳能转化为燃料（在这里是甲烷）的比率提高到了10%——大约是之前的工作效率的25倍。2016年发表在《科学》杂志上的一篇论文表明，他们“培养”了一种非光合细菌，既能进行光合作用，又能自己生产捕光半导体纳米粒子，这一策略有助于降低系统成本。

杨培东知道这里的迫切需要，以及找到解决方案的紧迫性。从技术上讲，氢是比碳氢化合物更清洁的燃料——当它被消耗时，它与氧气重新结合，唯一的废物是水。但是制造一种太阳能碳氢化合物燃料有一个很大的优势：一旦你成功了，你实际上是在吸收空气中的二氧化碳，而二氧化碳是一种温室气体，在很大程度上是造成全球气候变暖的罪魁祸首。即使你最终燃烧了它，你仍然创造了一种“碳中和”燃料——燃料的生命周期不会导致任何额外的二氧化碳进入大气。如果你用可生物降解的塑料产品代替燃料，你就能进一步确保这些碳最终进入地下，而不是排入空气或日益酸化的海洋。他的合成叶给社会提供了同时解决两个问题的机会：一是生成燃料，不需要我们建造价值可能达数万亿美元的氢基础设施；二是可同时减少我们对环境的影响。

“你不需要再从地下挖东西了。”他说道。显然，他指的是化石燃料。“因此，我们真的需要更加努力地工作，以确保这件事最终能够成功。”

但这位科学家并不急于开发产品。无论如何，变革不会很快就来临。他告诉我：“在未来的一百年里，我们将继续从地下挖东西。”他坐在办公室里，一条腿搭在另一条腿上，显得异常平静。

“我觉得每个人都太焦虑了。”当我对他那令人惊讶的平静表达我的看法时，他回答道。

我问他，人工光合作用联合中心最近有何变化。其实，杨培东是伯克利加州大学人工光合作用联合中心项目的创始主任，但两年后就不再掌舵了，而是专注于科研。该中心已经把重点放在一个更具挑战性的问题上，在他看来，最近的这种变化是很有希望的。

“从哲学的角度来看，中心的工作平静多了。”杨培东说，“它基本上符合我的哲学。他们专注于二氧化碳的催化，专注于科学。”

杨培东拥有自己的两家初创企业。其中最成功的一家公司阿尔法贝塔能源（Alphabet Energy）花了 10 年时间用于研究，又花了 6 年时间将其开发成一种产品（一种回收废热并将其转化为能源的装置）投放市场。从大多数标准来看，这是相当快的，他补充道。

“我知道从基础科学推向技术有多难。”他说道。人工光合作用联合中心的第一阶段就是“太急于制造所谓的原型了”，他告诉我道。“我的哲学是，如果没有科学，就不会有技术。”

这就是为什么杨培东持续专注于二氧化碳的减排问题，尽管这是所有反应中最难理解的反应。对他来说，氢还原和水氧化的问题已基本解决了——诀窍在于改进与完善流程，然后将它们集成到一件装置中。就基础科学而言，弄明白碳减排仍是一个全新的领域，而且不可能与时间表挂钩。

“科学发现是无法计划的。”他说道，“如果你能计划一个科学发现，那么它就不是一个发现。”

第八章　城市生态系统

——建设一个更加可持续的社会

南加州爱迪生能源教育中心（Southern California Edison Energy Education Center）坐落在欧文代尔（Irwindale）这座城市的一栋低矮的办公楼里，城市的北面镶嵌着圣加布里埃尔山脉（San Gabriel Mountains），西边面临圣达菲（Santa Fe）休闲水坝。办公楼的东面与阿祖萨（Azusa）以及墨西哥的西麦斯水泥集团的砾石加工场——一片由泥土和岩石组成的被切割得坑坑洼洼的荒芜贫瘠之地——接壤。

当我开车经过空荡荡的铁路和停车场时，我心想：除了紫绿色的山峰外，欧文代尔也没有什么美丽的地方。在这条以城市本身的名字命名的林荫大道上，看不到任何住宅，甚至看不到加油站或便利店。2010 年人口普查时的人口数是 1422 人，这座城市给人的感觉更像是工业区而非住宅区。其最为闻名遐迩的也许是近年来当地居民的常年抱怨——加州汇丰方食品公司（Huy Fong Foods）旗下的拉查辣酱厂（Sriracha hot sauce factory）使得空气中充满了辛辣的味道，导致当地的居民报告称他们的眼睛被灼伤以及哮喘病发作。

简而言之，欧文代尔似乎像是一个奇怪的地方，人们来这里了解城市未来与自然在城市设计中的作用。然而，我现在就在这里，就在一间挤满了数百名与会者的会议室里。人太多，座位太少了，我不得不倚靠后墙而立。这是由咨询公司沃迪科集团（Verdical Group）主办的首届洛杉矶仿生学会议，与会者包括来自洛杉矶市政府的代表们，以及像美国著名的环保建筑公司特拉平翠绿（Terrapin Bright Green）的顾问克里斯·加文（Chris Garvin）等，他是从纽约坐飞机过来的。出席本次会议的还有：美国绿色建筑委员会（U.S. Green Building Council）。该委员会宣布，下一届绿色建筑博览会将于2016年在天使之城（City of Angels）举行，这是该市15年历史上的第一次。

在未来，城市将是最为绿色的居住地。并且在很多方面，它们已经做到了。与纽约州塔利镇（Tarrytown）绿树成荫的郊区或明尼苏达州罗切斯特市（Rochester）郊外起伏的农田相比，乍一看，曼哈顿的柏油街道和高耸入云的天际线给人的印象也许不会是特别“绿色”的人居环境。但在这三者之间，这座由混凝土和玻璃组成的城市很可能是最环保的人类栖息地。

这是因为城市最终可以更有效地利用资源，包括基础设施、能源和人力资本。城市居民通常住在独立住房（houses）、自有产权公寓（condos）或者紧紧挤在一起的租赁公寓(apartments)里，这样可以节省能源。他们可能更愿意步行、骑自行车或乘地铁上班，甚至那些自己开车去上班的人也远比那些生活在农村的人开车要少。在夏天，生活在城市里的居民可能会把空调的温度调高一点，借以抵御热岛效应——而在冬天，所有这些额外的热量使燃气费用保持在低水平。

这种资源的集中也使城市成为越来越有吸引力的选项。世界上一半以上的人口居住在城区，到 2050 年这一比例将上升到 66%。大部分人口增长和人口转移将发生在发展中国家。其中一些国家，比如中国，甚至过度地建造城市，造了一些城市却没有人来居住。但他们显然比印度对即将到来的人口转移更有准备。1950 年，中国 13% 的人口居住在城市，远低于印度 17% 的城市居民。但麦肯锡[①]全球研究所（McKinsey Global Institute）的数据显示，从 1950 年到 2005 年，中国的城镇化率为 41%，远远超过印度的 29%。

当然，这并不是说城市就是完美的。如果不考虑人均碳足迹等衡量指标，它们是否环保的问题就会变得更加复杂。某些城市是比其他城市要好。除了其他方面外，这还取决于有多少居民需要开车上班，路程有多远，公共交通状况，附近是否有健康的食物来源，以及可供选择的住房类型（例如，公寓户型比独栋住宅更节能，因为它们不会通过四面墙壁散热）。

最为重要的是，城市有一个超出其当地环境能力的不良生活习惯。城市吃的食物通常是其他地方产出的，需要从其他地方获取能

---

① 麦肯锡是世界级领先的全球管理咨询公司，是由美国芝加哥大学商学院教授詹姆斯 · 麦肯锡（James O’McKinsey）于 1926 年在美国创建。自 1926 年成立以来，公司的使命就是帮助领先的企业机构实现显著、持久的经营业绩改善，打造能够吸引、培育和激励杰出人才的优秀组织机构。麦肯锡采取“公司一体”的合作伙伴关系制度，在全球 44 个国家有 80 多个分公司，共拥有 7000 多名咨询顾问。——译者注

源和水来生产，而当研究人员在计算环境成本时，这些成本往往没有考虑在内。饮用水也是如此，它们并非来自当地水源，而是来自数百英里外的河流。就这样，城市一直在大吃大喝，吃完一抹嘴撒腿就溜。

更不用说，许多城市正在应对现有的、老化且低效的基础设施的现实，他们根本没有钱一次性把它全部替换掉。这就是为什么在某些情况下，将仿生设计应用于整个系统的兴趣不是来自发达国家的城市，而是来自那些发展中国家的城市。

在这些地方，有一些组织确实有机会如此大规模地改造环境。总部位于圣路易斯的一家建筑与规划公司——霍克（HOK）就是其中之一。20 世纪 90 年代，该公司协助开发了美国绿色建筑委员会（U.S. Green Building Council）所创建的第一个 LEED（能源和环境设计领导力 Leadership in Energy and Environmental Design 的英文缩写）评级系统。使所谓的“建筑环境”可持续发展一直是该公司的一个核心使命，而将那些受大自然的启发并与大自然合作的设计融入城市建筑只是他们使用的工具之一，霍克亚太分部的规划总监克里斯·范宁（Chris Fannin）说道。

“我们的客户经常提醒我们：‘你们对可持续性的讨论还不够。’而我们则说：‘好啦，你已经明白了。（你）没得选择。’”范宁告诉我。这只是协议的一部分，尤其是在那些他们有机会改造整个城市的大型规划项目中。

“我们看待它的方式是，作为一家公司，我们对建筑环境的影响是显著的。”他补充道，“当你看到你的工作的潜在影响时，随之而来的责任比项目和客户更重要。这一点必须非常认真地对待。”

以拉瓦萨（Lavasa）[①] 为例，这座“私人城市”位于印度孟买东南方约 4 小时车程的西高止山脉（Sahyadri mountain）湖泊密布的山峰上。麦肯锡的数据显示，未来几十年，印度的城市将面临人口的大幅度增长，预计到2030年将从2008年的3.4亿飙升至5.9亿。为了满足这一需求，印度每年需要增加 7 亿～ 9 亿平方米的建筑面积。到 2050 年，印度将新增 4.04 亿城市居民；而根据联合国的一份报告，中国只会增加 2.92 亿的城市居民。目前主要城市已经压力沉重，不堪重负：孟买的人口密度接近每平方英里 53600 人，是纽约市的两倍多。

拉瓦萨这座城市由印度斯坦建筑公司 [②] 承建，是其首席执行官阿吉特 · 古拉布昌德（Ajit Gulabchand）的创意，他试图用私人资金在巴基帕萨卡尔水库（Baji Pasalkar Reservoir）的岸边建造一座全新的城市。最终将组成拉瓦萨的 5 个城镇，被称为印度独立后的第一批“山中避暑之地”——19 世纪时英国殖民者为躲避平原上的炎热和生活节奏曾建造过类似的高地避暑城镇。

---

① 拉瓦萨（Lavasa）：位于西高止山脉的山地城市。占地 23000 英亩，距离孟买 4 小时车程，距离浦那 1 小时车程。拉瓦萨的总体规划由美国霍克（HOK）公司设计，印度斯坦建筑有限公司（Hindustan Construction Company，HCC Limited）旗下的拉瓦萨公司（Lavasa Corporation）承建。拉瓦萨计划建设 5 个城镇：Dasve、Mugaon、Dhamanohol、Sakhari-Wadavali 和中央商务区（CBD），容纳 30 万常住人口。拉瓦萨城的综合发展包括公寓、零售、酒店、国际会议中心、教育机构、信息技术园区、生物技术园区和体育娱乐设施。——译者注

② 印度斯坦建筑有限公司：是一家总部位于印度孟买的建筑公司，其业务横跨工程与建筑、房地产、基础设施、城市开发与管理等领域。旗下子公司有 HCC 房地产有限公司、HCC 基础设施有限公司、拉瓦萨公司、瑞士 Steiner AG 公司和 Highbar 科技有限公司。——译者注

霍克公司赢得了设计新城市总体规划的竞争，并与当时被称为仿生协会（Biomimicry Guild）的咨询公司合作，该咨询公司由珍妮·班亚斯（Janine Benyus）等人一起创办，目的是让这座山城尽可能地环保。他们从大自然中寻找线索，研究现有的生态系统，或者至少是在该地区许多山坡被不断的刀耕火种式农业砍伐殆尽之前的生态系统。在夏季，季风雨水横扫而过，冲刷裸露的山丘，造成严重的水土流失。但是这些暴雨只能持续几个月，而在一年余下的时间里，该地区仍然相当干燥。

该团队研究了当地环境，并意识到，这些光秃秃的山坡上曾经就像西高止山脉的大部分地区一样长满了落叶林！西高止山脉可是被称为世界八大"最热"的生物学热点地区之一，充满了丰富多样的动植物生命。这些多样化的生态系统为当地居民提供了一系列的服务，包括储存雨水、净化雨水、改变气候、缓解极端天气事件，并产生新的土壤和循环营养物质，等等。这些系统没有任何意图——生态系统可不是某种提供全方位服务的生物旅馆。正如第五章中描述的白蚁丘是白蚁遵循简单规则（有时是相互竞争的规则）的结果，生态系统是一个自然发生的系统，是许多不同动物追求各自目标的产物。猴子在拉屎撒尿时并不认为它是在为它所栖息的树提供肥料；吃粪便的蚯蚓没有考虑到它只是碰巧将营养物质释放回土壤。这些关系是随着时间的推移而自然产生的，并且不断地处于变化之中。尽管如此，正如幸存下来的动物是因为适应了当前的环境压力，生态系统也是随着时间的推移而出现的。由于不同物种之间关系的变化，它们已经达到了某种形式的稳态，即各种条件相对稳定。然而，唯一的调节者是生态系统中活生生的个体，它们相互之间不断地竞争与合作，使用它们所能支配的有限资源。

在一个理想的世界里，也许，就像鲁珀特·索尔所描述的那样，你可以创建一个计算机模拟，把一个城市的每一个必要的组成部分或功能都当作一个智能体，你可以释放这些智能体，然后观察会出现一个什么样的系统。除此之外，退而求其次，你还可以采用鸟瞰的办法把这些生态系统服务合成一体，这似乎就是仿生学协会（现在的仿生学 3.8）[①] 的成员惯用的工作方法，并看看不同的生态系统实际上履行了什么功能，分析它们是如何做到的。这些特定的过程与当地环境相协调，因此，他们的想法是，创建模拟这些过程的人工系统将是最明智的做法，对周围环境也最有利。

在洛杉矶会议期间，仿生学 3.8 的生物学家兼设计策略师杰米·德怀尔（Jamie Dwyer）举了一个例子，这个例子取自该地区曾经存在过的落叶林的树冠。他们最初认为，森林一定储存了它可能储存的每一滴水，在这里，树冠会吸收雨水，让雨水渗入地面，而不是顺着山坡流走。据推测，他们建造的任何建筑物都可以设计成同样能收集雨水。

“他们认为，他们所能做的最好的事情就是收集所有的水并加

---

① 1998 年，美国自然科学作家、创新顾问珍妮·班亚斯与创新咨询公司（Innovation Consultancy）的戴纳·鲍迈斯特（Dayna Baumeister）博士共同创立了仿生学协会（Biomimicry Guild），帮助创新者学习和模仿自然模型，以设计可持续的产品、工艺和政策，创造有利于生活的条件。她也是仿生学研究所的主席，这是一个非营利性组织，其使命是通过促进从生物学到可持续人类系统设计的思想、设计和策略的转移，将仿生学归化到文化中。2006 年，班亚斯与人创立了一个非营利组织，该组织在 2008 年创建了 AskNature.org。2010 年，班亚斯等人将其所创立的几个组织的非营利部分和营利部分合并成仿生学 3.8（Biomimicry 3.8）。——译者注

以使用，然后把它放回地下水位……但是在研究这个生态系统应该如何运作时，我们了解到，实际上 20% ～ 30% 的降雨将通过蒸发或蒸腾回到天空。”德怀尔告诉与会者，“如果不是这样的话，它实际上就改变了该地区的气候。”

这让该团队感到惊讶——毕竟这看起来只是在浪费水资源。但事实证明，释放这些水对更大范围内的环境健康大有必要。

“如果季风性暴雨来临，而空气缺乏湿度，它就会失去动力，也就少了蒸汽，无法深入内陆。”德怀尔解释说。当季风袭击山区时，它往往会释放出水分，淹没更东边的土地。但是，她补充说，由于树木带来了额外的空气湿度，“季风风暴会进一步深入内陆。因此，你可以看到我所讲的这些情形。这是一个复杂的系统，但所有这些细节都必须到位，才能让降雨继续深入这么远的内陆地区”。

因此，霍克公司的计划最终将涉及种植大约 100 万棵树，从而让大约 70% 被砍伐的林地重新绿化起来，而且还基于菩提树的树叶——它那狭长的尖端可以引导雨水，从而有助于雨水的收集——为建筑物设计屋面瓦。他们设计了带有水库以及排水系统的建筑物——水库类似于树的主根和循环系统；而排水系统模仿收获蚁蚁冢中带沟槽的堤坝，以便在雨季管理和分流过剩的雨水。这些都是拉瓦萨计划所宣扬的一些创新，该计划为霍克公司赢得了多个奖项，其中包括美国景观设计师协会所授予的奖项。

然而拉瓦萨这座城市并没有迎来一个完美的结局——至少迄今还没有。2010 年，就在拉瓦萨公司[①]即将进行首次公开募股前不久，

① 拉瓦萨公司（Lavasa Corporation）：为印度斯坦建筑有限公司旗下子公司。——译者注

印度环境保护部部长下令该公司暂停建设。古拉布昌德说，这一命令以及随后的法律诉讼将该项目拖延了至少三年之久，并导致其母公司——印度斯坦建筑公司的市值从 2010 年 1 月 8 日的 78.9 卢比降至 2016 年 3 月 23 日的 19.85 卢比。（鉴于印度卢比兑美元已经贬值，这根本就没有完全反映出其价值的全部损失。）除了被指控砍伐山林外，该项目还被指控行贿，从当地村民手中掠夺土地（据新闻报道，有些村民根本就不知道他们的土地被卖，直到推土机来铲平他们的家），以及所谓的金融丑闻等的困扰。参与拉瓦萨项目的政治人物和公司代表在公开记录中强烈否认了这些指控。

拉瓦萨这一项目预计将于 2021 年完工[①]；达斯韦（Dasve）是组成拉瓦萨的 5 个城镇中的第一个，目前仅仅建成一部分。霍克公司亚太分部的规划总监范宁在 2016 年年底告诉我，达斯韦的第一阶段已经建好了，但他没有立即阐明第一阶段要建的是哪些东西。采访该镇的新闻记者采访了在人口稀少地区工作的员工，但他们表示，当安定下来的时候，他们会到其他地方养家糊口。时间会证明，无论拉瓦萨什么时候最终完工，它是否真的会成为未来城市的模板。就目前而言，《卫报》的一篇报道称，对那些负担得起的人来说，这似乎是一次“古怪的周末度假”。

这并不是说在城市规模上没有什么真正有趣且不那么令人担忧的项目。例如，在普吉特海湾（Puget Sound）[②]，一个顾问团队正

① 据译者在 2022 年 8 月掌握的信息，拉瓦萨在 2030 年之前都不可能建成。——译者注。

② 普吉特海湾（Puget Sound）：位于美国太平洋西北区，通过胡安德富卡海峡与太平洋相连。——译者注

在寻求将材料融入建筑物外墙和人行道中，从而像附近的森林一样控制西雅图惊人的降雨量。（其中的创意包括：像树木一样将适量的水分蒸发回空气中，这听起来和拉瓦萨项目很相似；用蘑菇等材料建造路缘，用以储存雨水直到其稍后蒸发。）这个创意是为了减少暴雨的量，因为暴雨只是从不透水的道路上吸收污染物，变成径流，在这个过程中给城市基础设施带来压力。该项目仍处于规划阶段；这些创意的实际效果如何，需要我们观察数年时间。

未来的可持续生活取决于我们对城市的重塑，即我们从微观到宏观的各个层面的行为都要符合自然过程。例如，我们可以制造更智能、更环保的建筑材料，更明智地利用建筑物内部的资源，以及为整个城市设计更智能的基础设施。但这是一个巨大的步伐，其中充满了官僚主义的危险。无论是好是坏，可持续发展方面的一些最重要的创新可能不是来自城市层面，而是来自企业内部。这可能就是为什么对仿生设计感兴趣的政府机构似乎希望首先在公司内部培育这种创新。以纽约州能源研究与开发局（NYSERDA）为例，该机构最近专注于一项为期五年的计划，旨在鼓励在企业内部进行仿生设计。

鲍勃·贝克托尔德（Bob Bechtold）是利用纽约州能源研究与开发局项目的企业主之一。作为一名工程师，他深感环境问题十分棘手，有许多地方需要克服。贝克托尔德很早之前就开始接受了可再生能源——20 世纪 70 年代末，他就在位于纽约的韦伯斯特的谷仓里开始加工工具，并于 1980 年在他 89 英亩的农场里安装了第一台风力涡轮机；随后不久，他又安装了一套地热供暖系统。他痴迷于将自己的家变成一个接近碳中和的地方。20 世纪 90 年代，他的心思不可避免地转向如何将这一理念应用到他新创办的公司——哈贝克塑料有限公司（Harbec Plastics Inc.）。

他说话时语气温和，像个蓄着浓密胡子的迪克·范·戴克（Dick Van Dyke）[①]。他成功地说服邻居们让他建造了一个巨大的风力涡轮机——一台高达 80 英尺的机器，每当人们开车经过时，都会不由自主地放慢车速，伸长脖子呆望着它。对此，我并不感到吃惊。然而，正如他告诉我的那样，建立一家环保公司的想法很难让贷款机构接受，客户也一样。

“我开始付诸行动。但当我把它带到商业上时，我却犯了一个极大的错误：我把个人生活中的激情同样用在努力达成交易上。”贝克托尔德回忆道，“一开始，我在不经意中把自己的名声搞砸了，把自己弄得像是一个心力交瘁的嬉皮士，或是一个跟踪在人们身后、令人毛骨悚然的嬉皮士。因为我拉他们入伙，用的都是个人化的理由，例如，我的孩子们的未来以及他们的孩子们的未来，还有免费能源以及诸如此类的东西的各种惊人潜力。唉，我从惨痛的教训中认识到，这不是解决问题的办法。”

心灰意冷的贝克托尔德销声匿迹了几个月，他回到农场，重新思考他给潜在的商业伙伴讲的故事。他意识到，关键不在于情感或环境，而在于经济效益。

早在 20 世纪 90 年代甚至更早之前，他就磨炼出了出色的口才。

---

① 迪克·范·戴克（Dick Van Dyke）：美国影星。1961 年主演音乐剧《再见！小鸟》；1963 年进入好莱坞，因主演《欢乐今宵》一举成名。1964—1966 年以《范·戴克摇滚音乐剧》连续三年获得电视艾米奖。——译者注

“我对任何愿意听我演讲的人讲的只是我在更为有效地使用资源方面看到了不同机会的经济效益。”他说道。这似乎奏效了：2001年，他设计建造了公司的第一台风力涡轮机，这台机器的发电能力为250千瓦。这项42.5万美元的投资在8年内收回了成本。10年后，接踵而来的是一台投资230万美元、发电能力为850千瓦的涡轮机。加上建在一起的热电联产的发电厂，这些系统占总能源消耗的50%～60%。他还建造了一座废热发电厂，并以可再生能源的形式从电网购买碳补偿，以弥补剩余的碳排放。

“在当时，我们就开始对我们的能源负责，因为我们是一个能源消耗大户。”贝克托尔德在谈到他的塑料公司时说，“因此我们想要试着做做看。但那时我们甚至不知道‘可持续’这个词，但确实是在追求以一种更加可持续的方式去做。”

在2005年前后，这位工程师参加了一次由纽约州能源研究和开发局发起的，由特拉平翠绿咨询公司举办的仿生学研讨会。特拉平翠绿咨询公司是美国著名的环保建筑公司，专注于环保产品和建筑的设计。

贝克托拉德着迷于珍妮·班亚斯书[①]中的一些想法以及特拉平翠绿咨询公司所提出的一些观点，如：大象的耳朵如何充当散热器，白蚁如何调节白蚁丘的温度。（白蚁并不是真的像斯科特·特纳近些年来的研究所表明的那样能调节白蚁丘的温度，但在仿生学的圈子里，这个想法已经根深蒂固。）他让研讨会想办法将大自然的设计应用到自己的公司来。毕竟，他耗尽了所有的时间和精力，

① 指珍妮·班亚斯写于1997年的《仿生学：受自然启发的创新》（*Biomimicry: Innovation Inspired by Nature*），正是此书使“仿生学”广为人知。——译者注

力求让自己所使用的大部分能源都是“清洁”能源。但是，如果他可以用自然的解决方案使其过程更有效率从而节省时间、精力和金钱，那会怎么样？

“于是鲍勃便会这样问：‘我听说过这个东西，但我只是一个来自旧时代的工程师，我根本就不知道该怎么去‘仿生’。你能给我详细说说这个过程吗？’”特拉平翠绿咨询公司的工程师卡斯·史密斯（Cas Smith）说道。

在纽约州能源研究和开发局的资助下，贝克托尔德和特拉平翠绿咨询公司开始想办法将自然的解决方案应用于哈贝克塑料有限公司的生产过程。史密斯说，关键是要找出问题——如果你没有问题的话，那么尝试从自然中寻求解决方案是没有任何意义的。虽然哈贝克塑料有限公司的工程师们并不认为他们有什么问题，但从本质上讲，他们在注塑过程中所耗费的能量肯定比他们想要的更多。以塑料冷却过程为例，该公司通过向金属模具中注入滚烫的液体聚合物，然后用流经模具内壁通道的冷水对其进行冷却，从而制造出高度专业化的塑料零部件。冷水从塑料中吸收热量，然后把它带走。这个过程只需要几秒钟，但当你为一个客户制造大约 100 万个零部件时，所花费的时间加起来就会很长。如果你想节省时间，在零件完全冷却之前就把它取出来，它很可能就会变形。

“他们正在谈论塑料、泵送和停留时间等方面的问题，”史密斯说道，“这对他们来说是行业中非常具体的问题。所以我们将问题抽象出来并改变表达方式，说：‘千真万确，这真的是一个热传递问题。’”

“这种简化与转化是仿生思维的关键。”史密斯说道，“你必须证明，那些看起来非常具体的问题实际上是一个更普遍的问题的延伸，而且这个普遍问题大自然可能已经用各种各样的方式解决过了。”

有了这一见解，史密斯和同事深入琢磨科学文献，研究了不同的生物体控制热量传递的方式。他们给研究小组带回了几个例证，包括了几种哺乳动物的肺、白蚁丘、静脉网（就像你可能在大象耳朵里发现的那种），以及树叶上的纹理。哺乳动物的肺和白蚁丘被排除在外，因为这些过程需要空气，而空气的密度远低于水，因此在正常压力下无法携带足够多的分子成为真正有效的冷却剂。

最终，他们把目光锁定在树叶上，测试到底是单子叶植物还是双子叶植物的结构更好。在薄的单子叶（诸如草的叶片）中，叶脉在很大程度上彼此平行。在双子叶植物的阔叶上，叶脉往往形成网状的、相互连接的网络——他们认为，这对他们的冷却系统更为合适，因为它提供了较大的表面积来进行冷却。

该公司使用增材制造[①]的形式来制造模具，利用激光将金属粉末精确地焊接在一起。这意味着，改变模具中通道的设计可能需要多花一点时间，但最终并没有让公司在材料方面付出任何额外的成本。当然了，一旦模具成型，便可以反复使用，为公司节省下铸造和冷却每一个塑料零件的宝贵时间。

贝克托尔德已经试验过标准水通道和“共形”水通道；共形的水通道紧贴在模具的轮廓上，其中最好的共形水通道在模具冷却方面要比标准水通道的性能高出15%。而他们发明的叶状模具甚至更

---

① 增材制造（additive manufacturing）：采用材料逐层累加的方法制造实体零件的技术。相对于传统的材料去除－切削加工技术，这是一种“自下而上”的制造方法。——译者注

胜一筹——与标准水通道相比，减少了 21% 的冷却时间。这不仅为他们节约了能源，也给他们节省了宝贵的时间。对于一家与外国公司竞争的塑料制造商来说，尽快把产品送到客户手中有助于保持自己的竞争优势。

但当我问他，他的客户是否注意到了不同之处时，他支支吾吾的十分为难。

“我们必须小心，不要和客户谈得太多，让他们感到害怕或担心。”他说道，“在这种情况下，你必须小心……因为它是全新的。”

如果客户知道你致力于可持续发展，他们可能会担心他们没有得到最优惠的价格，比如，误以为环保型产品会影响净收益。

“在客户能够接受的情况下，向客户介绍产品是一种微妙的谈话。”他补充说。

我问他这些年来是否遇到过很多志趣相投的伙伴，还是说这只是一个孤独的旅程。

“非常孤独。”他说道，“但我很高兴地说，最近情况有了明显改善。”越来越多的公司正在预约考察他们的热电厂，或者询问哈贝克塑料有限公司在其网站和白皮书中公布的数据背后更多的细节。

在某种程度上，让我感到惊讶的是，一个从事塑料零件制造的工程师对可持续发展的投入居然如此深入。但对贝克托尔德来说，即使是他所制造的塑料零部件也可能是可持续性的。从一开始，他对生物降解聚合物[①]就持否定态度。在他看来，生物降解聚合物破

① 生物降解聚合物（biodegradable polymers）：又称“生物降解高分子”，指可被真菌、细菌等微生物分解或降解并最终转化为水、二氧化碳及其他对人体无害小分子的高分子材料。——译者注

坏了塑料的耐用性、强度和其他特性，而正是这些特性使得高品质塑料非常有用。

“如果你去找一个家具工匠，请他给你打造一件精美的家具，然后在出门的时候让他帮你放些白蚁进去，这是违反直觉、不合逻辑的。”他说道。

对于贝克托尔德来说，塑料的问题不仅在于它们的最终用途，还在于它们的来源。塑料是由石油或天然气之类的石油产品制成的。这位工程师转而关注生物源聚合物，例如，或许在微生物的帮助下，可由玉米淀粉或植物油制成塑料。他甚至向社区公开呼吁，愿意给他们测试和分析那些生物源塑料。

“大多数制模商，他们的态度是，除非客户要求，而且除非生物源塑料具备所有必需的经验证过的设置参数，否则他们不会碰它，不会把它带进大楼里。”贝克托尔德说道，“我们邀请全世界向我们提供他们的材料……我们会取一袋他们的材料，将它们加工成一个特别的模制品，用以展示所有你可能想要在成型零部件中用到的特性。最后，我们会将这一成型零部件连同完成这件产品的设置参数一起发回给他们。”

即使在这件任务中，这位工程师也看到了竞争优势。

“你可以说，你是在无私地浪费你自己的时间为世界制定参数。”他说道，“但事实并非如此，因为我们成了众所周知的能够做到这一点的人。”

我问他一些关于这些生物塑料的潜在问题。这些问题与玉米乙醇的潜在问题相类似，即：这种被认为很环保的石油产品替代品，实际上给环境带来了压力。因为它需要使用农作物，从而消耗了粮食供应，因此仍然会产生大量的温室气体。

“总会有人出来反对的。”他说道。然后指出，虽然我们将来可能会找到一种使未来塑料更加清洁的方法，但目前我们还没有那种技术。“你要利用你目前拥有的技术把它提升到一个新的水平。”他补充道。

至于塑料的结局，贝克托尔德认为，设计一种生物降解塑料并没有任何的意义——这不仅是因为它可能会影响塑料的质量，还因为这意味着这些塑料最终会被扔掉。对工程师来说，这就像在将价值丢弃一样。

“今天垃圾填埋场里的每一小块聚合物都可以再利用。每一小块，”他说道，“每一丁点的聚合物都可以被还原成原油。”我们现在如此轻易地丢弃塑料，其唯一原因是石油仍然很便宜。开采更多的石油和制造新的塑料要比开采目前埋在垃圾填埋场里的塑料更便宜（如果不谈环境只算经济账的话）。但随着石油变得越来越稀缺（而且可能越来越昂贵，尽管最近的价格似乎违反了这条规则），这种计算可能会开始改变。

“垃圾填埋场填满着我们未来的资源，这在技术上已经是事实了，而最终有一天这也将成为现实中的事实。”贝克托尔德说道，“这也包括人们扔掉的所有塑料垃圾。”

从大自然中寻找灵感，就像贝克托尔德所做的，就是要寻找如何改进复杂的流程。然而，从大自然中寻找灵感还意味着，无论如何都要意识到你的建筑物是其所处生态系统的一部分。但是住在城市里的人们很少能理解这到底意味着什么。以我的家乡洛杉矶为例，那里的地下水只能为400万人口中的12%的人供水。大约34%（经由洛杉矶高架引水渠）来自内华达山脉东部，45%来自海湾三角洲，8%来自科罗拉多河，只有1%是回收利用的。

当然，几乎所有观看过或听说过经典新黑色电影《唐人街》（*Chinatown*）的人都会有这样一种感觉：洛杉矶以见不得人的方式获得了大量的水资源，使这座城市和圣费尔南多谷（San Fernando Valley）的发展远远超出了自然的极限。20世纪初，洛杉矶高架引水渠的建造者威廉姆·穆赫兰（William Mulholland）和当年的市长弗雷德里克·伊顿（Frederick Eaton）使用卑劣的手段，从欧文斯谷（Owens Valley）开始，环绕着曾被称为“加利福尼亚的瑞士”的东塞拉山脉修建了一条长达243英里的管道。当伊顿的密友们（包括《洛杉矶时报》的老板哈里森·格雷·奥蒂斯［Harrison Gray Otis］将军及其女婿哈利·钱德勒［Harry Chandler］）策划买下圣费尔南多谷中即将价值连城的土地时，穆赫兰欺骗欧文斯谷的农民，他把自己计划取水的数量报得很低。奥蒂斯在他的报纸上刊登了一些耸人听闻的新闻报道，警告说，如果不修建输水管道来解决缺水问题的话，洛杉矶人将遭受旱灾。

“《洛杉矶时报》援引了狡猾的威廉姆·穆赫兰的话，他指出洛杉矶水库的水位降至警戒线，并公开警告称洛杉矶的水资源正在枯竭。”丹尼斯·麦克杜格尔（Dennis McDougal）在他的《特权之子：奥蒂斯·钱德勒与〈洛杉矶时报〉王朝的兴衰》（*Privileged Son: Otis Chandler and the Rise and Fall of the L.A. Times Dynasty*）一书中写道。《洛杉矶时报》没有报道说，穆赫兰一直在秘密指示他的工人在午夜之后没人警觉之时将该城市诸多水库里的水排到太平洋。

这一切的浪费似乎可以用穆赫兰的话来极好地加以概括，他在1913 年欧文斯谷的水最终到达圣费尔南多水库时，对聚集在那里的人群说："就在那里了——取走吧。"

最后，很大程度上是因为圣费尔南多阴谋集团的贪婪，穆赫兰决定从欧文斯谷中将所有的水都取走，把它吸干，把欧文斯湖变成一片尘土飞扬的盐滩。如今，居住在那里的人们不得不应对引发哮喘和其他呼吸系统疾病的猛烈沙尘暴。

即使偷了那么多的水，该还的债迄今仍未还。这个城市在过去五年里一直处于干旱状态，甚至在我写这本书时，居民和记者都在问：为什么长期以来厄尔尼诺现象带来的洪水似乎绕过了炎热干旱的南加州？值得赞扬的是，洛杉矶水电局（LADWP）成功地将它的用水量保持在大约 40 年前的水平，当时城市人口要比现在少了100 万；这也要归功于市民，2014 年他们每天的用水量为 131 加仑[①]，而不是 1969 年的 189 加仑。

尽管如此，洛杉矶的水资源危机仍在继续，甚至在气候变化面前变得更加极端。它给人们提供了一个教训：当社区生活超出环境的资源限制时，会发生什么事情。因此，仿生的一部分就是学会在这些资源界限里生活，以更明智的方式去使用资源。

根据联合国经济和社会事务部（UN Department of Economic and Social Affairs）的数据，有形的水资源短缺影响着约 12 亿人，还有 16 亿人生活在长期缺水的地区（那里可能有可用的水资源，但没有基础设施将其提供给人们使用）。随着人口的不断增长，水

---

① 1 加仑（美制单位）≈ 3.7854 升；1 加仑（英制单位）≈ 4.5461 升。本书此处应为美制单位。——译者注

的供应压力也越来越大——特别是因为用水量似乎在以人口增长两倍的速度在增长。然而，建筑环境并不能像自然环境那样拥有补充和净化水源的能力。混凝土让雨水无法渗入地下，去补充地下水的供应，并在这一过程中净化地下水。相反，雨水聚集在那些不透水的地表，给城市造成严重的内涝问题。（我可以证明这一点。即使是一场不大的阵雨，我所在的社区也会变成洪水泛滥区，3 英尺宽的肮脏“河流”沿着人行道的马路牙子蔓延开来。）在洛杉矶，1 英寸的降雨量就会导致超过 100 亿加仑的径流，这些径流会进入雨水沟，然后冲入大海。毫不夸张地说，我们实际上是在把宝贵的资源冲入共同的排水沟。

我想知道城市是否在考虑以更自然的方式利用它们的自然资源，刚好碰上了由环境保护局第三区水源保护部门的副主任多米尼克・吕肯霍夫（Dominique Lueckenhoff）主持的两场研讨会。

两场研讨会都涉及仿生创新。其中一场主要侧重于利用大自然来解决水资源问题；另一场则侧重于向大自然学习，设计一个更好的建筑环境。

吕肯霍夫对这些想法的兴趣可以追溯到几十年前，当时她还是得克萨斯州奥斯汀市一位非常年轻的环境规划师。幸运的是，她遇到了伊恩・麦克哈格（Ian McHarg）。麦克哈格是一位景观设计师，1969 年写下了开创性的作品《设计遵从自然》（*Design with Nature*）。在书中，麦克哈格力劝规划设计的同行们以一种与周围自然生态协调的方式进行设计，而不是与之相悖。午餐时，麦克哈格非常兴奋地向吕肯霍夫讲述了伍德兰兹（Woodlands）的事来。伍德兰兹是休斯敦北面约 30 英里处的一个总体规划非常好的社区，建造时充分考虑了环境的因素。例如，伍德兰兹最初的排水设计不是由带有排水沟通往地下管道的路缘构成的；它们是敞开着的，而且是在地表，模拟着如果森林还在那个地方，雨水会如何流动。该地区在后来的次开发中又改用传统的排水系统，将水排往地下管道。先后两种排水系统的对比研究表明，最初的、仿自然的排水系统实际上在减少径流方面要有效得多。

大多数情况下，麦克哈格的工作仅限于与自然世界合作进行设计，而不是专注于以自然世界为灵感的仿生设计。但这两个想法是共生的：当它们一起发挥作用时，效果最好，而且两者都要求你更多地了解你正在与之互动的生命系统。就这样，麦克哈格的职业生涯标志着他在建设对自然世界更加敏感的城镇方面迈出了重要的一步。

吕肯霍夫的这两场研讨会让我第一次了解到像特拉平翠绿这样的咨询公司是一家帮助客户、为他们的设计和工程问题提供环保解决方案的公司。在这两场研讨会上，特拉平翠绿团队的成员展示了不同公司利用自然资源解决水资源短缺问题的各种方法，包括培育在产生化学能的同时又处理废水的细菌细胞，使用低能耗的方式净化和过滤饮用水，以及建造受沙漠甲虫启发的雾收集密目网（fog-harvesting mesh nets）。但是特拉平翠绿所做的一个项目真的打动了我，该公司的合伙人克尼斯·加尔文（Chris Garvin）在洛杉矶的这场会议上谈到了这个项目。

位于曼哈顿市中心区的一家公司买下了切尔西（Chelsa）的一个街区，并在几年前与特拉平翠绿接洽，提供了大笔的资金（具体数目不太清楚，也许是每年 100 万美元左右），致力于减少该公司对环境的影响。他们对雨水回收的想法很感兴趣，想要建造一座建筑，可以收集所有落在其表面的雨水。当然，这是一项非常急需的技术，即使是在像纽约这样目前水资源充足的地方，随着时间的推移，由于气候变化，水资源也会变得越来越稀缺。（特拉平翠绿的工作人员不愿告诉我这家公司的名字，但根据公开记录中的参考资料和官员提供的地图与公司所在地进行对比，我觉得这家公司很可能是谷歌。不过，谷歌没有回复记者通过电子邮件提出的置评请求。）

这是一座巨大的建筑，克里斯·加尔文告诉参与这次仿生学会议的与会者，如果把它翻个面的话，它的体积和位于美国纽约州的帝国大厦差不多。因此，他们提出的任何节水策略都有可能对他们的足迹产生重大影响。该公司分析了通过收集和利用落在建筑上的雨雪可以节约多少水，据计算，这样的建筑改造每年将节约大约500万加仑的水。这听起来令人印象深刻，直到你考虑到当公司把大楼里的厕所、水池和厨房里的水加起来的时候。它们每年的用水量约为5100万加仑——大约是降雨收集储存量的10倍。

“这是非常实际的。”特拉平翠绿的卡斯·史密斯在谈到雨水收集策略时说道，“如果你用对了方法，而且设计得很好，看起来很整洁，那就有点令人兴奋。但如果你最多只能收集到500万加仑，而你却用了1亿加仑的话，那么在经济上你仍然需要引进9500万加仑的水。于是，你就会因为需要引入那么多的水而对这一项目的效果产生怀疑。”

这确实会让人生疑——只要问问加州欧文斯谷的农民就知道了。除此之外，研究小组还分析了水在公司能源需求中起了多大的作用。和美国大部分地区一样，纽约市的电力来自热电厂，这些发电厂将来自当地流域的水加热，并利用这些水驱动蒸汽涡轮发电机。水一旦蒸发了，就可以到任何地方去——这意味着，它可能会离开当地环境。通过对能源账单进行逆向计算，顾问们计算出，仅仅为了发电，就有超过 5 亿加仑的水被烧干了，这使得每年的总用水量达到 5.56 亿加仑。当研究小组分析公司自助餐厅制作肉类和素食所需的水量时，发现它们居然高达 20 亿～ 50 亿加仑左右，大约是其他所有东西的 10 倍。

开始把一家公司、一个社区或者整个城市视为一个生态系统来对待，就意味着，不仅仅要试着去了解自然环境的服务好加以模仿，就如霍克公司在拉瓦萨所做的那样，而且也要学习如何在当地生态的真正限度内生活。动物和植物没有，也不能直接从数百甚至数千英里之外输入资源。（候鸟会从一个栖息地迁徙到另一个栖息地。但即便如此，与今天的人类旅行时间尺度相比，这也是一个相对渐进的过程，且其所涉及的行为与路线用了几百万年才出现。）

所有的生物都会留下被人类称为足迹的东西。其中一些，比如穿越全球的北极燕鸥，可以跨越南北半球。植物重塑了河流，塑造了海岸线。像狼和水獭这样完全不同的顶级食肉动物阻止其他物种破坏生态系统，并帮助调节碳储存（具体调节方式就是确保储存碳的植物不会被过度啃食）。但是“足迹”是一个悬而未决的术语，因为我们认为它与“足”并不相关。斯科特·特纳的职业是展示生物体的身体是如何不以皮肤为终结的。只要看看他所研究的白蚁丘就能明白，它们就像是白蚁群落肺部的延伸。杰夫·斯佩丁在他的办公室里给我看了一段视频，视频中一只极小的半透明的雄性桡足动物沿着雌性桡足动物留下的充满信息素的漩涡快速移动。穿过水面的踪迹不仅仅有一些从雌性桡足动物身上分离开来的死物，还有其身体的一部分。生物体与其所处环境之间的边界是转瞬即逝的，不同生物体之间甚至不同生态系统之间的边界也都不是一成不变的。

因为人类可以从远远超出当地生态系统界限之外的地方获取资源，所以我们的生理足迹远远超出了我们实际需要的范围。（穆赫兰说得一点也没错："就在那里了——取走吧。"）我们通过建造能调节温度的建筑，将资源从其他地方输送进来，给自己制造了种种幻觉，错误地认为，我们唯一留下的足迹就在我们所站立的土地上。

史密斯指出，特拉平翠绿的部分工作不仅仅是让一个公司或一个系统像周围的自然环境一样运转，坦率地说，考虑到城市所吸收的资源数量，这可能是不可行的。相反，我们的目标是将其运转尽可能地限制在生态资源的限度内。这样做的第一步，正如他们在这个项目中所做的那样，是让客户知道他们使用的所有资源真正来自哪里。

因此，我们回到每年为曼哈顿大楼的居住者制造食物所消耗的数十亿加仑的水上来：制造过程中消耗最多水的食物主要是肉类，尤其是牛肉。从水足迹网络的小角度来看，生产 1 千克牛肉大约需要消耗 15400 升的水，1 千克面包需要消耗 1608 升的水，1 千克卷心菜需要消耗 280 升的水，而稻米——水稻实际上必须在水深及膝的稻田里种植——每千克需要消耗 1670 升的水。从餐盘的角度来看，一块 1/4 磅[①] 重的牛肉饼需要 1750 升的水，足够一个人吃。相比之下，一个 750 克的玛格丽特比萨只需要消耗 1260 升的水却可

① 1 磅≈453.60 克。——译者注

以够三个人吃。那么，这一食物链中的薄弱环节就是肉类。

“你可以说服他们去做雨水收集循环利用。这可能要花费 100 万美元，不过你可以减少 5000 万加仑的用水量。”加尔文告诉听众，“你可以做一些很酷的工作：用这些上千万美元的超酷的窗户替换所有的窗户，或者你可以每周一不吃肉。”

他补充说，这样做基本上不会花费任何成本，但却比实施所有那些花钱更多、更有“吸引力”的环保方案加在一起可能还更节省水。

“它从根本上改变了与客户的对话。当你提起这个话题的时候，你往往显得很聪明。”他微微地一笑，补充道，“这真的会让他们以不同的方式思考与他们交互的系统。”

到目前为止，对于经验丰富的咨询师来说，一切都在意料之中，但事情发生了令人惊讶的转折。

“当天的另一个时间段，还是在同一个地方，我们还在谈论水的问题，而他们只是提到：‘你知道，我们的地下室总是很潮湿，因此我们不得不抽出很多水。你们觉得怎么样？’”史密斯回忆道，“我们想：‘嗯，这真的很有趣，你的地下室不应该是潮湿的。’”

他们说的不是地下室有点潮湿。该公司不得不使用污水泵不断地把水抽出来，以免淹没地下室，如此一来，每年将大约 4500 万加仑的水直接排入下水道。请记住，曼哈顿本质上是一座由基岩构成的岛屿，所以水不应该从它的中间渗出来。

顾问们花了一天的时间来考虑这个问题，然后转向他们可以利用的一种独特的资源：曼娜哈特计划（Mannahatta Project），重现了这座岛屿 1609 年欧洲人（即亨利·哈德逊［Henry Hudson］）第一次到这里之前的样子[①]。野生动物保护协会（Wildlife Conservation Society）经过努力，绘制出了每一个街区的地图，让观众可以把过去的岛屿与其现在的状态进行对比。该项目显示，在该栋建筑现在所在的区域的周围以往有大量的水流。研究小组意识到，一条地下溪流可能是源头。他们回去对水进行了测试，发现水非常干净。因此，即使该公司试图节约数百万加仑的水，它实际上每年要浪费掉4500万加仑的可用水。

有了这些知识，顾问们建议这座建筑把水泵用于新的用途：把这些水收集起来用于这座建筑物的周围——从冷却塔到景观浇水。目前，他们每年使用这样的水500万～1000万加仑。但他们希望，随着基础设施规模的扩大，他们能使用更多的水。

“它显示了历史视角的价值，即为当下提供非常有价值的见解。”史密斯说。

---

① 1609年，航海家亨利·哈德逊首次踏上北美大陆，在此之前，纽约市曼哈顿地区被原住民德拉瓦族称为“曼娜哈特”，意思是“拥有众多山丘的岛屿”。除了山丘，那时的纽约地区也被溪流、湿地、森林和河口覆盖，供养着50多个不同种类的生态系统，哺育包括人类在内的1000多个物种（超过1000种植物和脊椎动物，其中植物627种、哺乳动物24种、鸟类233种、爬行和两栖类动物32种、鱼类85种）。此外，还有难以计数的真菌、地衣、昆虫、贝壳类水生动物和无脊椎动物。400年后，纽约市中心曼哈顿高楼林立，昔日的自然景观不再。在纽约州海岸、政府与社区可持续办公室等机构的资助下，美国资深生态学家埃里克·桑德森（Eric Sanderson）博士主持的曼娜哈特计划旨在通过图像构建17世纪的曼哈顿，还原哈德逊到达之前曼哈顿岛的生态面貌，唤起人们对环境剧变的关注，为未来人类城市栖息地的可持续发展提供新途径。因此他和他的团队将一切可能在曼哈顿生存的物种以及完整的生态链编入数据库。这套生态模型是有史以来最细致的科学化的生态重建之一，其中鉴定出1300种物种，并展示了8000多种物种之间错综复杂的关系。——译者注

这是最大规模的仿生设计的成功样例。但是为了取得真正的成功，你不仅仅需要在生态系统的尺度上应用它，而且还要在更小的过程中，甚至是在材料的尺度上应用它，从而才能够达到真正的成效。毕竟，从纳米到英里，自然界的过程在各个尺度上都是起作用的。

有一家公司为大规模或小规模地使用这些处理方法设定了标准，这家公司就是因特费什股份有限公司（Interface，Inc.）。该公司派米哈伊尔·戴维斯（Mikhail Davis）参加这次仿生学的会议，并在会上做了发言。戴维斯第一次见到雷·安德森（Ray Anderson）是在 1999 年，当时他还是名在斯坦福大学就读的大学本科生。作为一名濒危生物专业的学生，截维斯在美国加州的欧亥镇（Ojai）一个随处可以见到医疗专家的小社区长大。他在大学里度过了一个孤独的夏天，专注于研究蝴蝶。他发现，蝴蝶的数量正在日渐减少，因为它们的海滩栖息地已经被清除，为那些享受日光浴的人类让路。10 个星期中有 7 个星期，迷雾使得这些带翅膀的昆虫无法飞行。作为学生的戴维斯很快便意识到生物科学可能不太适合他。尽管如此，由于他对生物学和环境保护主义的兴趣，他认为自己最终会为政府或非营利组织工作——他在毕业后的好些年中也的确是在为政府和非营利机构工作。但就在他快要戴上学士帽、穿上学士服之前，他在同一天遇到了雷·安德森和班亚斯，两位当时都是斯坦福大学“商业与环境”会议的演讲者。

当时，戴维斯根本就没想到自己会给总部位于亚特兰大的方块地毯生产商因特费什的首席执行长安德森留下印象。这位斯坦福大学的学生对公司有一种“健康的厌恶”，尤其是那些佐治亚州的公司——已经有一家这样的公司，在他前往墨西哥寻找轻易就能到手的工作机会之前，毁掉了他家乡的大量森林。但听了这位自称“激进实业家”的话，他得到了一种启示。

“这是我第一次想到‘哦，我可以在大公司做我想做的工作——你要知道，要是大公司里有这样的人的话。’”戴维斯说道，他后来在 2011 年担任了这家公司的环保事业部主管。“我以前并不知道还有像他这样的人。”

作为一家设计和制造模块化地毯的公司，因特费什从表面上看似乎不太可能像贝克托尔德的哈贝克塑料制造公司那样，成为仿生设计与可持续实践的候选者。想想方块地毯，你通常不会对未来产生宏伟的愿景；你能想到的只会是乏味的办公空间和无尽的灰色小隔间。因为这就是方块地毯的意义所在：创造一个可行的、实用的、可调节的环境。有了方块地毯，公司可以省掉很多费用：方块地毯可以更方便地移除，容易更换掉那些污迹斑斑的旧地毯，或地板下的线路。

这家公司是佐治亚理工学院的橄榄球运动员雷・安德森于 1973 年创建的。安德森 1956 年毕业于工业工程专业，最终进入地毯行业。他在英国发现了这种块状地毯并决定把这个概念带回美国，他觉得这种块状地毯将迎合美国人的那种注重实用的情感。到 20 世纪 90 年代，他已经将因特费什发展成为一家价值数十亿美元的公司，成为全球模块化地毯领域的主导企业。

“21 年来，我从未想过我们从地球上拿走了什么，或者对地球做了什么。”他在 2003 年的加拿大纪录片《公司》(*The Corporation*) 中说。这种情况在 1994 年发生了改变，当时一位来自加利福尼亚州的客户问了一个问题：因特费什为环境做了什么？不知怎么的，这个问题一直传到了亚特兰大。

“这个问题的答案是：‘什么？’”戴维斯说道，“这还没有渗透到佐治亚州的工业界。”

惊讶不已的安德森思索着这个问题。面对客户越来越多的关于环境影响的质疑，该公司的研究部门成立了一个特别工作组来解决问题，并要求执行总裁在特别工作组的成立大会上做个启动仪式的演讲。尽管安德森不知道该说些什么，但他还是同意了。

“在环保问题上我之前其实没有什么想法，”他后来说，“我并不想做那方面的演讲。”

就在他仍在拼命地寻找演讲灵感时，他的书桌上无意间出现了一本书：保罗·霍肯（Paul Hawken）的《商业生态学》(*The Ecology of Commerce*)。在这本书中，霍肯描述了企业掠夺和污染地球的方式，以及他们可以建立一个更具“生态恢复品质”的企业的种种方式。

随着阅读的进行，安德森开始意识到他是一个罪犯——他是在从地球的未来以及子孙后代的未来那里盗来当下的利益。这是一个痛苦的顿悟，在接下来的几年里，他反复地把它描述为“戳进胸口的一根长矛”。

从那时起，安德森下决心要努力创建一家既赚钱又不损害环境的公司。就在他阅读了霍肯那本书的同一年，他发起了“零排放”运动——致力于实现在 2020 年之前将公司的碳足迹有效地减少到零。在模块化地毯行业，这并不容易：这是一个无论是在原材料还是生产上都极度依赖石油的行业。当他们偶然读到班亚斯所著的那本书时，“向自然学习、与自然合作”的理念从此深入他们的内心。

模块化地毯的一个长期存在的问题是：你可以判断一块方块地毯是否被更换过了，因为它看起来比周围那些用旧了的要新一些。这就是拥有统一颜色，甚至统一图案（比如黑白棋盘）的问题；新旧之间的差别仍然很明显。这是一个美学问题，但它与更大的资金问题有关：这个行业存在很多浪费。因为配色必须非常完美，整批货可能只是因为有一点点的色差，在生产出来之后就被扔掉。由于更换不可避免，该公司建议人们购买大量额外的方块地毯储存起来以备不时之需。

因此，为了一个仿生学研讨会，公司派员工到亚特兰大郊外的森林地区进行实地考察。

“我们把所有的地毯设计师都派到树林里去，当时他们认为我们完全疯了。”戴维斯说道，“这在早期是很常见的，回到佐治亚州的人会说：‘我的天哪，他们现在要我们做什么？’”

但是，当他们的鞋子嘎吱嘎吱地踩在森林地面的枯叶上时，设计师们开始注意到一种图案，或者更确切地说，是一种非图案：各种色调的红色、棕色和金色，散落在各处。没有固定的网格，也没有统一的颜色，一切都是随机的。但它们都交织在一起，以一种赏心悦目的方式流动着。这个由“熵”的观念所激发的设计理念，对于一家像因特费什这样的制造商来说是完全陌生的。因为它致力于建造与销售多种完全相同的小部件，任何偏离这些小部件的东西都被视为质量不合格，是废品。但他们设计的这些基于森林地面的随机图案新款式接受了“熵”的观念。这些赏心悦目的设计因为好看，所以销量大好。不仅如此，它们还可以被安装在任何方向，不需要颜色完全匹配就可以更换，这样客户也就无须储备额外的地毯。总而言之，这一改变减少了大约 61% 的安装浪费。

因特费什还决定解决另一个棘手的问题：他们用来把方块地毯粘到地板上的黏合剂。实际上，要把这些粘在地板上的方块地毯拿掉颇费周折，甚至是冒着损坏地板的风险。该公司开始意识到，一旦他们开始大量回收客户用过的地毯——这是他们朝着零排放做出更大努力的一部分——这将会是一个真正的问题。

“我们把它从地板上扯下来，可它紧紧地固定在地板上，被胶水粘住了，而且还含有很多挥发性有机化合物（VOCs）。”戴维斯说道。他所说的挥发性有机化合物会造成空气质量恶化。“很多有臭味的地毯其实是胶水所致，而不是地毯本身出了问题。”

不使用这些难闻的、不健康的、有害的胶水，那又如何把地毯固定在地板上呢？设计师们观察了大自然是如何让物体粘在一起的。他们最初感兴趣的是探究壁虎如何利用脚垫上的细小毛发附着在墙面上，而不需要黏稠的黏合剂：它们借助的是范德华力，这种力可以在纳米尺度上使原子或分子相互吸引。但相关的仿生技术的发展还不够完善，不足以将其应用到地毯的背面。然后他们意识到：为什么他们要想办法对抗重力呢？为什么不让重力为它们服务呢？于是，他们转而专注于探究令方块地毯彼此连接在一起的方式，最终开发出一种便利贴大小的塑料方块，使用可重新密封的胶水将四块方形地毯的角粘在一起，因而不需要使用那些产生有害气体的黏合剂。(这些被称为“贴可泰［TacTiles］”[①]的塑料方块也是可回收利用的。)总而言之，它们对环境的影响比传统胶水低 90%。

诸如此类的创新，有许多的灵感是来自大自然，而且所有这些创新也有助于减少公司对环境的影响。自 1996 年以来，他们的单位温室气体排放量下降了 73%，单位用水量下降了 87%。然而他们的净收益却在稳步提高。

“我们从仿生科技中赚了很多钱。”戴维斯说。

安德森劝诫其他的公司也走向这样一条道德之路，与此同时他也从不回避充当一位末日预言家的角色。在他看来，美国公司生活在罪恶之中，他们需要改变生产、生存方式，以救赎自己和拯救这个世界。“将来，像我这样的人会进监狱的。”1999 年，他在美国驻伦敦大使馆对聚集在那里的各个公司的首席执行官们说道。如此一来，他也连带地抨击了在场的那些商业利益集团的首脑们。

甚至在旅行、发表演讲以及环保宣传的时候，安德森也在努力使他的公司不仅仅在道德上做出榜样，而且在经济上也做出榜样——证明环境与净收益之间存在冲突的信念是绝对错误的，而且你确实可以通过做好事而把公司经营好。就像贝克托尔德的哈贝克塑料有限公司一样，你的公司也将成为其他公司的楷模。

请记住，地毯制造业是个极度依赖石油的行业——尼龙纱和衬垫是由化石燃料制成的，而化石燃料转化为有用的聚合物需要大量的能源。因此，我们的想法是，如果一个像因特费什这样的公司都

---

① “贴可泰”系译者对该公司商品名“TacTiles”谐音取义的音译名，意为“贴上去很安全，不会对环境造成污染”。——译者注

可以做出这些改变，那么任何公司都可以。因特费什也没有回避对其供应商施加影响，它青睐的是那些能满足其要求的供应商。

“胡萝卜加大棒，宝贝。”戴维斯表情冷漠地说道，“如果你不参与到可持续发展中来，你将会失去我们的生意。如果你朝着我们想要的方向迈出这一步，你就能赢得我们的业务。”

他解释说，这将导致竞争的可持续性。一家纱线制造商可能会提供一种含有 5% 可回收成分的产品。另一个可能会加码，声称可以提供含有 20% 可回收成分的产品，但可供选择的颜色有限。下一个制造商可能会提供含有 25% 可回收成分的产品，而且可供选择的颜色更丰富。（产品成分百分百可回收的供应商一直能得到他们的大量业务，他补充道。）

这些压力导致了在像渔网工程等项目中，为因特费什公司提供纱线的那些公司并不从地下开采石油，而是向那些穷困的渔民购买那些废弃的尼龙渔网。要知道，这些废弃的尼龙渔网常常被丢弃在水中，扼杀了珊瑚礁，并勒死鱼类（包括鲨鱼）和海豚。通过这种方式，渔民在帮助清洁当地环境的同时，也让他们的收入来源多样化，而且这些废弃的渔网经过再加工，又能用于因特费什公司的地毯。这是一个虽然很小但却正在发展中的项目：菲律宾和喀麦隆的渔民每月收集并出售约 3.5 吨的渔网。

坚持自己的愿景并不总是容易的，戴维斯说道。他和同事们一直在和公司里那些直接负责盈亏的人谈判。最近的一个例子是：他们的地毯纱线中的尼龙线是用提炼出来的白色塑料制成的，白色塑料提炼出来之后将从一台类似于意大利面条机的小洞里挤出，然后染成想要的颜色。这并不理想，因为这意味着颜色最终会消失，产品必须更换。更好的方法是把已经着色的塑料变成纱线——内在的颜色不会褪色。然而，这第二种方法成本更高。

“有时候采购主管几个月都不愿和我们说话。”他笑着说道。

通常情况下（尽管并非总是），如果你退一步考虑整个生产过程，更加可持续的选择最终在经济上更有意义。在这种情况下，原材料的成本可能会高一些，但这也意味着他们可以不用染缸，不用废水处理系统，不用纱绒干燥系统，从而省去了大量的运营费用。

“这并不是说我们不需要推动变革……只是这对我们来说更容易。”戴维斯说道，“我们仍然要证明变革是正确的，尤其是如果成本更高的话。”

因特费什模式存在一个根本性的弱点：并不是每家公司都有一个雷·安德森。事实上，像他这样行事的人极少。但他点燃了他遇到的其他人心中的激情，这其中包括最早基于“熵”的理念来设计方块地毯的设计师大卫·欧奇（David Oakey），以及持怀疑态度的前生物学家米哈伊尔·戴维斯。虽然看起来没有一家大公司像因特费什那样致力于这项事业，但包括沃尔玛（Walmart）和联合利华在内的许多企业巨头都开始做出正确的采购决策。这在一定程度上要归功于安德森树立的榜样。当他们这样做的时候，整个供应链上下的许多公司都会跟进。

“这是雷的遗赠。”戴维斯说道。

在与癌症抗争了近两年之后，2011 年安德森去世了。但该公司继续遵循他“到 2020 年成为真正可持续发展的企业”的愿景。目前还不清楚该公司到那时是否能做到零碳与零水的足迹；第三个千年的第三个十年正在迅速接近，因而这个目标的实现需要做一些调整。尽管如此，从一开始，这一愿景就从未在2020年停止过，甚至从未在“零排放”上停止过。

“我想知道，我们需要做些什么使……因特费什成为一家环保型企业。”在1994年的启动仪式的演讲中安德森告诉那个特别工作组，“要把我们从地球那里夺来的都还回去，这还不够，还要多偿还些，要为地球做些好事，而不仅仅是无害。我们要怎样让我们生产和销售的每一平方码[①]地毯都能让这个世界变得更加美好呢？”

安德森想让他的公司将对环境的负面影响降到净零，并最终达到对环境的完全正面的影响；不仅要将公司的影响降到最低，而且要使它成为自然环境的实际贡献者。近几十年来，人们明显意识到：即使在所谓的城市建筑环境中，生态系统也承担着城市居民和设计师们认为理所当然的众多服务，例如净化环境，并提供水、肥沃的土壤和能源。有别于忽视与阻碍填平湿地以建停车场之类的服务，新的思路是，人类构建的环境应该模仿那些生态系统服务，提供与周围自然环境同样多的自然价值。我想起了米克·皮尔斯，他想建造像树一样的建筑：能收集与储存雨水的建筑，为各种各样的生物提供一个家。

该公司已经朝着企业可持续发展的下一阶段迈出了第一步。这个被称为“工厂即森林”的计划将着眼于新南威尔士州如今荒芜的工业园区，因特费什的一座工厂就坐落在那里，并从过去生长在那里的自然环境中获得灵感。通过对附近自然栖息地的探索，仿生学

① 平方码（square yard）：一个英制的面积单位，其定义是“边长为1码的正方形的面积”。1平方码等于0.83612736平方米。——译者注

3.8 的顾问们确定，这片森林曾经是一片河流冲积平原桉树林。下一步是检测系统如何运转，然后将其作为该地区任何工厂都应该达到的基准。那么河流冲积平原的桉树林有哪些功能呢？授粉、固碳、水的储存与净化、污染物无害化处理、泥沙沉积、施肥以及资源回收等，在此就不一一列举了。一旦分析并衡量了它在这些方面做得有多好，他们就会决定哪些功能也可以纳入厂房和经营处所之中。

“你要怎样完成像授粉这样的事情呢？”我问道。

“我不太清楚。”戴维斯说道。一些干预措施，诸如保水，可能会涉及将雨水收集系统纳入建筑物；他们可能会燃烧附近垃圾填埋场泄漏出来的甲烷气体来发电，并想办法将他们排放的二氧化碳变成人造石灰石，就像海洋生物从海水中提取碳来制造贝壳一样。

但他又指出，这些基本上仍处于规划阶段。“这是个试点……我们还没办法知道我们自己在干什么。”

我参加在洛杉矶举行的这次仿生学会议是一次误打误撞的意外——我刚安排了一次在纽约对特拉平翠绿咨询公司的克里斯·加尔文的采访，他（可能是想逃避我无休止的提问）提到他两天之后将前往洛杉矶参会并发言。这个自称是仿生学实践者的圈子很小，在洛杉矶更是如此。其中一位发表演讲的人士是伊拉里亚·马佐莱尼，几周前我和她谈过关于她和杰夫·斯佩丁在飞机设计方面的工作。任教于南加州建筑学院的马佐莱尼在读了马克·布卢姆伯格（Mark Blumberg）所著的研究动物体温调节方式的《体温》（*Body*

Heat）[①] 一书后，对从大自然中汲取灵感越来越感兴趣。毕竟，这也是建筑物应该做到的事情：保持一个舒适的室内温度，把温度变化控制在一个有限的、可接受的范围之内。她想得越多，就越意识到活的生命体是建筑师最好的灵感来源。就像建筑物的外墙一样，植物的表面或动物的皮肤起着保护其器官的作用，并且它也可以具有传感、化学沟通（信息素）、与外部环境交换材料等其他功能。人体皮肤经太阳光照射后会产生维生素 D；植物的表面则收集光线来制糖。为什么建筑围护结构[②]（建筑师们就是这么称呼它们的）不能对这些功能进行优化呢？

在观看了斯科特·特纳等人在纳米比亚的研究工作之后，这种想法让人感到很熟悉。与其说他们将白蚁丘的丘壁视为蚁巢内外之间的一道屏障，还不如说将其看作两者之间的一个接口。马佐莱尼将自己和学生在自然与设计研讨会上形成的一些观念抽取出来，就那些观念即兴谈了一些她自己的想法（后来她还与人合著了一本关于自然与设计的书）。她首先分析了北极熊的身体结构，然后才想出一个设计方案。她网站上的一个页面描述了北极熊的外层：透明的毛发将紫外线汇集到熊的黑皮上；毛茸茸的白色毛皮能把热量聚集在身体附近；熊的皮肤最大限度地吸收太阳辐射。她还从特纳可能会称为北极熊"扩展了的机体组织"（extended organism）的东西——母熊可能会挖出洞穴与她的幼崽共享——获得了灵感。源于

① 《体温》（*Body Heat*）一书系美国生物心理学家、神经科学家马克·布卢姆伯格所著。在这本有趣的书中，作者探索了人类和其他动物的体温调节，及其如何影响行为和发育。——译者注

② 建筑围护结构（building envelope）：建筑物及房间各面的围挡物。——译者注

这一灵感的建筑设计是一个部分淹没在雪中的椭圆形的房间，倾斜的角度可以最大限度地获取太阳能，并使用巨大的玻璃管（模仿北极熊透明的毛发）从表面伸出来帮助收集光线。

演讲者中还有以下人士：格卢马茨（Glumac）工程公司的可持续发展顾问妮科尔·艾尔（Nicole Isle）；洛杉矶仿生学的创始人科林·曼厄姆（Colin Mangham）；亨斯勒酒店内饰总监洛林·弗朗西斯（Lorraine Francis）；美国绿色建筑委员会洛杉矶分会的希瑟·乔伊·罗森伯格（Heather Joy Rosenberg），他对“恢复力”（resilience）的概念感兴趣，尤其值得注意的是，在南加州这样的地方，野火一直是自然循环的一部分。国际未来生活研究所（International Living Future Institute）的首席执行官阿曼达·斯特金（Amanda Sturgeon）发表了主题演讲。该研究所是个非政府组织，以培育更加可持续的建筑、社区和产品为目标。

斯特金谈到了她的祖父，一名曾在英格兰蓝领聚居区打拳的拳手。当她还是个孩子的时候，他建了一个简陋的小温室，里面满是甜豌豆和其他芳香的花朵，点燃了她对自然的热爱。在她完成几个建筑项目的过程中时，她关注的不是仿生学，而是“亲生命性”（biophilia）——由著名生物学家 E.O. 威尔逊（E. O. Wilson）推广开来的术语，他将其定义为“与其他生命形式结合的冲动”。她在演讲中重点阐述的那些建筑项目的设计并非源于大自然的启发，但是他们邀请大自然加入——将树木融入没有屋顶的建筑物的中心，或者可能是在山坡上建造立面，上面覆盖了大量的绿色植物，以至于整座大厦几乎看不见。

当然，亲生命性仅仅是故事的一部分——毕竟，如果你热爱大自然，想要亲近大自然，你就更有可能去聆听大自然的教诲。尽管如此，与我在前几章中曾经访谈过的所有科学家和工程师相比，这一主题演讲给我留下了如此不同的基调和思维方式。许多更为直接地从事仿生学的演讲者似乎也呼应了这一“亲生命性”的倾向，他们详细地讲述了童年时与大自然接触的经历。马佐莱尼甚至已经更进一步，她设立了一个奖学金项目，获得这项奖学金者可去她的故乡意大利阿尔卑斯山的一个小村庄避暑，与周围的自然系统建立联系，并从中汲取灵感。

一些人描述的顿悟从表面上看几乎是宗教性的。在讲座的某些部分，我开始觉得这类顿悟有点牵强，包括类似于“上帝会做什么”之类的问题:“大自然（Nature）会如何设计一间办公室？”（我的回答是不会的。）宗教需要故事，而故事有时会掩盖真相。

许多演讲者提到了仿生设计的一些“成功”案例，比如白蚁丘和鲨鱼皮，但没有提到这些建筑或产品背后的科学要么存在缺陷，要么存在争议。如果在不完全科学的基础上，有什么方法奏效了，那就太厉害了。然而当科学发生变化，当情况变得更加微妙时，重要的是要不断回归科学，而不是回到故事——即使是和相对外行的人交谈时也是如此。如果听众难以接受，那么就选一个不一样的例子——生物模型仍然被认为是准确的例子。因为这类讨论常常错误地暗示，我们确切地知道某个特定的功能是如何发挥作用的。如果我们对大自然的运作原理不完全了解却继续宣传下去，那么我们也有可能会让科学停滞不前。让人意识到我们并不真正了解白蚁丘的工作原理，到底需要多少年呢？神话是强大的，而且它们可以阻止科学家进行出色的研究。

以给予人们灵感的北极熊为例：透明的北极熊毛发就像光纤一样将紫外线传递到其表皮的想法在 1998 年被证明是错误的，但是这个神话还在继续，不仅普通的非科学人士还在坚信这个说法，就连一些科学家都还相信这一点。

大自然并不完美，我们对它的理解也并不充分。但与仿生相关的许多流行叙述似乎都做了这样或那样的假设。正是这个问题让不少接受我采访的科学家一时不知如何继续说下去。这可能也是他们中有些人（尽管不是全部）似乎更喜欢“仿生设计”（bioinspired）这一术语的原因。

以伯克利加州大学研究员罗伯特·富尔为例，为了进一步了解他在蟑螂与有腿机器人方面的研究，我访问过他的实验室。他一开始很谨慎，问我关注的角度是什么，然后，出于试探，他让我读班亚斯的一段话。我没有把他在电脑上给我看的具体内容记下来，但这是一句耳熟能详、常常被人们提起的话，大意是这样的：“地球上 99% 的物种已经灭绝，剩下的这 1% 都是那些最适于地球上生存的。”

“我认为这是个相当好的观念，可是……”

“完全错了！”我都还来不及把话说完，富尔便开口说道。

“我唯一想说的是，”我继续说道，“大自然不一定是完美的，不一定是最好的，但它现在已经够好的了。”

如果你想要一个自然界非最优性（non-optimality）的例子，那就再来看看北极熊吧。如果有外星人造访北极不断缩小的冰层，遇到这些毛茸茸的四条腿的动物，你可以打赌，他们肯定不会想象这些动物擅长游泳。如果他们要从零开始设计一种会游泳的动物的话，它肯定不会有四条腿。

我最喜欢的一个例子是一个名为“演化是啥玩意儿”（*WTF, Evolution*）的博客。在博客中，一位不具名的叙述者问博客为什么演化会选择把一个可笑的黑色肉质瘤放在瘤鸭[1]的喙上，或者为什么强迫雌雄同体的扁形虫“进行阴茎剑术格斗”（每条扁形虫都试图用它们的阴茎去刺对方，而自己则避免被刺中）。“演化是啥玩意儿”这个博客一直都热衷于创作，但从来就没有真正给出合乎情理的答案。或许是因为根本就没有任何合乎情理的答案吧。“回家吧，演化，你喝醉了。”叙述者最后常常愤怒地总结道。（这个博客的内容现在已成了一本书，其副标题为“莫名其妙的设计理论”[*A Theory of Unintelligible Design*]。）

我觉得自己的表述很蹩脚，但已经把自己的想法完整地表达了出来，这多少让富尔得到了宽慰。不过他继续以各种方式向我解释这个问题。

“很多流行的东西都支持这种想法。但演化根本就不是这样的，这使得整个的设计问题变得更加难以解释和理解。所以我认为你说得很对，但这并不能说明问题。”他指着屏幕上班亚斯的话说道，“当然，在演化过程中根本就没什么目的可言；演化无须最优，只要够用就行。”

这就是许多科学家所看到的危险：对科学的依赖越少，对神话故事的依赖越多，以及过度的炒作，最终导致设计和应用更差了。

① 瘤鸭（*Sarkidiornis melanotos*）：鸭科瘤鸭属的鸟类。雄鸭上嘴基部有一膨大的黑色肉质瘤；雌鸭嘴基无肉质瘤，个体较雄鸭小。栖息于林木稀疏的开阔森林，以及森林附近的湖泊、河流、水塘和沼泽地带。——译者注

当交流的内容听起来更像宗教而不是研究时，他们开始感到不安。也就是说，一些最热心支持“与大自然和谐共处并从大自然获得设计灵感的解决方案”的人士是像雷·安德森这样有着某种顿悟体验的人。

在会议的问答环节，当旧金山城市建筑设计有限公司（Urban Fabrick）主管可持续发展咨询业务的凯尔·皮克特（Kyle Pickett）走到麦克风跟前时，甚至还提出了宗教问题。皮克特是在太平洋西北部的一个非常保守的基督教家庭长大的。

“我们与开发人员在基本层面上的一些对话是‘人类应该统治地球’。”皮克特说道，“我与这些开发商进行的一些对话在某种程度上一开始就是在教导他们，管理工作实际上是世界上所有主要宗教的基本特性。”

皮克特想知道其他人是否也遇到过类似的挑战，这时米哈伊尔·戴维斯第一个拿起了麦克风。

“我们是一家总部位于佐治亚州的公司，所以我们有很多福音派基督徒，其中很多人是我们可持续发展最热心的拥护者。你必须给人们留下空间，让他们以自己的方式理解这一点。对于开发商说，阐释那些宗教文本来支持自己的盈利动机非常方便。”面对听众的笑声，他补充道，“我们有一位牧师，他经营着我们的一条回收利用作业线，他说，“‘统治’这个词实际上可以正确地翻译为‘管理’。”

“这实际上是我们这家总部设在佐治亚州的企业的一个核心，甚至是一种优势，这些人把我们的可持续发展的使命融入了他们自己的精神。”他继续说道，“因此不一定要这样……我认为你必须对人们开放，让他们找到自己与仿生学和可持续性发展之间的联系。如果你想说这些神奇的生物是神创造的，那太好了，就让我们来模仿所有的设计师中最优秀的设计师。我没有什么意见。我真的不知道该怎么回答。”

会议结束后，戴维斯在同与会者交谈时还指出了其他一些问题。他提到，他们可能正在与卡利拉（Calera）公司的创始人布伦特·康斯坦茨（Brent Constantz）合作开发地毯填料。该公司生产的水泥竟然可以从空气中吸收二氧化碳——就像珊瑚把碳从水里吸出来为它的贝壳制造碳酸盐一样。考虑到水泥无处不在地向上和向外扩展建筑环境，考虑到水泥是污染最严重的行业之一，每生产一吨水泥就会产生一吨的二氧化碳，这是一项可能改变游戏规则的技术。“有时一项成功的技术实在是太成熟，以至于我们忘记了它属于仿生科技。”戴维斯说道。

也许，当人们不再需要“洗心革面”，刻意采纳“从大自然中获得启发”的设计思维时，当从生物学中寻找洞见已完全成为我们的第二天性而无须大费思量时，当仿生设计应用于从材料到城市规划的每样事情时，这也许会是一个信号，表明我们终于在建设一个更加美好的未来。

尾　声

开始写这本书的时候，我以为自己已经很清楚自己打算说些什么。我想我理解了“仿生”和“仿生设计”这两个术语的意思。我原以为，自己甚至可以找到一些不错的经验法则来识别仿生设计。回想起来，即使知道我是带着无知的自信来思考这些事情的，我的自以为是还是禁锢了我的想象力。

基于生物学启发的设计正好处于菲利浦·沃伦·安德森所称的“深度研究”（intensive research）和“广度研究”（extensive research）之间的交叉点上。深度研究是指详尽地研究某一特定的课题，直到你真正理解它的每一个方面。广度研究意味着从开阔宽广的视野看待研究的意义及其应用，无论是将其见解引入另一个领域，还是利用这些发现构建一种装置。基于生物学启发的工程学正处在这些思路的连接点上。然而，这个交叉点是一个不断移动的目标，这取决于你所处的学科领域以及你已有的知识的深度。

有那么多的研究人员，那么多的研究方向，我希望我能有时间和空间告诉你们。哈佛大学的罗伯特·伍德（Robert Wood）等研究人员开发了一种微型的蜂形仿生机器人，揭示了在如此之微小的尺寸下飞行所面临的种种挑战。牛津大学的格雷厄姆·泰勒（Graham Taylor）把摄像机安装在鹰的身上，拍摄它们的飞行轨迹；把苍蝇放在3D影院里，观察它们的身体对模拟环境的变化所做出的反应。他的研究可能会引领科学家改进未来无人机的软件——让它更简单、更便宜、适应力更强，就像苍蝇大脑中控制飞行的神经元一样。赫伯特·韦特（Herbert Waite）等人花了数十年时间分析贻贝胶[①]的基本特性，使其他人能够将这些经验用于黏合剂市场，到20世纪20年代，该市场的全球价值将超过500亿美元。还有布里格姆女子医院的杰弗里·卡普（Jeffrey Karp），她从各种各样的生物身上得到灵感开发了几种不同的医疗设备。这些都要等到另一本书来写了。

在我报道与撰写这些章节期间，我不断遇到一些令人惊讶的交集——无论是在人物还是主题方面。在关于群体智能的那一章中，我谈了一点马可·多里戈关于集群机器人的研究——我在前面关于非轮式机器人的章节中提到过一个想法。伊拉里亚·马佐莱尼——我是从杰弗里·斯佩丁的仿鸟类飞机的研究工作中第一次听说

① 这里的“贻贝胶”（mussel glues）指的是贻贝黏蛋白。海洋贻贝，如紫贻贝、厚壳贻贝、翡翠贻贝等，通过其足丝分泌的贻贝黏蛋白将自己固定在海水下的岩石、船体、缆绳、漂流瓶等固体表面，形成抗水的结合，耐受风浪等的冲刷。人类从海洋贻贝的足丝腺中提取贻贝黏蛋白，采用工业色谱纯化，获得高纯度的单一蛋白质。它具有促进细胞贴壁爬行、促进创面愈合、抑制瘙痒、广谱粘接、形成抗水保护膜等作用，可广泛用做医用生物黏合剂、创面修复材料、医用涂层、防腐蚀涂层以及日用化妆品。不过，人类大量捕捞贻贝来满足全球对贻贝黏蛋白以及强力胶水的需求会导致贻贝的灭绝，而且许多贻贝物种已经处于灭绝边缘了。——译者注

他——出现在关于城市未来的仿生学会议上。对仿生设计感兴趣的人往往心胸开阔，能在众多学科中穿梭，寻找共同的原理。

“仿生设计以异乎寻常的爆炸式速度在迅速发展着。”伯克利加州大学的科学家罗伯特·富尔在 2016 年初我拜访他时告诉我，“我刚刚参加了一次为仿生设计和仿生学而开的董事会议。相关期刊、会议和出版物数目翻番的速度——这是人们对该领域感兴趣程度的一个衡量标准——是 2 ～ 3 年；其他大多数活跃领域的翻番速度平均是 12 年。形势变化得如此之快，委实令人惊奇。因此，努力阐明什么是以及什么不是科学和设计的真正进步，是非常重要的。”

然而，正如我在本书最后一章中提到的，这样做有一个风险，即涉及面太广，而且不够深入，无法从一门自然学科中汲取扎实的工程学经验。当这种情况发生时，倡导者可能会让公众（以及潜在的资助者）失望。这是萦绕在像富尔这样的科学家脑海中挥之不去的一种担忧。

“有些人担心，考虑到企业和融资机构的接受度，大肆炒作可能引发内爆。我们对此真的非常担心。”他补充道。

看到这么多的科学家和顾问在工作，并且他们对于什么是仿生学或仿生设计似乎有着种种截然不同的想法，我不得不同意他的观点。在我看来，这就像是这一领域发展中的一个稍微脆弱的点，在这个点上，人们正在寻找应用，而基础学科还没有到位。广度科学（extensive science）总是比深度科学（intensive science）更有吸引力；深度科学难度大，而且越深入难度越大，从而已经把许多博士撵出了学术界。我在任何地方都能见到那些正在从困境中“康复”

的博士：一位曾经是我的老板，另一个是我在圣塔莫尼卡冲浪时遇到的。虽然从事深度研究可能很艰难，但深度研究却是绝对有必要的，因为它提供了一个坚实的基础，在此基础上可以开始更广泛地考虑该研究的应用。

然而，将自然系统与其潜在的应用相匹配却很难做到，哪怕像正在填补这一空白的特拉平翠绿这样的咨询公司也很难做到。这就是为什么佐治亚理工学院的计算机科学家阿肖克·戈尔（Ashok Goel）希望创建一个由人工智能技术驱动的系统，它可以识别自然系统中的基本原理，并通过类比，将这些基本原理与有待解决的问题相匹配。该系统仍处于研发中，但他希望它能将仿生创新的速度提高到前所未有的状态。

富尔指出，还有另一种方法可以加速这一过程，那就是将更多的多样性带入科学之中。他所谈论的不仅仅是种族和民族，然而这是其中的一部分；他还谈到了社会经济地位和背景（你是在城市还是在农场长大的，你的技能是什么），因为个人所习得的经验会给他带来独特的观点。任何形式的多样性对科学创新都是必不可少的。富尔过去曾举办仿生大赛，目前正教授一门这方面的课程，并一直在对得分最高的那些团队进行非正式统计。

“我没有这方面的数据，但我可以告诉你，这是迄今为止最多样性的团队！”富尔说道，“如果我们能鼓励公众对教育给予更大支持，它将给你的创造力带来巨大的好处。”

这对我来说很有意义。毕竟，如果你用不同的眼光看世界，你就会更容易拥有对这个世界的不同见解，从而建立起以前没有人建立的种种联系。

致　谢

像这样的一本书在很大程度上有赖于许多人的慷慨——尤其是书中被采访的那些人的慷慨，他们付出了时间和精力，特别是耐心。遗憾的是，我无论怎么措词都不足以表达我的谢意。首先，我要衷心感谢斯科特·特纳和鲁珀特·索尔，他们让我临时加塞进他们去纳米比亚的行程，并在途中心平气和地回答了我的许多（有时是重复的）问题。这是我这辈子第一回做研究，也是有着重大影响的一回。

感谢津巴布韦的米克·皮尔斯盛情款待我，并抽出时间向我展示了他的作品；感谢丽莎·玛格内利归还了我遗忘的相机。向埃里克·纳尔逊（Eric Nelson）致以最深的谢意，没有他，就不会有这本书的存在。斯瓦蒂·潘迪（Swati Pandey）无论是在巧克力上还是在道德上都为我提供了源源不断的支持。感谢沙基尔（Shakir），他总是在听；感谢我的父母，他们总是在问。

注　释

参考文献前面的数字表示作者参考或引用该文献时所对应的本书页码。

序　言

P5　Benyus, Janine M. *Biomimicry: Innovation Inspired by Nature. New York:* Perennial, 2002. Print.

P5　Fermanian Business & Economic Institute. "Global Biomimicry Efforts: An Economic Game Changer." *Economic Studies—San Diego Zoo*. San Diego Zoo Global, October 2010. Web. June 5, 2016.

第一章　欺骗心灵的眼睛：士兵和时装设计师可以向墨鱼学什么

P4　Russell, Cary et al. "Warfighter Support: DOD Should Improve Development of Camouflage Uniforms and Enhance Collaboration Among the Services." *GAO-12-707.* U.S. Government Accountability Office, September 28, 2010. Web. June 5, 2016.

P4　Cox, Matthew. "UCP fares poorly in Army camo test." *Military Times,* March 27, 2013. Web. June 5, 2016.

P5　Rock, Kathryn et al. "Photosimulation Camouflage Detection Test." June 2009. Technical report. U.S. Army Natick Soldier Research, Development and Engineering Center, Natick, Massachusetts, 2016. Web. June 6, 2016.

P5　Hepfinger, Lisa et al. "Soldier camouflage for Operation Enduring Freedom (OEF) : Pattern-in-picture (PIP) technique for expedient human-296 in-the-loop camouflage assessment." *27th Army Science Conference*, Orlando, Florida, November 29–December 2, 2010. Conference Paper.U.S. Army Natick Soldier Research, Development and Engineering Center, Natick, Massachusetts, 2016. Web. June 6, 2016.

P5 Campbell-Dollaghan, Kelsey. "The Strange, Sad Story of the Army's New Billion-Dollar Camo Pattern." *Gizmodo,* August 7, 2014. Web. June 5, 2016.

P5 Campbell-Dollaghan, Kelsey. "The Army Is Finally Releasing Its New, Old Camo Design." *Gizmodo,* June 4, 2015. Web. June 5, 2016.

P5 Deravi, Leila F. et al. "The structure–function relationships of a natural nanoscale photonic device in cuttlefish chromatophores." *Journal of the Royal Society Interface* 11.93 (2014) . Web. June 6, 2016.

P9 Darwin, Charles. *The Voyage of the Beagle: Journal of Researches into the Natural History and Geology of the Countries Visited During the Voyage of H.M.S. Beagle Round the World, Under the Command of Captain Fitz Roy, R.N.* New York: P. F. Collier & Son, 1909. Print.

P16 Barbosa, Alexandra et al. "Cuttlefish use visual cues to determine arm postures for camouflage." *Proceedings of the Royal Society B,* May 11, 2011. Web. June 6, 2016.

P22 Buresch, Kendra et al. "The use of background matching vs. masquerade for camouflage in cuttlefish Sepia officinalis." *Vision Research* 51 (2011): 2362–2368. Print.

P34 Mäthger, Lydia M. et al. "Color blindness and contrast perception in cuttlefish (Sepia officinalis) determined by a visual sensorimotor assay." *Vision Research* 46.11 (2006) : 1746–1753. Print.

P38 Yu, Cunjiang et al. "Adaptive optoelectronic camouflage systems with designs inspired by cephalopod skins." *Proceedings of the National Academy of Sciences* 111.36 (2014) : 12998–13003. Print.

第二章 柔软却又强硬：人们怎样从海参和鱿鱼身上得到启示，发明了用于外科植入物的新材料

P45–46 Coxworth, Ben. “Sea cucumbers could clean up fish farms—and then be eaten by humans.” *Gizmag,* February 3, 2011. Web. June 5, 2016.

P53 Capadona, Jeffrey R. et al. “Stimuli-responsive polymer nanocomposites inspired by the sea cucumber dermis.” *Science* 319:5868 (2008) : 1370–1374. Print.

P61 Miserez, Ali et al. “The transition from stiff to compliant materials in squid beaks.” *Science* 319:5871 (2008) : 1816–1819. Print.

P63 Fox, Justin et al. “Bioinspired water-enhanced mechanical gradient nanocomposite films that mimic the architecture and properties of the squid beak.” *Journal of the American Chemical Society* 135.13 (2013): 5167–5174. Print.

P66 Prabhakar, Arati. Testimony to Subcommittee on Intelligence, Emerging Threats and Capabilities, U.S. House of Representatives. *Defense Advanced Research Projects Agency.* March 26, 2014. Web. June 5, 2016. bit.ly/1PemqVA.

P66–68 Rudolph, Alan. “Nature’s Way: The Muse.” *Office of the Vice President for Research at CSU*. Wordpress, February 24, 2014. Web. June 5, 2016.

P71 Khan, Amina. “For a 3-year-old boy, a risky operation may mean a chance to hear.” *Los Angeles Times,* July 22, 2014. Web. June 5, 2016.

第三章 再造腿：动物是如何激发下一代太空探测器和救援机器人的设计灵感的

P77 Calem, Robert E. “Mars Landing Is a Big Hit on the Web.” *New York Times,* July 10, 1997. Web. June 6, 2016.

P79 Khan, Amina. “Mars orbiter rediscovers long-lost Beagle 2 lander.” *Los Angeles Times,* January 16, 2015. Web. June 6, 2016.

P80 Khan, Amina. “Spirit’s Mars mission comes to a close.” *Los Angeles Times,* May 25, 2011. Web. June 6, 2016.

P91 Pratt, Gill A. “Low Impedance Walking Robots.” *Integrative and*

Comparative Biology 42.1 (2002) : 174–181. Print.

P92 Glimcher, Paul. "René Descartes and the Birth of Neuroscience." *Decisions, Uncertainty, and the Brain: The Science of Neuroeconomics.* Cambridge, MA: MIT Press, 2004. Print.

P94 Robinson, David W. et al. "Series Elastic Actuator Development for a Biomimetic Walking Robot." *1999 IEEE/ASME International Conference on Advance Intelligent Mechatronics,* September 19–22, 1999. Web. June 6, 2016.

P97−100 Thakoor, Sarita. "Bio-Inspired Engineering of Exploration Systems." Jet Propulsion Laboratory. NASA Tech Briefs, May 2003. Web. June 6, 2016.

P110 Marvi, Hamidreza et al. "Sidewinding with minimal slip: snake and robot ascent of sandy slopes." *Science* 346:6206 (2014) : 224–229. Print.

P113−114 Jayaram, Kaushik and Robert J. Full. "Cockroaches traverse crevices, crawl rapidly in confined spaces, and inspire a soft, legged robot." *Proceedings of the National Academy of Sciences* 113.8 (2016): 950–957. Print.

第四章 飞行动物和游泳动物是如何随气流或水流而动的

P121 Huyssen, Joachim and Geoffrey, Spedding. "Should planes look like birds?" *63rd Annual Meeting of the APS Division of Fluid Dynamics.* Long Beach, CA, 21–23. November 2010. Web. June 6, 2016.

P134 Fish, Frank and James Rohr. "Review of Dolphin Hydrodynamics and Swimming Performance." Technical Report 1801, SPAWAR Systems Center San Diego. August 1999. Web. June 6, 2016.

P136 Hamner, W. M. Book review of Nekton. *Limnology and Oceanography* 24.6 (1979) : 1173–1175. Print.

P137 Fish, Frank. "A porpoise for power." *Journal of Experimental Biology* 208.6 (2005) : 977–978. Print.

P138 Fish, Frank et al. "The Tubercles on Humpback Whales' Flippers: Application of Bio-Inspired Technology." *Integrative and Comparative Biology* 51.1 (2011) : 203–213. Print.

P143 Kaplan, Karen. “Turning Point: John Dabiri.” *Nature* 473.245 (2011) . Web. June 6, 2016.

P146 Gemmell, Brad J. et al. “Suction-based propulsion as a basis for efficient animal swimming,” *Nature Communications* 6: 8790 (2015) . Web. June 6, 2016.

第五章 像白蚁一样建筑：这些昆虫教给我们关于建筑之类的知识

P156 U.S. Department of Energy. *Buildings Energy Data Book: 1.1 Buildings Sector Energy Consumption*. March 2012. Web. June 6, 2016.

P156 Campbell, Iain and Koben Calhoun. “Old Buildings Are U.S. Cities’ Biggest Sustainability Challenge.” *Harvard Business Review,* January 21, 2016. Web. June 6, 2016.

P157 Goldstein, Eric A. “NRDC Survey: NYC Businesses Still Blasting Their Air Conditioners with Doors Open.” *National Resources Defense Council,* August 26, 2015. Web. June 6, 2016.

P157 Author uncredited. “Could the era of glass skyscrapers be over?” *BBC News Magazine,* May 27, 2014. Web. June 6, 2016.

P162–163 McNeil, Donald G. Jr. “In Africa, Making Offices Out of an Anthill.” *New York Times,* February 13, 1997. Web. June 6, 2016.

P167 Turner, J. Scott and Rupert Soar. “Beyond biomimicry: What termites can tell us about realizing the living building.” *First International Conference on Industrialized, Intelligent Construction (I3CON).* Loughborough University, May 14–16, 2008. Web. June 6, 2016.

第六章 蚁群思维：蚂蚁的集体智能如何改变我们所建的网络

P210 Tero, Atsushi et al. “Rules for Biologically Inspired Adaptive Network Design.” *Science* 327.5964 (2010) : 439–442. Print.

P215 Gordon, Deborah. *Ants at Work: How an Insect Society Is Organized.* New York: Free Press, 1999. Print.

P225 Prabhakar, Balaji. “The Regulation of Ant Colony Foraging Activity without Spatial Information.” *PLoS Computational Biology* 8.8 (2012) .

Web. June 6, 2016.
P231 U.S. Department of Agriculture. Cartographer. *Imported Fire Ant Quarantine*. Map. June 1, 2016. Web. September 14, 2016.
P232 Buhs, Joshua Blu. *The Fire Ant Wars: Nature, Science, and Public Policy in Twentieth-century America*. Chicago: U of Chicago, 2004. Print.
P232–233 Binder, David. "Jamie Whitten, Who Served 53 Years in House, Dies at 85." *New York Times*. September 10, 1995. Web. September 14, 2016.
P233 Special to the New York Times. "Mississippi to Sell Ant Bait Despite Health Peril." *New York Times*. March 1, 1977. Web. September 14, 2016.
P233 Sinclair, Ward. "Battle Against Fire Ants Heats Up Over Pesticides." *Washington Post*. October 13, 1979. Web. September 13, 2016.
P233 Shapley, Deborah. "Mirex and the Fire Ant: Decline in Fortunes of 'Perfect' Pesticide." *Science* 172.3981 (1971) : 358–360. Print.
P233 Schoch, Deborah. "Aerial Spraying Won't Be Part of Fire Ant Fight." *Los Angeles Times*. March 12, 1999: B1 (Orange County edition) . Print.
P235 Anderson, P. W. "More Is Different." *Science* 177.4047 (1972) 393–396. Print.
P240 Bonabeau, Eric et al. *Swarm Intelligence: From Natural to Artificial Systems.* New York: Oxford University Press, 1999. Print.
P245 Spiegel, Alix. "So You Think You're Smarter Than A CIA Agent." *National Public Radio.* April 2, 2014. Web. June 6, 2016.

第七章 人造叶：寻找一种清洁的燃料以为我们的世界提供动力

P251 Editorial. "One and only Earth." *Nature Geoscience* 5.81 (2012) . Web. June 6, 2016.
P252 "Climate Change Impacts: Wildlife at Risk." *The Nature Conservancy.* Web. June 6, 2016.
P254 Ciamician, Giacomo. "The Photochemistry of the Future." *Science* 36.926 (2012) : 385–394. Print.
P257 Fritts, Charles. "On a New Form of Selenium Photocell." *American*

Journal of Science 26 (1883) : 465–472. Print.

P259, 264 Heller, Adam. "Conversion of sunlight into electrical power and photoassisted electrolysis of water in photoelectrochemical cells." *Accounts of Chemical Research* 14 (1981): 154–162. Print.

P265 Fujishima, Akira and Kenichi Honda. "Electrochemical Photolysis of Water at a Semiconductor Electrode." *Nature* 238 (1972) : 37–38. Print.

P266 Khaselev, Oscar and John A. Turner. "A monolithic photovoltaic-photoelectrochemical device for hydrogen production via water splitting." *Science* 280.5362 (1998) : 425–427. Print.

P267 Turner, John A. "A Realizable Renewable Energy Future." *Science* 285.5428 (1999) : 687–689. Print.

P273 Kanan, Matthew and Daniel Nocera. "In Situ Formation of an Oxygen-Evolving Catalyst in Neutral Water Containing Phosphate and Co^{2+}." *Science* 321.5892 (2008) 1072–1075. Print.

P276 Liu, Chong et al. "Water splitting–biosynthetic system with CO reduction efficiencies exceeding photosynthesis." *Science* 352.6290 (2016) 1210–1213. Print.

P284 Stoller-Conrad, Jessica. "Artificial Leaf Harnesses Sunlight for Efficient Fuel Production." Pasadena: Caltech, August 27, 2015. Web. June 2, 2016.

P285 Verlage, Erik et al. "A monolithically integrated, intrinsically safe, 10% efficient, solar-driven water-splitting system based on active, stable earth-abundant electrocatalysts in conjunction with tandem Ⅲ–V light absorbers protected by amorphous TiO_2 films." *Energy and Environmental Science* 8 (2015) 3166–3172. Print.

P291 Liu, Chong et al. "Nanowire–Bacteria Hybrids for Unassisted Solar Carbon Dioxide Fixation to Value-Added Chemicals." *Nano Letters* 15.5 (2015) 3634–3639. Print.

P291 Nichols, Eva et al. "Hybrid bioinorganic approach to solar-to-chemical *conversion." Proceedings of the National Academy of Sciences* 112.37 (2015) 11461–11466. Print.

第八章　城市生态系统：建立一个更加可持续的社会

P298 Kennard, Matt and Claire Provost. “Inside Lavasa, India’s first entirely private city built from scratch.” *Guardian,* November 19, 2015. Web. June 6, 2016.

P301 Rossin, K. J. “Biomimicry: Nature’s Design Process Versus the Designer’s Process.” *WIT Transactions on Ecology and the Environment* 138 (2010): 559–570. Web. June 6, 2016.

P302 Press Trust of India. “Not involved in illegal land acquisitions in Lavasa: Sharad Pawar.” *Economic Times,* October 8, 2012. Web. June 6, 2016.

P306 Smith, Cas et al. “Tapping into Nature.” *Terrapin Bright Green,* 2015. Web. June 6, 2016.

P306 Lueckenhoff, Dominique. “Tapping into Nature: Bioinspired Innovation.” *Faster ... Cheaper ... Greener Webcast Series: Connecting Natural and Built Systems for Economic Growth & Resiliency.* USEPA Region 3 Water Protection Division. November 18, 2015. Web. June 6, 2016.

P311 McDougal, Dennis. *Privileged Son: Otis Chandler and the Rise and Fall of the L.A. Times Dynasty*. Cambridge, MA: Perseus Publishing, 2001. Print.

P313 Lueckenhoff, Dominique. “Biophilic Design for Human Health.” *Faster... Cheaper ... Greener Webcast Series: Connecting Natural and Built Systems for Economic Growth & Resiliency.* USEPA Region 3 Water Protection Division. November 5, 2015. Web. June 6, 2016.

P322 Kinkead, Gwen. “In the Future, People Like Me Will Go to Jail: Ray Anderson Is on a Mission to Clean Up American Businesses—Starting with His Own. Can a Georgia Carpet Mogul Save the Planet?” *Fortune Magazine,* May 24, 1999. Web. June 6, 2016.

P333 Koon, Daniel. “Is Polar Bear Hair Fiber Optic?” *Applied Optics* 37.15 (1998) 3198–3200. Print.

P333 Koon, Daniel. “Power of the Polar Myth.” *New Scientist*, April 25, 1998. Web. June 6, 2016.

译后记

亿万年来，种类繁多的植物和动物在大自然中持续演化，形成了千奇百怪的形态和功能，这些多样性中蕴含了大量可以帮助我们解决技术问题的方法。我们人类正是通过观察大自然、模仿多姿多彩的生物，并从中汲取灵感，才有了惊艳世界的各种创造发明。比如，早在远古，我们的祖先就开始了向大自然学习，在认识到鱼鳍和鱼尾的作用之后逐步发明和完善了桨、橹和舵。向大自然学习一直是人类创造灵感的重要来源，我们从大自然中学到的东西实在是不胜枚举。

近年来，仿生设计更是以异乎寻常的爆炸式速度在迅猛发展着。从壁虎到鸟类，从墨鱼到白蚁，各种生物为人类技术进步提供了源源不断的灵感。

美国《洛杉矶时报》的科学作家阿米娜·汗所著的《向大自然借智慧——仿生设计与更美好的未来》一书正是这样一部介绍我们人类在仿生设计上所取得的研究成果的科普作品。

会飞的蛇、能在墙上行走的壁虎、通过海水中的尾迹来追踪猎物的海豹……自然界中这些看似寻常却身怀“绝技”的动物，正在帮助科学家们找寻改进人类科技的途径。本书的作者以精彩的笔触，栩栩如生地描写了这一切。随着研究人员从美国的伍兹霍尔来到非洲沙漠，她展示了这种前沿的跨学科交叉研究正如何利用自然界“极其惊人的各项创新”使人类“在资源日益枯竭，我们需要学会可持续地生活的世界里”生活得更加美好。

全书的叙事按主题分四个部分共八章，分别介绍了仿生设计在材料学、机械学、建筑学和能源方面所取得的成就及前沿性探索。对仿生设计工程各方面的发展进行了清晰翔实而又引人入胜的阐述。以墨鱼为例，它是章鱼的表亲，这种生物可以通过改变身体颜色和图案来融入周围环境（显然可应用于伪装）。它也用同样的变色来迷惑天敌和猎物。书中还讲述了科学家从人类自身、猿猴、猎豹、侧进蛇、蟑螂等的行进方式获得灵感，制造出腿式机器人（可用于灾区救灾）；改进一种可以制造氢气的人造叶，为我们的世界提供清洁能源；研究那些构筑了各种白蚁丘的白蚁，为人类的建筑提供灵感……总之，阿米娜·汗充分探索了大自然的许多创新能力背后的科学及其应用。她对仿生设计的深度阐述，不仅让普通读者着迷，更值得科技工作者密切关注。

当然，诚如阿米娜·汗在其后记中所言：“基于生物学的启发的设计正好处于菲利浦·沃伦·安德森所称的‘深度研究’和‘广度研究’之间的交叉点上。”本书中所涉及的学科在广度上也远远不止材料学、机械学、建筑学和能源这四个方面，同时还具有相当的深度，这一切也给译者带来了极大的挑战。在翻译过程中，译者既要顾及所涉学科的广度与深度，了解相关方面的科学知识，尽可能准确与严谨地再现科技内容；同时还要兼顾科普文本的文学性，让译文通俗易懂、晓畅明白。

在翻译过程中我的许多同窗、同事、好友为我提供了非常多的帮助，这其中有我的大学同窗、新加坡南洋理工大学 AI 中心教授、博士生导师黄闽婷博士，曾就职于航空部门的黄火荣先生、曹勇先生等。让我十分感动的是我的大学同窗、在非洲经商且事业发达的俞丹辉先生，为了帮助我确定书中一处地名的翻译，不辞辛苦长途驱车去往当地，麻烦当地居民读出这个地名，并录了音频和视频，从而帮我更为精准地译出这一地名；与此同时，黄金涌和刘恺等多位老同学也在线上参与了这个地名翻译的讨论。（在此我不由得感慨，要是严复前辈有此技术上的便利，有这么多热心的同窗助力，那么他或许就不会有“一名之立，旬月踟躕”的感慨了。）此外，我曾经的同事、现任教于美国帕克塞德威斯康星大学的张晗博士和现任教于瑞典哥德堡大学的鲁嘉博士，以及莆田学院环境生物学院的黄建辉博士、现代技术中心的林元国博士也为我提供了不少帮助。当然，在本书的翻译过程中给我提供过帮助的远不止以上诸君。囿于篇幅这里没有一一列举出来，但我内心深处是饱含感激的。

梁志坚

2022 年 4 月 29 日于莆田学院